权威·前沿·原创

皮书系列为

“十二五”“十三五”“十四五”时期国家重点出版物出版专项规划项目

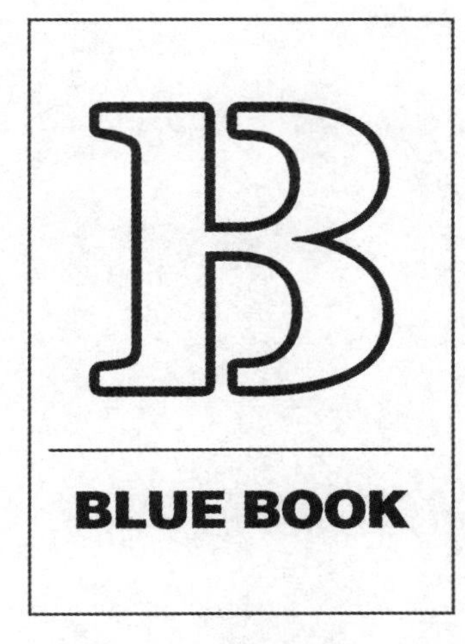

智库成果出版与传播平台

中国碳排放权交易市场报告

（2023~2024）

ANNUAL REPORT ON CHINA'S CARBON EMISSION TRADING MARKET (2023-2024)

总顾问／赵忠秀

主　编／王璟珉　彭红枫

副主编／宋　策　肖祖沔　宗艳民

社会科学文献出版社
SOCIAL SCIENCES ACADEMIC PRESS (CHINA)

图书在版编目（CIP）数据

中国碳排放权交易市场报告．2023～2024 / 王璟珉，
彭红枫主编．--北京：社会科学文献出版社，2024.8
（低碳发展蓝皮书）
ISBN 978-7-5228-3682-9

Ⅰ．①中… Ⅱ．①王… ②彭… Ⅲ．①二氧化碳-排
污交易-市场-研究报告-中国-2023-2024 Ⅳ．
①X511

中国国家版本馆 CIP 数据核字（2024）第 101443 号

低碳发展蓝皮书
中国碳排放权交易市场报告（2023～2024）

总 顾 问 / 赵忠秀
主　　编 / 王璟珉　彭红枫
副 主 编 / 宋　策　肖祖沔　宗艳民

出 版 人 / 冀祥德
组稿编辑 / 恽　薇
责任编辑 / 冯咏梅
文稿编辑 / 王　敏
责任印制 / 王京美

出　　版 / 社会科学文献出版社 · 经济与管理分社（010）59367226
地址：北京市北三环中路甲 29 号院华龙大厦　邮编：100029
网址：www.ssap.com.cn
发　　行 / 社会科学文献出版社（010）59367028
印　　装 / 天津千鹤文化传播有限公司

规　　格 / 开 本：787mm×1092mm　1/16
印 张：23.5　字 数：352 千字
版　　次 / 2024 年 8 月第 1 版　2024 年 8 月第 1 次印刷
书　　号 / ISBN 978-7-5228-3682-9
定　　价 / 188.00 元

读者服务电话：4008918866

《中国碳排放权交易市场报告（2023~2024）》
编 委 会

总顾问简介

赵忠秀 经济学博士、教授、博士研究生导师，对外经济贸易大学校长。享受国务院政府特殊津贴专家。长期从事国际贸易学、产业经济学、全球价值链、低碳经济等研究。2009 年入选教育部“新世纪优秀人才支持计划”。国际贸易学国家重点学科带头人、国际贸易国家级教学团队带头人、全国高校黄大年式国际贸易教师团队带头人。现担任教育部高等学校经济与贸易类专业教学指导委员会主任委员、教育部新文科建设工作组成员、全国国际商务专业学位研究生教育指导委员会委员、中国专业学位案例建设专家咨询委员会委员、中国世界经济学会副会长、中国国际贸易学会副会长、金砖国家智库合作中方理事会联席理事长、财政部宏观研究人才库专家、中国国际贸易促进委员会专家委员会委员、第三届广东省政府决策咨询顾问委员会委员、山东省决策咨询委员会特聘专家、中国碳标签产业创新联盟理事长、国际金融论坛第五届学术委员会联席主席、德国艾哈德基金会国际科学家委员会委员。在《求是》、《中国社会科学》（英文版）、《管理世界》、《发展经济学评论》、《中国经济评论》等期刊上发表论文多篇，出版教材、著作、蓝皮书等多部，主持国家社会科学基金重大项目、教育部哲学社会科学研究重大课题攻关项目以及联合国工业发展组织、美国、挪威等国际合作课题多项，2018 年获得国家级教学成果奖二等奖 2 项。

主要编撰者简介

王璟珉　工学博士、应用经济学博士后，山东财经大学中国国际低碳学院执行院长、教授、硕士研究生导师。长期从事低碳经济与可持续发展、责任战略与绿色管理等交叉领域教学科研工作，校级教学名师，山东省社会科学学科新秀。兼任中国贸促会商业行业委员会绿色低碳贸易标准化技术委员会副秘书长、山东县域经济研究会副会长、山东节能协会常务理事、山东黄河促进会常务理事、山东省节能环保产业智库专家等，《中国人口·资源与环境》等期刊盲审专家。在《管理世界》、《中国人口·资源与环境》（中/英）、《财贸经济》、《山东大学学报》（哲学社会科学版）等期刊上发表论文20余篇，其中中国人民大学复印报刊资料全文转载2篇，出版著作、教材多部，主持国家社会科学基金项目1项，承担多项国家级、省部级课题，参与省、市两级节能五年规划编写，工业企业碳达峰“领跑者”遴选标准设计，重点行业企业“双碳”目标路径调研等工作，科研成果多次荣获山东省社会科学优秀成果奖和山东省软科学优秀科技成果奖。

彭红枫　金融学博士，山东财经大学副校长兼金融学院院长、教授、博士研究生导师，国家有突出贡献的中青年专家，教育部国家级人才工程青年学者，享受国务院政府特殊津贴专家，全国高校黄大年式教师团队负责人，国家社会科学基金重大项目首席专家，泰山学者特聘教授，山东省教学名师。主要研究方向为国际金融、金融工程、碳金融及金融风险管理。近年来，主持省部级以上项目20余项，其中国家社会科学基金重大项目2项、国家自然科学基金项目2项、教育部人文社会科学基金规划项目2项。著作入选《国家哲学社会科学成果文库》，成果获高等学校科学研究优秀成果奖（人文社会科学）二等奖、刘诗白经济学奖及山东省社会科学优秀成果奖一等奖等。在《经济研究》、《世界经济》、《金融研究》、*Journal of Economic Dynamics and Control* 及 *Journal of Empirical Finance* 等国内外重要期刊上发表论文80余篇。

宋　策　管理学博士，山东财经大学中国国际低碳学院讲师、低碳战略与政策研究中心主任。中国贸促会商业行业委员会绿色低碳贸易标准化技术委员会委员。主持省部级项目1项、厅级项目1项，参与国家级、省部级项目3项。在 *Journal of Cleaner Production*、*Science of the Total Environment* 等SCI/SSCI检索期刊上发表论文6篇。参与省级适应气候变化行动方案编写、重点地市和行业企业“双碳”目标路径调研等工作。

肖祖沔　经济学博士，山东财经大学金融学院副院长、副教授、硕士研究生导师，财政部“宏观研究人才库”专家，主要研究方向为数字金融、环境金融、国际金融。在《金融研究》、《世界经济》、《统计研究》、《财贸经济》、*Energy* 及 *Economics Analysis and Policy* 等期刊上发表论文多篇，主持国家社会科学基金一般项目1项，中央农办、农业农村部软科学课题1项，国家统计局统计科学研究项目1项，国家发展改革委经济监测预测预警机制重点研究课题1项，山东省社会科学青年项目1项，山东省自然科学面上项目1项。

宗艳民　正高级工程师，山东天岳先进科技股份有限公司董事长，全国劳动模范，享受国务院政府特殊津贴专家，民建山东省委委员，山东省优秀企业家。2010年创办山东天岳先进科技股份有限公司，带领公司科研团队攻克了新一代半导体碳化硅材料研发及产业化关键核心技术，荣获国家科技进步奖一等奖、山东省科技进步奖一等奖和山东省技术发明奖一等奖。

摘　要

《中国碳排放权交易市场报告（2023~2024）》是由山东财经大学中国国际低碳学院主持编写，聚焦中国碳排放权交易市场（以下简称“碳市场”）发展动态与前沿进展的系列研究报告。本报告基于全球气候形势日益严峻和我国“双碳”战略时代背景，从企业、评价、国际借鉴以及专题等多个方面，对中国碳市场的复杂特征与发展趋势进行了深入的探讨与评估，系统梳理了当前中国碳排放权交易市场面临的挑战与机遇，提出了促进碳市场健康发展的政策和建议，为推动中国碳市场的成熟发展、稳步实现“双碳”目标提供了坚实的理论支撑和实证参考。本报告由总报告和四个专题篇组成，共15篇报告。

报告指出，碳市场以其对碳排放的控制和碳排放权的定价为主要功能，将政策工具与市场效用相结合，是助力中国“双碳”目标有效实现的重要举措。2011年，国家发展改革委批准在7个省市开展碳排放权交易试点工作。2021年7月16日，全国碳市场正式启动运行。2021年12月31日，全国碳市场第一履约期圆满收官。经过第一履约期的建设和运行，全国碳市场基础制度架构初步确立，关键流程基本顺畅，价格波动逐渐稳定，价格水平与减排成本基本相符，初步展现了定价机制在碳价发现中的作用，有效促进了企业碳减排进程，加快了国民经济系统绿色低碳转型进程。2022年1月1日，全国碳市场正式进入第二履约期。相较于第一履约期，全国碳市场第二履约期纳入重点排放单位2257家，较第一履约期增加95家，年覆盖二氧化碳排放量约51亿吨，占全国二氧化碳排放量的40%以上。截至2023年底，全国碳市场碳配额累计成交量 4.42 亿吨，成交额 249.19 亿元。其中，第二履约期碳配额成交量 2.63 亿吨，成交额 172.58 亿元，较第一履约期交易规模逐步扩大，交易价格稳中有升。从履约情况看，第二履约期参与交易的重点排放单位数量较第一履约期增长 31.79%。通过灵活履约机制为 202 家受困重点排放单位纾解了履约困难，2021 年、2022 年配额清缴完成率分别为 99.61%、99.88%，较第一履约期进一步提升。

全国碳市场的构建与启动对中国经济和社会的可持续发展有着深远影响，通过对我国全国碳市场第二履约期的系统梳理和全面分析，报告认为，在第二履约期，全国碳市场的制度体系逐步稳固，制度的科学性、合理性和执行力得到显著提升，确保了市场的有效运行和透明管理。同时，企业在碳排放报告和验证方面变得更加规范，数据质量显著提升，体现了企业减排意识的提高和能力的增强。随着中国碳市场的持续发展，其影响力和作用范围有望进一步扩大。具体来说，全国碳市场第二履约期主要表现出以下特征。第一，市场参与主体数量增加，覆盖的碳排放量大幅提升，此种扩张不仅加深了市场的层次，也拓宽了其作用范围，从而为全国碳市场在提高减排效率和市场流动性及增强价格信号功能等方面的进一步发展奠定了坚实的基础。第二，成交量和成交额较第一履约期明显增加，交易集中度明显下降，市场活跃度和企业参与度显著提升，表明全国碳市场的市场机制逐渐成熟，碳交易正逐步发挥其在资源配置中的作用。第三，价格波动较第一履约期趋于平稳，反映了市场对碳价发现机制的认可和对未来碳市场的预期，为企业制定长期的低碳发展战略提供了重要参考，有助于企业更好地进行成本控制和风险管理。第四，相较第一履约期，全国碳市场第二履约期在履约时间和要求、市场制度和监管规则、碳排放数据质量控制、碳配额分配和履约的灵活化与精准化等方面均有所变动。第五，2024 年 1 月，全国温室气体自愿减排交易市场（CCER 市场）正式重启，强制碳市场对重点排放单位进行管控，自愿碳市场鼓励全社会广泛参与，两个碳市场独立运行，并通过配额清缴抵消机制相互衔接，共同构成全国碳市场体系。

报告对碳市场价格波动和市场有效性等关键问题进行了深入分析，并通过构建碳市场综合评价指数，对市场运行状态进行了全面评价，为市场监管和政策制定提供了科学依据。报告基于2022年1月至2023年12月共计484个交易日的碳配额价格数据，评估了碳市场的价格波动风险与市场有效性，并进一步从交易规模、市场结构、市场价值、市场活跃度以及市场波动性五个维度，基于月度交易数据，量化了中国碳市场的综合表现。研究发现以下三点。一是我国碳市场价格波动比较显著，但面临的价格风险整体上处于可控范围内。二是天津、上海、福建以及全国碳市场表现出较高的市场效率，已经达到弱式有效。三是归因于市场参与度、制度成熟度以及市场监管效率等方面的差异，各个碳市场的综合评价得分差异比较显著。

报告不仅对中国碳市场自身进行了系统分析和全面评估，还深入企业微观视角，通过对全国碳市场纳管企业的特征分析，深入探讨了企业在碳市场中的角色和作用，以及如何通过有效的碳资产管理和参与碳交易来提高自身的竞争力和增强可持续发展能力。此外，报告通过比较分析国际上不同经济体碳市场在运行模式、管理机制、参与主体行为等方面的经验，为中国碳市场的改进和优化提供了参考。最后，报告围绕碳市场扩容、自愿减排交易市场、碳普惠机制、碳金融以及应对欧盟碳边境调节机制（CBAM）等方面，探讨了中国碳市场发展的深层次问题和前瞻性话题。

总的来看，我国碳市场存在的核心问题是市场活跃度不足，导致成交量和成交额持续低迷，市场换手率较发达地区碳市场差异明显。造成这一问题的原因主要归纳为以下三点。第一，法律支撑和长期政策引导不足。与发达国家相比，中国的高耗能产业占比较高，平衡碳排放控制与经济发展的关系更加复杂。在中国特有的社会经济背景下，碳市场的发展需要更深刻的协调机制。此前，碳市场的法律基础主要是生态环境部颁布的有关碳排放权交易、登记、结算管理等试行办法，在制约不履约企业和处理数据造假等违规行为时显得力度不足。2024年1月，国务院颁布《碳排放权交易管理暂行条例》，自2024年5月1日起施行，是中国应对气候变化领域的首部专项法规，全国碳市场政策法规基础框架搭建完成。第二，中层监管在信息披露和工作流程上仍需完善。虽然中国的碳交易试点市场已经实施了一系列保障措施，但环境权益产品间的制度边界不清晰，政策机制衔接不畅，导致了重复计算等问题。此外，中介机构在市场信息提供方面的不足，以及配额核定任务的延误，也导致市场价格波动，降低了市场效能。第三，下层交易行业、交易主体和交易方式在广度和深度上仍需有序扩大。尽管全国碳市场已顺利完成两个履约期，但扩容工作落后于预期，行业覆盖范围仍限于发电行业，交易主体的范围和交易方式的多样性也受到限制，这影响了市场的流动性和活跃度，限制了市场化手段在减排中的有效性。

面对我国碳市场存在的问题及挑战，报告认为：应扩大市场覆盖范围和参与主体，将更多的高排放行业如钢铁、化工、建材等纳入碳市场，提升市场的竞争性和活力，增加市场的多样性和活跃度；完善配额分配机制，建立更细化、动态的排放数据收集和分析系统，引入行业特性和差异化排放标准，定期审查和调整配额分配规则；引入更严格的合规机制和惩罚机制，加强对市场参与者碳排放报告的审核，加大违反规定行为的监控和惩罚力度，提高合规机制的透明度和公开度，提高市场的整体信任度；充分发挥自愿减排市场的作用，鼓励企业投资可再生能源、林业等环保项目，积极推动CCER市场的发展，为企业提供多样化的减排渠道；加强与国际碳市场的合作与连接，继续跟进国际上相对成熟碳市场的发展经验和发展态势，学习先进碳市场管理经验，积极参与碳市场国际合作，探索与其他国家碳市场建立合作和连接；持续推进市场基础设施建设和技术创新，建立高效、透明、可靠的交易平台，以及准确、可靠的监测和报告系统，鼓励如区块链、大数据分析、人工智能等在碳市场中的应用，以及碳捕集、利用与封存（CCUS）技术的发展。

关键词： “双碳”战略　碳排放权交易市场　绿色转型　国际合作　碳金融创新

序

2023年12月，第28届联合国气候变化大会（COP28）在迪拜召开，会议完成了对《巴黎协定》的首次全球盘点，通过了历史性协议，各国进一步确认了碳市场在实现减排目标中的关键作用，强调通过市场化手段引导资源配置和技术创新。碳市场已成为全球应对气候变化、控制碳排放和推动低碳技术发展的重要机制。中国作为全球气候治理的重要参与者和引领者，积极承担大国责任，大力推进碳市场建设。党的二十大报告明确提出，要积极稳妥推进碳达峰碳中和，完善碳排放统计核算制度，健全碳排放权交易制度。2024年1月，中共中央、国务院发布了《关于全面推进美丽中国建设的意见》，明确提出要强化激励政策，健全资源环境要素市场化配置体系，把碳排放权纳入要素市场化配置改革总盘子。碳市场机制在推动经济高质量发展和环境保护方面的作用日益显现，已成为实现绿色转型的重要抓手。

2021年7月16日，全国碳市场正式启动运行，至今已顺利完成两个履约期的履约清缴工作，经历了从初步探索到逐步完善的发展过程，在促进碳减排、引导企业绿色转型方面发挥的作用日趋明显，其运行效果和经验亟待总结分析。为此，2021年底正任职于山东财经大学的我与我的同事以及合作伙伴共同启动了聚焦中国这个全球规模最大的碳市场的观察与研究，并于2023年初发布了国内首部关注全国碳市场的“低碳发展蓝皮书”《中国碳排放权交易市场报告（2021~2022）》。这是山东财经大学中国国际低碳学院的首部品牌性研究成果，得到了社会各界的关注。尽管现在我已离开山东财经大学，但令我高兴的是主要成员王璟珉和彭红枫两位教授继续带领团队，在中国碳市场运行三周年之际，高质量地完成了《中国碳排放权交易市场报告（2023~2024）》。本报告是该蓝皮书系列的第二部，进一步深化了对中国碳市场的研究，扩展了对第二履约期碳市场热点话题的探索和讨论，提出了完善中国碳市场机制的政策建议，为促进全国碳市场建设、推动中国经济绿色低碳转型提供了有力支持，为实现“双碳”目标和全球气候治理贡献了中国智慧。

本报告由山东财经大学中国国际低碳学院组织编写，与首部蓝皮书的总体结构基本保持一致，共15篇报告，内容涵盖我国碳市场第二履约期的整体运行情况、运行特征、企业参与情况、市场评价、国际经验借鉴及专题研究等多个方面。通过翻阅本报告，可以发现以下五大亮点。

一是对我国碳市场的观察与分析更加全面透彻。本报告从全国碳市场、地方碳市场、自愿减排市场等多个视角，系统梳理了中国碳排放权交易机制的建设历程、运行情况和特征，特别是围绕全国碳市场第一履约期和第二履约期进行了比较分析，系统讨论了政策调整背景、内容和影响，全书内容更加丰富，结构更加完整。

二是对碳市场的评价进一步优化。本报告在评价篇新增了碳市场有效性和碳价风险评估相关内容，对市场价格和运行状态进行了全面评价，为碳市场评价增添了新的维度，能够从市场健康性和风险控制两个方面指导企业更加有效地参与碳交易实践。

三是企业案例内容更加翔实。本报告深入企业微观视角，分析了全国碳市场纳管企业的总体特征，并从碳资产管理和企业参与碳交易两个维度，以优秀企业为案例探讨了企业如何通过有效的碳资产管理和参与碳交易来提升自身的竞争力和可持续发展能力。

四是专题篇的内容更为丰富。本报告围绕碳市场扩容、自愿减排市场重启、碳普惠机制、碳金融以及应对欧盟碳边境调节机制等热点话题进行了深入讨论，进一步探讨了这些机制对全国碳市场的影响，在此基础上对全国碳市场的未来发展做出了前瞻性探讨。

五是本报告得到了来自企业方合作伙伴的大力支持。这也充分说明，随着全球产业链的低碳化发展，中国碳市场机制的发展与完善不仅会影响场内纳管企业的发展，而且会对更大范围内的行业与企业产生深远影响。

本报告汇集了多方专家的智慧和心血，不仅为学术界的研究奠定了坚实的基础，而且为政府部门、企业和其他市场参与者提供了宝贵的参考。作为本报告的总顾问，我很荣幸将其推荐给关注中国碳市场和中国绿色低碳转型发展的朋友们。我相信，《中国碳排放权交易市场报告（2023~2024）》编撰团队将继续秉持科学严谨的态度，深入研究中国碳市场的发展动态和前沿问题，为中国和全球的低碳发展事业贡献更多智慧和力量。

对外经济贸易大学校长、 教授

2024 年 6 月 9 日

目 录

Ⅰ 总报告

Ⅱ 评价篇

Ⅲ 企业篇

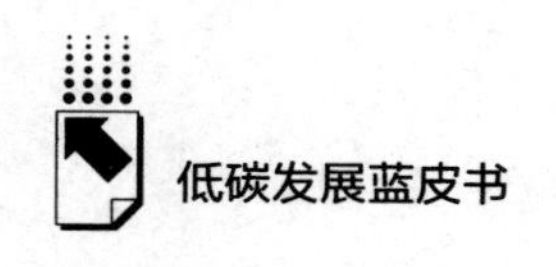

Ⅳ　国际借鉴篇

Ⅴ　专题篇

皮书数据库阅读使用指南

总报告

B.1
2023~2024年中国碳排放权交易市场形势与展望

王璟珉　彭红枫　宋　策　王　营　马世群　封　超*

摘　要： 作为助力中国"双碳"目标有效实现的重要举措，碳交易市场将政策工具与市场效用相结合，推动了低碳技术的创新和应用，加快了绿色低碳转型的步伐。本报告研究了2023~2024年中国碳排放权交易市场，旨在分析市场现状并提出发展建议，以支持中国实现其环保目标。本报告分析了全国碳交易市场的运行特征，包括碳配额价格波动、成交量情况，并探讨了市场面临的挑战。此外，通过比较试点和非试点市场，本报告提出了提高

* 王璟珉，工学博士，应用经济学博士后，教授，硕士研究生导师，山东财经大学中国国际低碳学院执行院长，主要研究方向为低碳经济与可持续发展、责任战略与绿色管理；彭红枫，金融学博士，教授，博士研究生导师，山东财经大学金融学院院长，主要研究方向为人民币国际化、金融衍生工具、金融产品设计及风险管理；宋策，山东财经大学中国国际低碳学院讲师，主要研究方向为能源转型、环境政策、低碳经济；王营，金融学博士，教授，博士研究生导师，山东财经大学金融学院副院长，主要研究方向为社会网络、公司金融、绿色金融以及金融风险；马世群，山东财经大学金融学院博士研究生，主要研究方向为绿色金融、国际金融；封超，山东财经大学金融学院博士研究生，主要研究方向为绿色金融、货币政策。

市场效率和活跃度的可能路径。本报告指出，尽管中国碳市场在国际上具有重要地位，但在法律、监管和市场活跃度方面面临挑战。针对这些问题，本报告提出了扩大市场覆盖范围和增加参与主体、完善配额分配机制以及推进市场基础设施建设和技术创新等一系列政策建议，以促进市场的健康发展。

关键词： 全国碳交易市场　碳交易试点市场　自愿减排交易市场　“双碳”目标

一　全国碳排放权交易市场运行情况

（一）全国碳交易市场运行特征

1. 全国碳市场建设的重要意义

2011 年，国家发展改革委批准在 7 个省市开展碳排放权交易试点工作；2017 年 12 月，全国碳排放权交易体系启动；2020 年 9 月，我国对全国和全世界做出二氧化碳排放“力争于 2030 年前达到峰值，争取于 2060 年前实现碳中和”的承诺；2021 年 7 月 16 日，全国碳交易市场线上交易正式启动。在此背景下，回顾全国碳交易市场的建设历程，只有在明确全国碳交易市场的经济意义和战略意义的基础上，才能做到对市场未来发展方向的明确和进一步规划。

碳交易市场的主要功能是控制碳排放和对碳排放权进行定价，实现了政策与市场之间的融合，对一级、二级市场进行监督管理，其覆盖市场监管、信息披露、市场调控等多个环节。

全国碳排放权交易市场的构建与启动对我国经济和社会的可持续发展有着深远影响。尤其自党的十九大报告指出建设生态文明是中华民族永续发展的千年大计以来，低碳减排已成为我国产业发展的重要途径和目标，通过市场机制深化生态文明体制改革，降低全社会减排成本，有助于推动我国经济社会的绿色低碳转型。因此，以对碳的定价为基础，使全国碳交易市场能够对减少碳排放形成激励机制，这是可持续发展进程中的重要部分。

总的来看，无论是对积极回应国际绿色行动，还是对稳定国内社会经济建设，建设并健全全国碳排放权交易市场都非常重要。全国碳交易市场的启动会影响我国经济产出效益，短期国内产能势必会降低，但长期来看，这种低碳减排的实现机制会逐渐筛选出能够跟上国际低排的优质产业，进而优化我国产业结构。碳市场的发展对重点行业形成的碳价格机制会促进环境要素市场的形成，最终将宏观经济方面的影响落实到微观企业，并且促进社会整体碳价格意识的形成、企业发展新旧动能的转换等细化目标和环节的实现，从而推动经济社会发展全面绿色转型，并且有效破除能源环境约束。在国际上，中国全国碳市场的建设是提高我国在气候变化领域国际地位，发挥我国在全球气候治理中引领作用的重要一步，彰显了新时代我国的担当意识。

2. 全国碳交易市场碳配额价格波动特征

为进一步了解全国碳排放权交易市场的发展状况，本部分考察了碳排放权交易市场碳配额价格波动特征，对每个交易日的每吨碳排放权交易价格走势进行分析，包括收盘价走势特征分析和交易日最大价差的波动情况分析，综合阐述了我国碳排放权交易市场2022年初至今市场的变化情况和价格特征，为后续更为细致的分阶段对比分析及相应问题的指出提供了数据基础和支撑。

由图1可知，2022年1月4日至2023年4月初，碳排放权交易价格较为平稳，偶尔出现略微价格波动，但在短时间内恢复至在平均水平上下浮动。2022年1月4日至2023年4月初，碳排放权交易价格维持在每吨56~64元，后续在2023年4月6日经历一次较为明显的价格下降，下降至整个时期的最低价格每吨50元。2023年4月7日价格又上涨至每吨56元。

2023年4月7日至2023年7月中下旬，碳排放权交易价格有所波动，但整体呈现上涨的趋势（见图1）。2023年7月24日至2023年8月25日这四周，碳排放权交易价格整体波动幅度持续增强。在前三周价格波动逐渐增

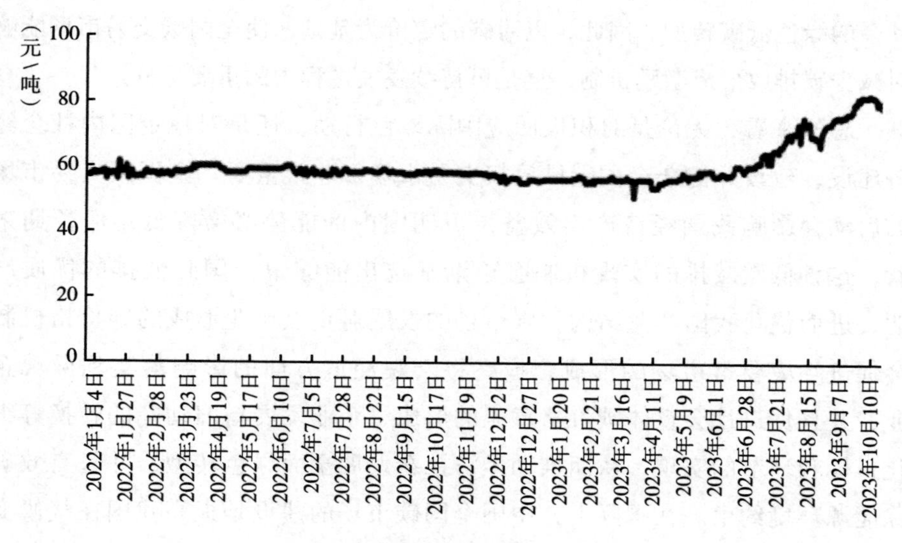

图1　全国碳市场收盘价走势

资料来源：上海环境能源交易所。

强，但价格整体趋势是持续走高的，这反映了随着市场履约期的不断临近，市场的“交易情绪”愈发乐观。2023 年 8 月 10 日至 2023 年 8 月 25 日，碳排放权交易价格波动幅度是整个期间最剧烈的，在 8 月 13 日创下全国碳市场碳价的最高点每吨 74 元。其原因在于控排企业在碳价处于较低价位提前购入，之后“羊群效应”将碳价推至高位。

2023 年 8 月 15 日至 2023 年 9 月 1 日，全国碳市场碳排放权交易价格持续走低，这一周内碳价格持续下跌，累计下跌 9.7%左右。这证明近期空头占据市场主导地位。

2023 年 9 月 6 日至 9 月中旬，碳价格持续上涨，2023 年 9 月 15 日涨至每吨 74 元。后续碳价格到达新的高点每吨 81 元有略微的下降。高位碳价对于企业的经营产生了一定的压力。整体而言，碳价格在前期变化不大，而在后期整体价格波动幅度变化较大，这和履约期临近有关。

图 2 展示了全国碳市场自 2022 年 1 月 4 日以来碳排放权的最高价、最低价和收盘价的对比。最高价和最低价之间的差额显示了交易日当天的价格

波动幅度，可见我国全国碳市场在2022年初时，碳价当天波动幅度较大，后续随着交易市场的发展碳价日趋稳定。

在全国碳市场经历一轮履约期的发展之后，2022年3月至2023年7月碳价格趋于平稳（见图2）。这说明随着相关政策的实施以及碳交易市场的逐渐扩大，全国碳市场的市场化程度逐渐加深，碳配额价格波动趋于平稳。但2023年7月以后，全国碳市场碳配额价格波动日趋明显。

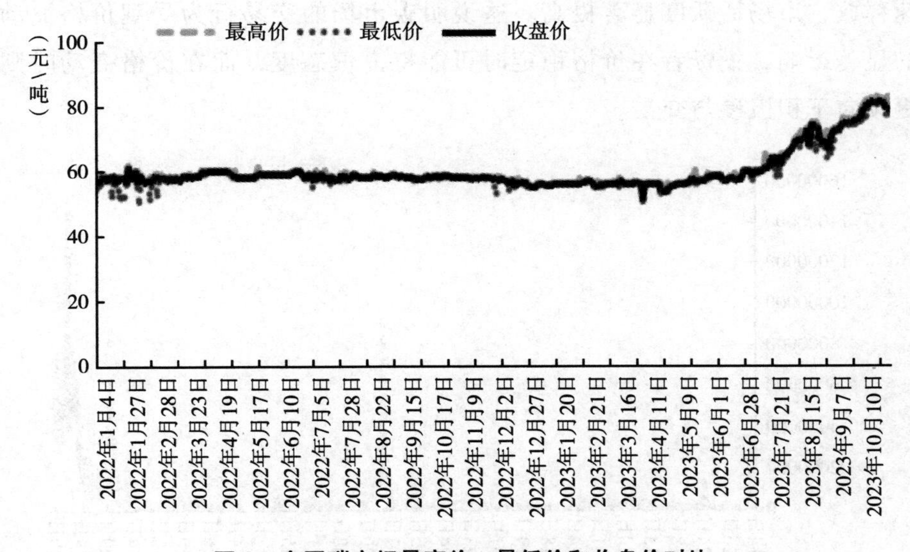

图2　全国碳市场最高价、最低价和收盘价对比

资料来源：上海环境能源交易所。

3. 全国碳交易市场碳配额成交量情况

在前述考察全国碳交易市场碳配额价格波动特征的基础上，本部分对碳交易市场碳配额成交量情况进行了分析，包括整体的成交量走势和内部成交结构情况，在归纳当前碳排放权成交量的特征基础上分析了我国碳市场当前发展的潜在问题，并对相应的克服思路进行了简要阐述，为后文对我国碳市场面临的挑战和发展预期的论述提供了有效支撑。

由图3可知，全国碳市场的成交量情况分析揭示了市场的一些重要特征。从成交量走势来看，全国碳交易市场呈现明显的季节性特征。年中时期，由于政策调整、企业生产计划等因素，成交量相对较小。而到了年初和年终，尤其是履约期限临近时，市场交易活跃度明显上升，成交量显著增加。这种现象表明，碳市场在一定程度上受到政策驱动和履约压力的影响，市场参与者的交易行为具有较强的周期性。此外，内部成交结构也呈现一定的特点即在碳交易价格的横盘期，市场参与者往往持观望态度，成交量出现急剧下降，而当价格开始上涨时，成交量则快速释放，市场活跃度显著提高。这说明碳市场的交易行为受到价格波动的显著影响，投资者在价格稳定时可能持谨慎态度，而在价格变动时则更倾向于积极参与交易。

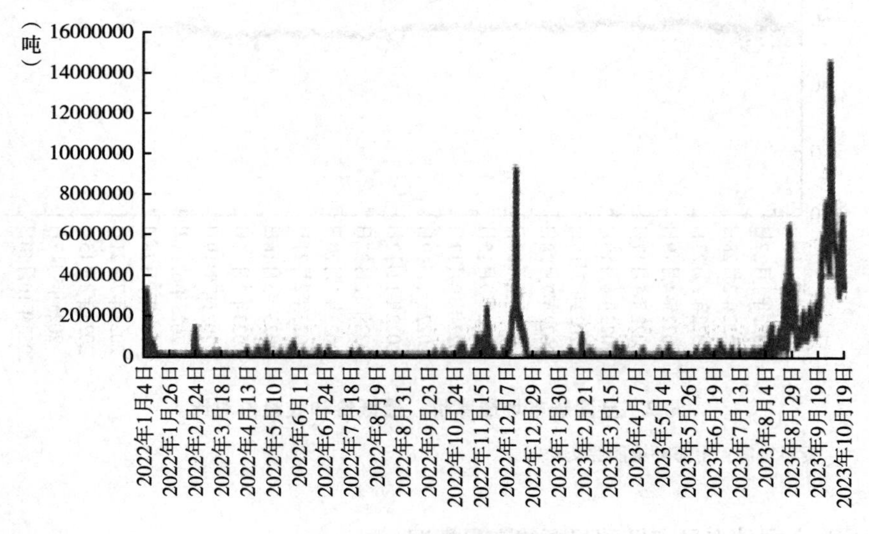

图 3　全国碳市场日成交量

资料来源：深圳碳排放权交易所。

具体来看，自 2022 年 1 月 1 日全国碳排放权交易第二履约期起至 2023 年 10 月 31 日，全国碳市场一共运行了 441 个交易日，碳排放配额累计成交量为 2.04 亿吨，累计成交额为 130 亿元。从成交量来看，有 3/4 左右的成交量是在 2022 年第四季度和 2023 年第三季度完成的，即在临近年终的这段时间，碳市场的交易意向最为强烈，交易活跃度最高，从而形成当前图 3 所示的以每年度末为交易重心的明显结构特征。第二履约期内，碳交易价格的横盘期为成交量急剧缩量时期，进入第三季度，成交量快速释放，碳交易价格上涨；第二履约期内亦表现出开市初期成交量小幅释放、日后趋于收敛的走势。

基于上述特点，可知我国全国碳市场倾向于后期释放，整体交易总笔数仍有提升空间，市场活跃度不足，且交易流动性不稳定，如2022年1月上旬每日成交量上万吨，从中旬开始成交量呈现下跌态势，甚至交易日成交量仅有数百吨；2022年11月下旬，市场交易热情回升，且该状态的持续性增强，成交量快速上升，12月成交量高达整体交易的75%以上，当日最高成交量达913.78万吨；而进入2023年1月后，市场交易热度处于低位，2023年1月3日成交量下降至100吨。

整体来看，全国碳市场交易活跃度不高，交易时间较为集中，从而降低了全国碳市场的价格信号作用，不利于碳市场功能的实现。这说明我国碳市场的日后发展应重点关注流动性特点，处理好“双碳”政策预期和富余配额处理方式间联动关系的问题，并适当安排多种市场参与主体入市，以扩大资金规模和提高平均市场活跃度。此外，考虑到参与主体带来的市场化程度的提升，期货、远期、互换等衍生品的引入以充实配额现货的交易现状能够更为有效地在健全价格发现机制的同时对冲市场风险。

为进一步考察中国碳市场的交易结构，图4展示了我国碳市场2022年1月1日至2023年10月31日，每日成交量中大宗协议交易和挂牌协议交易的占比情况。通过对图4的深入解析，我们可以清晰地看到，我国的全国碳市场交易结构呈现大宗协议交易占主导、挂牌协议交易占少数的特点。这一交易结构特点既反映了市场参与者的交易偏好，也揭示了碳市场在运作机制上的某些特性和潜在问题。

首先，大宗协议交易在全样本时期内占据绝对优势，交易量高达1.8亿吨，占总交易量的87.9%。这一数据不仅体现了大宗协议交易在碳市场中的重要地位，也说明了当前碳市场交易方式相对单一，市场活跃度有待进一步提升。大宗协议交易的主要特点是交易量大、价格灵活，通常适用

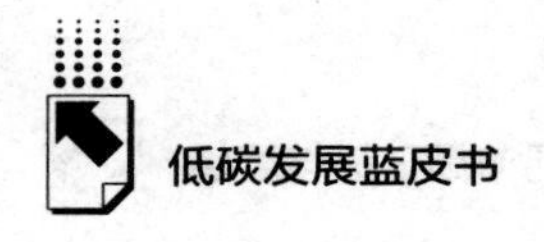

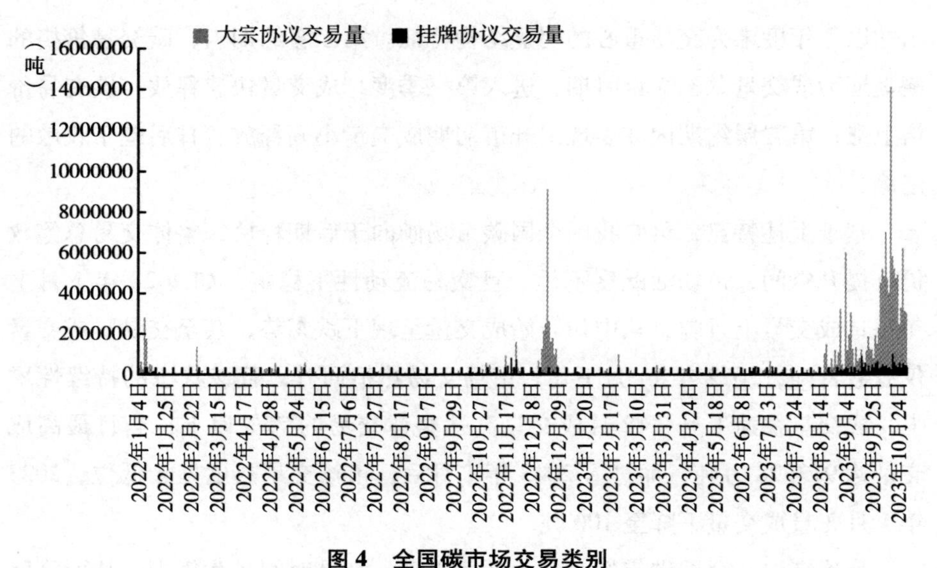

图 4　全国碳市场交易类别

资料来源：上海环境能源交易所。

于大型企业或机构之间的大规模配额买卖。然而，过于依赖大宗协议交易也可能导致市场流动性不足，价格波动较大，影响市场的稳定性和价格发现功能。

其次，挂牌协议交易虽然占比不高，但也具有一定的市场基础。挂牌协议交易的特点在于交易过程相对透明、价格公开，有助于市场参与者更好地了解市场行情，做出更合理的交易决策。然而，挂牌协议交易占比偏低可能意味着部分市场参与者对于公开市场的信任度不高，或者更倾向于通过私下协商达成交易。

值得注意的是，大宗协议交易价格相对于挂牌协议交易价格存在一定的折价现象。大宗协议交易的平均成交价为每吨 62.97 元，而挂牌协议交易的平均成交价为每吨 72.57 元，二者间价差明显。这一价差反映了不同交易方式在定价机制上的差异，也揭示了碳市场在一定程度上存在信息不对称和交易不透明的问题。大宗协议交易由于主要通过集团内部配额分配、不同排放控制企业之间直接谈判或中介谈判实现，其交易过程相对复杂，缺乏足够的透明度，从而导致价格折扣的出现。

因此，根据图 4 可知我国的全国碳排放权交易市场在成交量的内部结构上存在交易重心偏差，以大宗协议交易为主，在成交额度和成交量上占比均可达市场的 80%以上，但大宗协议交易成交价格存在较为明显的折价现象，这也从侧面说明了以挂牌价格来衡量整体碳市场价格势必存在一定程度的高估问题。

（二）全国碳交易市场运行面临的挑战

然而，随着交易品种与参与主体的增加，全国碳交易市场在制度体系建设和履约监督方面仍存较多问题，处于亟待完善的发展初期阶段。此外，尽管国外碳排放权交易体系建立较早，能够为我国的进一步建设提供较多的经验，但欧盟和美国等的碳交易背景与我国自身环境存在较大差异，如我国高耗能产业占比较高、全面深化改革的进程仍在同步推进等，各类社会和经济因素的交叉影响更为显著。因此，针对我国自身背景指明全国碳交易市场的发展问题和面临的挑战具有迫切性和必要性，是我国碳交易市场顺利发展的基础，也是我国继续落实“双碳”目标的必经之路。全国碳交易市场在运行过程中面临着多方面的挑战。以下是一些主要挑战。

1. 市场活跃度与价格发现机制

目前，全国碳交易市场的活跃度相对较低，交易主要集中在履约期之前。这导致价格发现机制尚未完善，碳价格不能充分反映碳减排的成本和效益，从而影响了市场的有效性。

2. 数据质量与监管

在全国碳交易市场中，数据质量是确保市场公平、公正和透明的基础。然而，当前存在个别企业数据造假的情况，数据质量全流程风险控制水平需要进一步提高。这要求政府加强对企业碳排放数据的监管和核查，确保数据的准确性和可靠性。

3. 市场分割与标准化

目前，各碳交易市场相对独立，缺乏统一的标准和规范。这导致市场分割，交易门槛和准入条件不尽相同，影响了市场的统一性和流动性。未来需要推动全国碳交易市场的标准化和统一化，提高市场的运行效率。

4. 价格调控机制与市场投机

我国碳交易市场的自身价格调控机制尚不完善，可能导致价格大幅波动和市场投机行为的加剧。这不仅不利于碳减排目标的实现，还可能对有正常交易需求的企业形成“劣币驱逐良币”的不良后果。因此，需要建立有效的价格调控机制，防止市场过度投机和价格异常波动。

5. 国际化程度与国际合作

我国碳交易市场的国际化程度有待提高，与国际碳交易市场的连接和互动不够紧密。这限制了我国碳交易市场在国际碳减排合作中的作用和影响力。未来需要加强与国际碳交易市场的交流和合作，推动国内碳交易市场的国际化进程。

综上所述，全国碳交易市场在运行过程中面临着多方面的挑战。为了推动碳交易市场的健康发展，需要政府、企业和社会各方共同努力，加强监管、完善机制、推动标准化和国际化进程。

二　碳交易试点与非试点市场运行情况

（一）碳交易试点市场运行情况

1. 碳交易试点市场碳配额价格波动特征

（1）北京

如图 5 所示，北京碳市场收盘价初期一个多月价格保持平稳，2022 年 3 月初小幅下跌后，在 2022 年 4 月收盘价保持平稳，随后小幅度上拉，自 2022 年 5 月底开始频繁震荡，总体呈现上升趋势，一直持续到 2022 年 12 月，短暂平走后断崖式下降，随后大幅上拉，收盘价经历一个月的平台期后再次大幅下降，随后震荡幅度较大但频次较低，价格逐渐回调，直到 2023 年 6 月底开始呈现渐进下降趋势并伴有小幅震荡，只在 2023 年 8 月出现一次大幅下降。

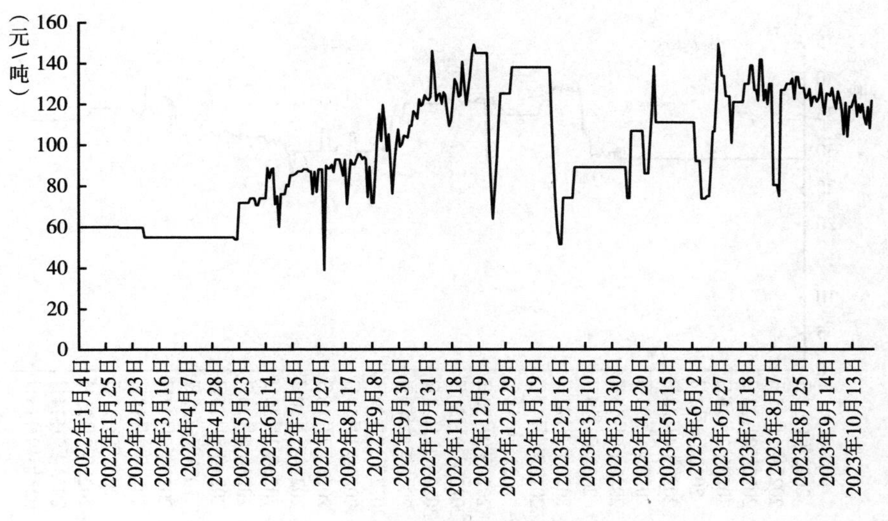

图 5　北京碳市场收盘价走势

资料来源：北京绿色交易所。

（2）天津

如图 6 所示，天津碳市场收盘价在 2022 年 1 月至 2022 年 6 月一直保持平稳，随后一段小幅度震荡后骤升，达到 38. 5 元/吨，随后经过一小段小幅度震荡期后下降至 35 元/吨，并保持此价格一小段平台期，其后收盘价小幅上升后出现断崖式下降又迅速回升，进入平稳震荡期，直到 2022 年 12 月骤然下降后又进入一个平稳震荡期，2023 年 6 月收盘价猛然上拉，一小段平台期后又骤然下降至 36 元/吨，价格小幅震荡，总体波动不大。

（3）上海

如图 7 所示，上海碳市场收盘价初期渐进上升并伴随小幅震荡，直到 2022 年 3 月底骤然下降，随后又大幅回升至原来的 60 元/吨左右水平，之后一段时间收盘价逐渐温和上升，经历一小段平台期后，呈现渐进下降趋势并伴随小幅震荡，2022 年 10 月到 2023 年 3 月，收盘价一直围绕 55 元/吨波动，2023 年 3 月中旬价格骤降又迅速回升，随后进入价格稳定并伴有小幅震荡的平稳期。总体收盘价比较稳定，涨幅变化较小。

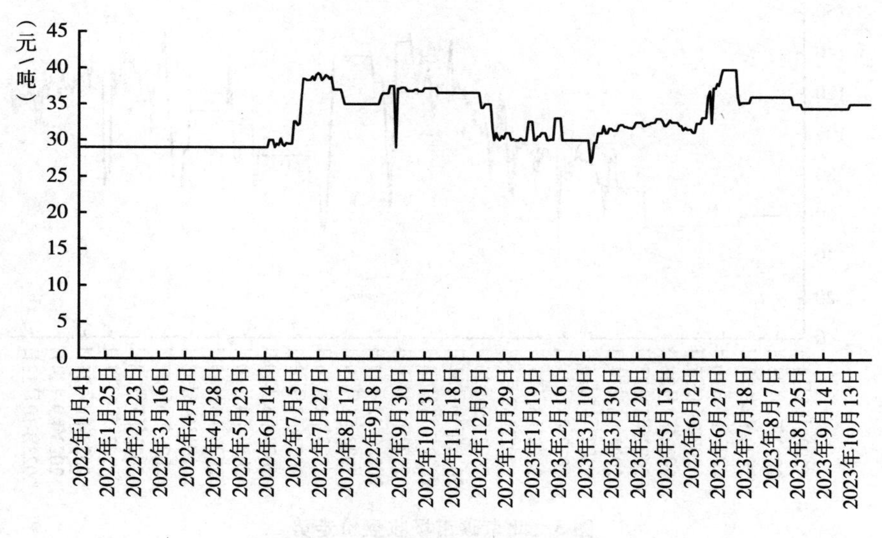

图 6　天津碳市场收盘价走势

资料来源：天津碳排放权交易所。

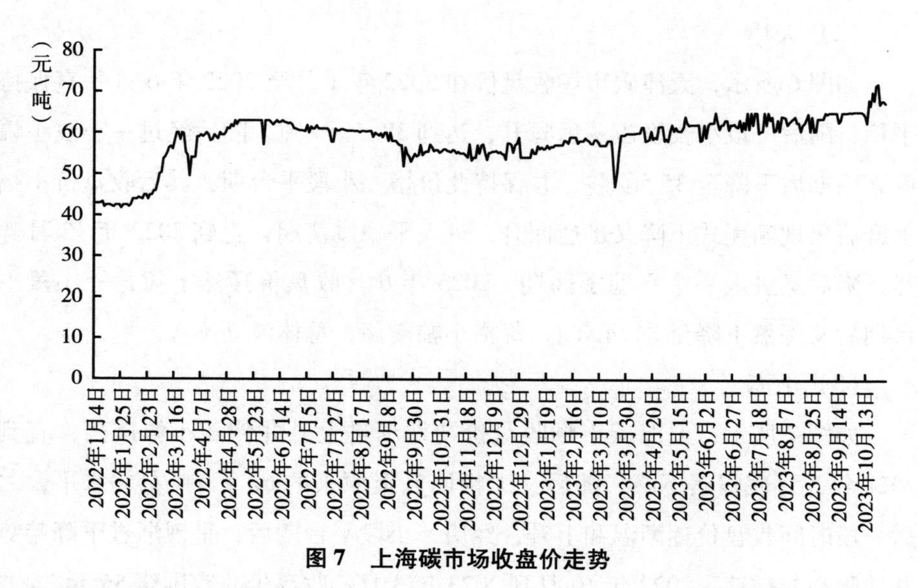

图 7　上海碳市场收盘价走势

资料来源：上海环境能源交易所。

（4）重庆

如图 8 所示，重庆碳市场收盘价初期为 31.93 元/吨，五个月的平台期后在 2022 年 5 月底直线式上升达到 43.8 元/吨，随后逐步下降到 38 元/吨后又逐步回升到 49 元/吨，短暂平台期后，经历直线式升降回落至 30 元/吨左右，短暂小幅度震荡后经历了四个半月的平台期，随后收盘价经历一段不规则升降，价格在 30 元/吨左右波动，幅度不超过 10 元/吨。

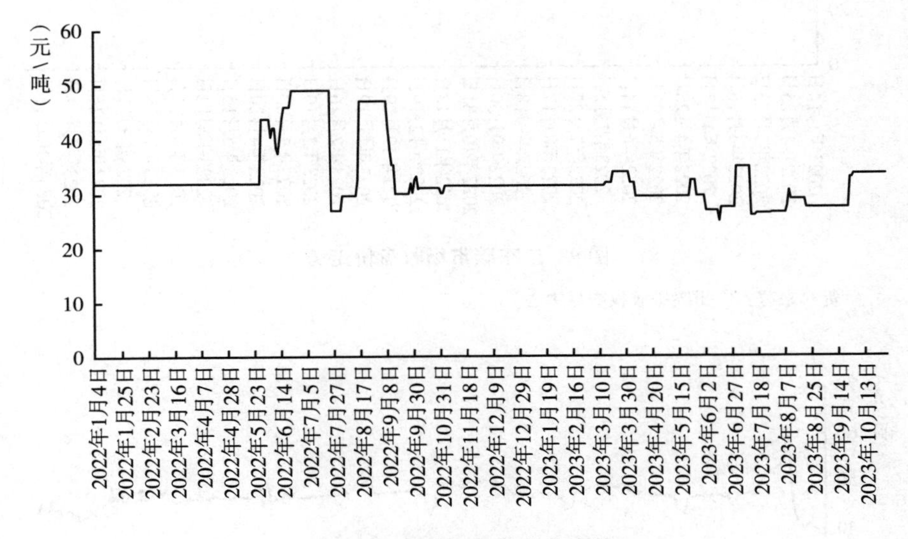

图 8　重庆碳市场收盘价走势

资料来源：重庆碳排放权交易中心。

（5）广东

如图 9 所示，广东碳市场收盘价初期渐进上升，直到达到约 93 元/吨的峰顶，随后骤然下降，至 2022 年 3 月逐渐回升到 77.5 元/吨左右，进入了一个伴随小幅度震荡的平稳期，直到 2023 年 2 月开盘价渐渐上升，2023 年 5 月下旬达到 87 元/吨左右，随后收盘价逐渐下降并伴随小幅度震荡，总体震荡幅度不大。

（6）湖北

如图 10 所示，湖北碳市场收盘价总体上呈平稳并伴随小幅度震荡的趋

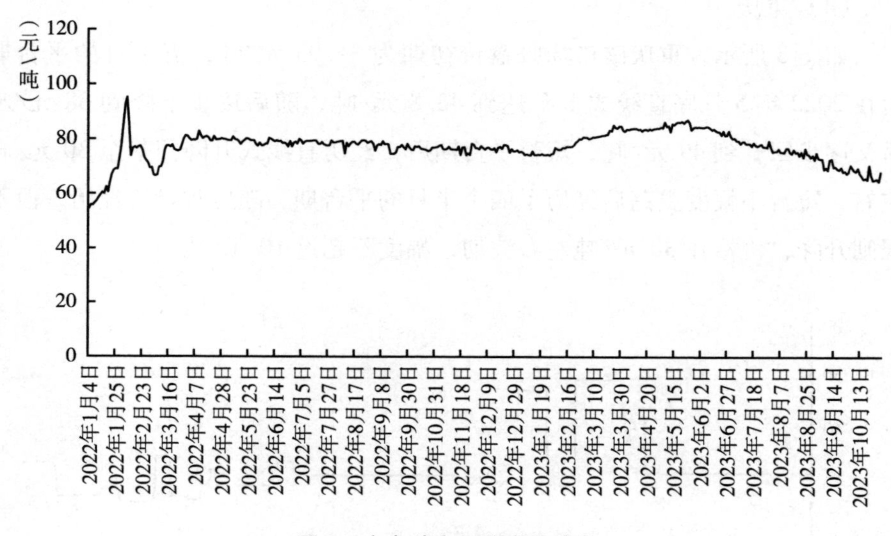

图 9　广东碳市场收盘价走势

资料来源：广州碳排放权交易中心。

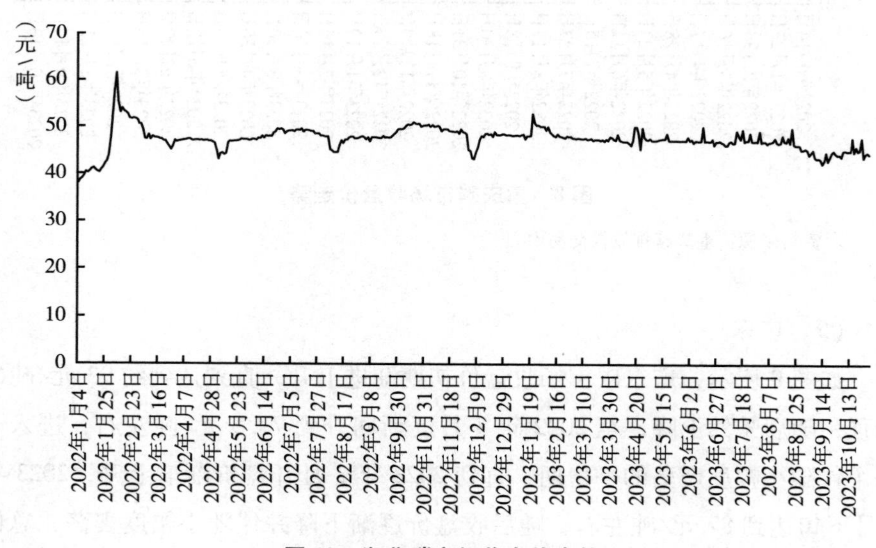

图 10　湖北碳市场收盘价走势

资料来源：湖北碳排放权交易中心。

势，初期收盘价骤然上升，达到 61.48 元/吨的峰值，随后逐渐下降，从 2022 年 3 月底至 2023 年 8 月，收盘价在 46 元/吨左右小幅度波动，其中在 2022 年 5 月初、2022 年 8 月初和 2022 年 12 月初下降到 44 元/吨左右，随后收盘价逐渐下降并在 44 元/吨左右波动，最终达到 44 元/吨的水平，与 2022 年 1 月初的 39 元/吨起步价格仅高出 5 元，总体波动幅度较小。

（7）深圳

如图 11 所示，深圳碳市场收盘价初期逐渐降低，2022 年 3 月初进入平台期，2022 年 4 月中旬逐渐上升，2022 年 6 月收盘价大幅度升高到 41 元/吨左右，随后价格随时间变化上下波动，总体呈现上升趋势，2022 年 10 月骤降至 20 元/吨，2022 年 11 月达到峰值 68 元/吨，随后逐渐下降，2023 年 1 月至 2023 年 6 月收盘价进入平稳上升伴随小幅度震荡的阶段，随后逐渐下降，2023 年 9 月后在 60 元/吨左右水平波动，每吨比 2022 年 1 月初 10 元起步价格高出 50 元，2022 年 5 月中旬至 2022 年 6 月中旬涨幅较大，涨幅约为 480%。

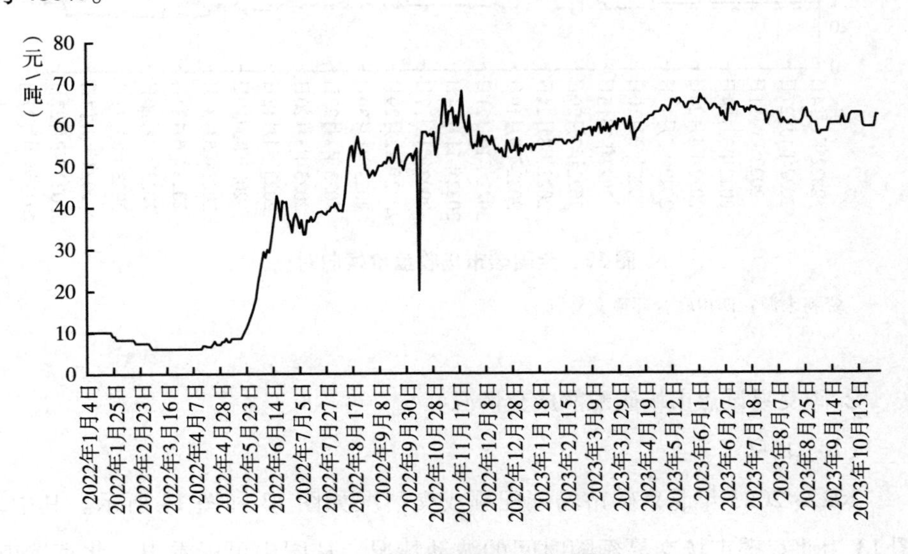

图 11　深圳碳市场收盘价走势

资料来源：深圳碳排放权交易所。

（8）碳交易试点市场碳配额价格波动特征对比

如图 12 所示，整体而言，七个市场横向对比，深圳碳市场初期收盘价最低，2022 年 5 月大幅上升后达到与其他碳市场相近的价格水平。总体而言，在中国碳市场的第二履约期中，七个市场的价格波动水平存在一定的差异。其中，北京碳市场价格波动幅度较大，其他市场价格波动趋势曲线相对平稳。这表明，北京碳市场价格波动相对剧烈，市场活跃度和流动性较高，这可能与市场的供需、政策调控和市场成熟度等因素有关。

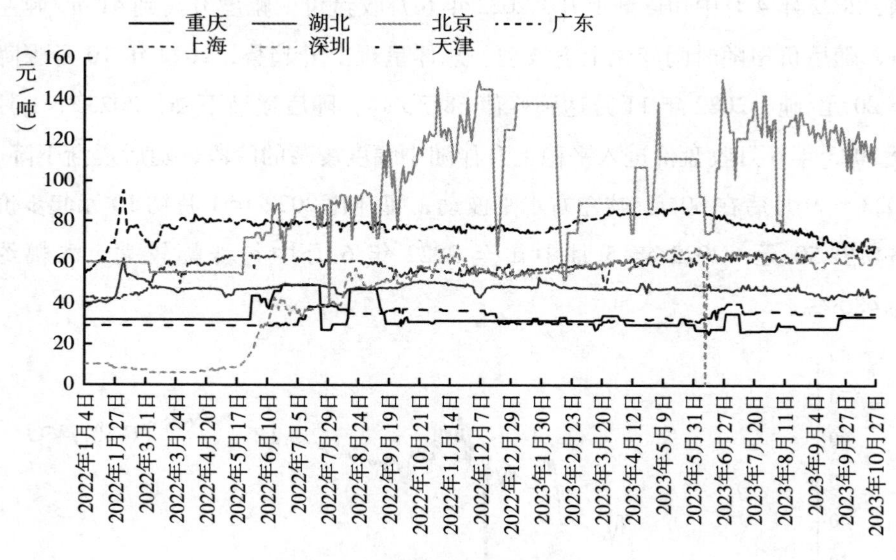

图 12　全国碳市场收盘价横向对比

资料来源：四川联合环境交易所。

2. 碳交易试点市场碳配额成交情况

（1）北京

2022~2023 年北京碳市场碳配额成交情况如图 13 和图 14 所示。其中，图 13 为北京碳市场交易额随时间的波动情况。从图中可以看出，北京碳市场的交易额每间隔一段时间就会出现一个局部最大值，分别在 2022 年 1 月、6 月、10 月、11 月以及 2023 年 10 月，在这些时期，北京碳市场交易额存在显著提升，其余时期在较低范围内小幅波动。从发展趋势来看，北京碳市场交易额在近几个月内波动频繁且总体呈小幅上升状态。

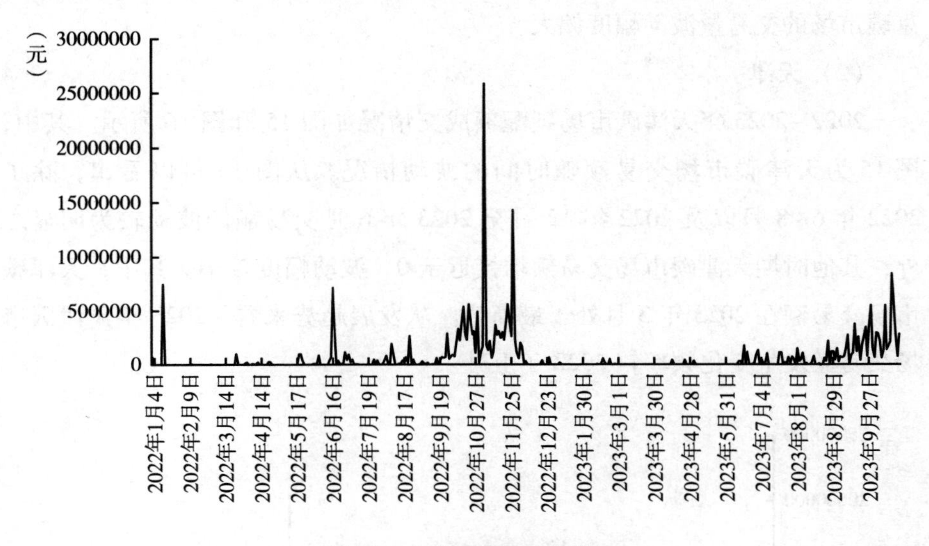

图 13　北京碳市场交易额

资料来源：北京绿色交易所。

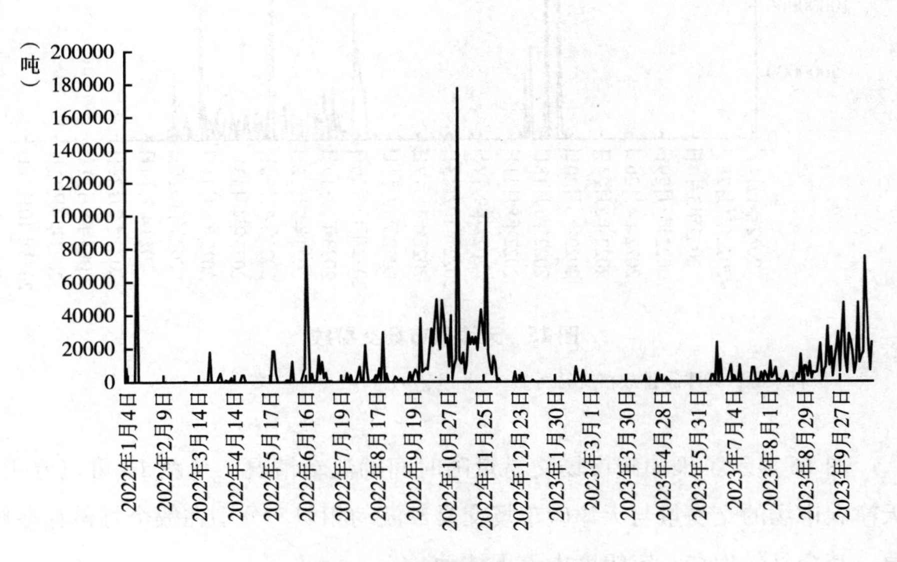

图 14　北京碳市场交易量

资料来源：北京绿色交易所。

图 14 为北京碳市场交易量随时间的波动情况。从图 14 可以看出，北京碳市场的交易量与北京碳市场的交易额波动情况比较相似，不同之处在于北京碳市场的交易量波动幅度偏大。

（2）天津

2022~2023 年天津碳市场碳配额成交情况如图 15 和图 16 所示。其中，图 15 为天津碳市场交易额随时间的波动情况。从图 15 可以看出，除了 2022 年 6~8 月以及 2022 年 12 月至 2023 年 6 月交易额的波动较为明显之外，其他时期天津碳市场交易额均接近于 0，波动幅度较小。其中，天津碳市场交易额在 2023 年 3 月处于最高值。从发展趋势来看，2023 年天津碳市场交易额发生变化频率较 2022 年上升。

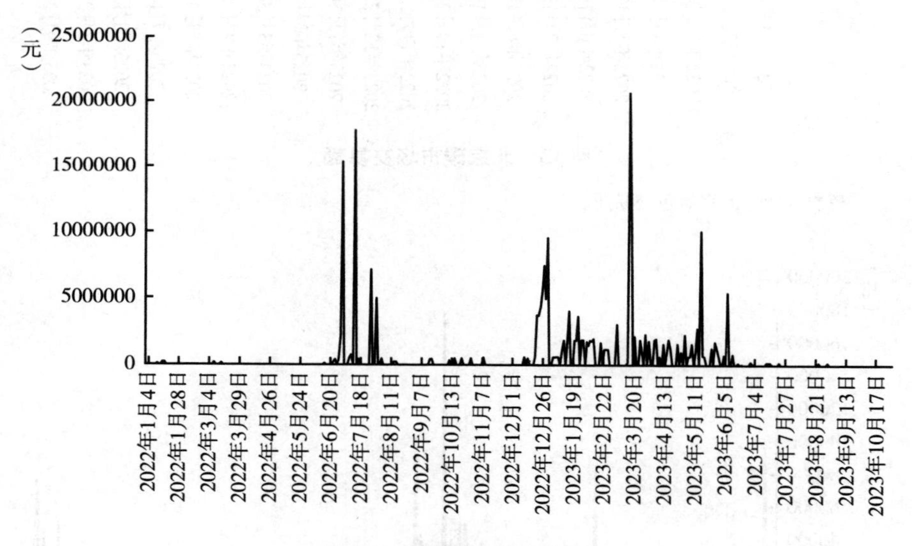

图 15 天津碳市场交易额

资料来源：天津碳排放权交易所。

图 16 显示了天津碳市场交易量随时间的波动情况。从图 16 可以看出，天津碳市场的交易量与天津碳市场交易额波动相似。分别在数个月份存在峰值，其余月份均在一定幅度内上下波动。

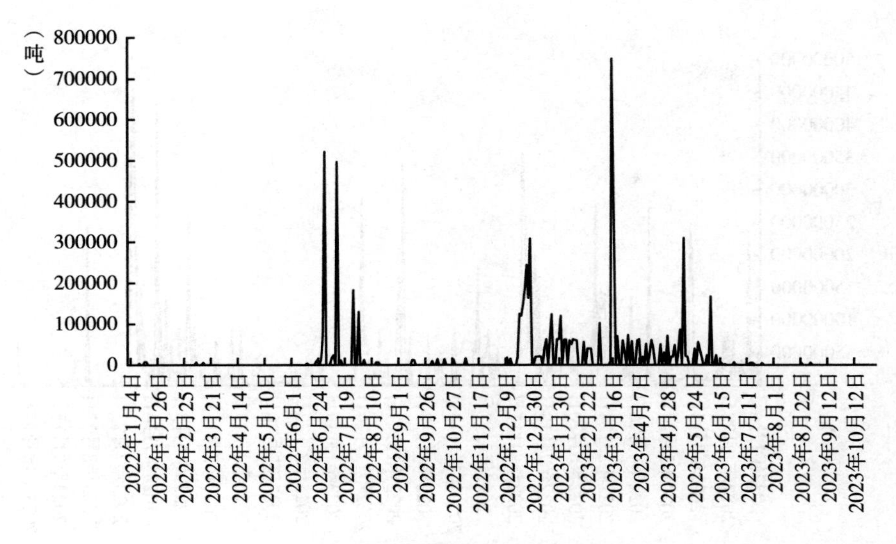

图 16　天津碳市场交易量

资料来源：天津碳排放权交易所。

（3）广东

2022～2023 年广东碳市场碳配额成交情况如图 17 和图 18 所示。其中，图 17 为广东碳市场交易额随时间的波动情况。从图 17 可以看出，广东碳市场的交易额会在一段时间内达到峰值，然后下降，波动幅度较为明显。从大趋势来看，广东碳市场交易额峰值总体处于上升趋势，并且与图 18 广东碳市场交易量情况相比，图 17 的波动幅度较大。

图 18 为广东碳市场交易量随时间的波动情况。从图 18 可以看出，广东碳市场的交易量同样每隔一段时间出现一个峰值，并且峰值出现得比较频繁。与交易额不同的是，除 2022 年 4 月和 6 月外，交易量峰值总体较为平稳。

（4）湖北

2022～2023 年湖北碳市场碳配额成交情况如图 19 和图 20 所示。其中，图 19 为湖北碳市场交易额随时间的波动情况。从图 19 可以看出，湖北碳市场交易额在 2022 年 12 月交易额波动幅度较大，交易额有所上升，而后陷入低谷。在 2023 年 4 月攀升后于 5 月达到最高值。其余时间交易额均在较低

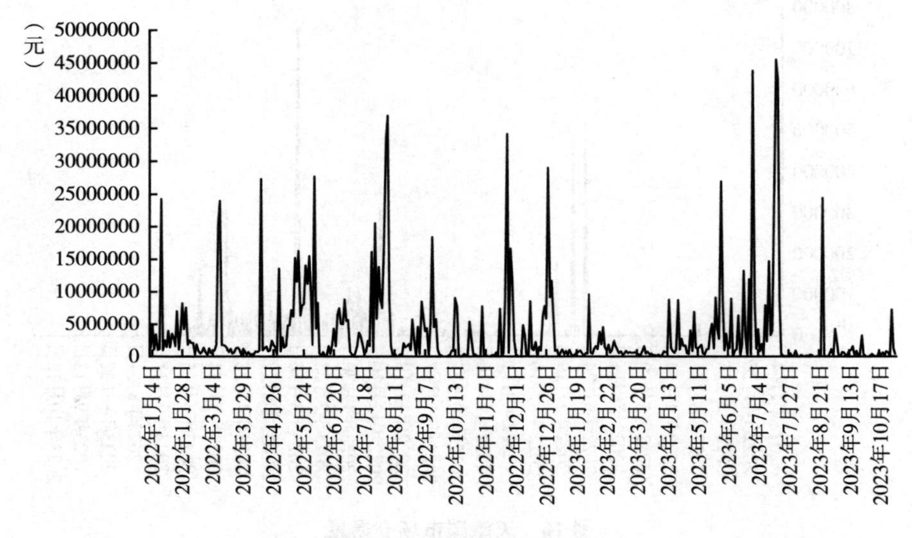

图 17　广东碳市场交易额

资料来源：广州碳排放权交易中心。

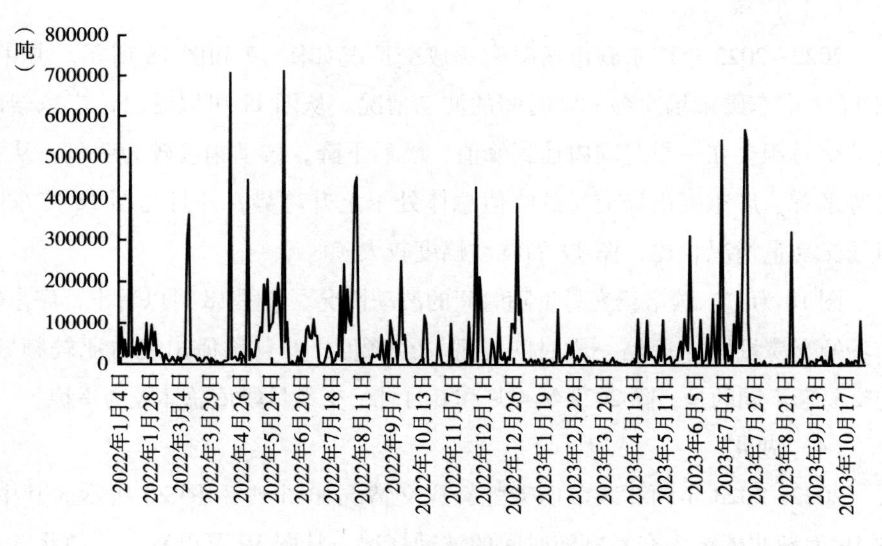

图 18　广东碳市场交易量

资料来源：广州碳排放权交易中心。

范围内上下波动。从发展趋势来看，湖北碳市场除个别月份会出现大额交易之外，整体较为平稳。

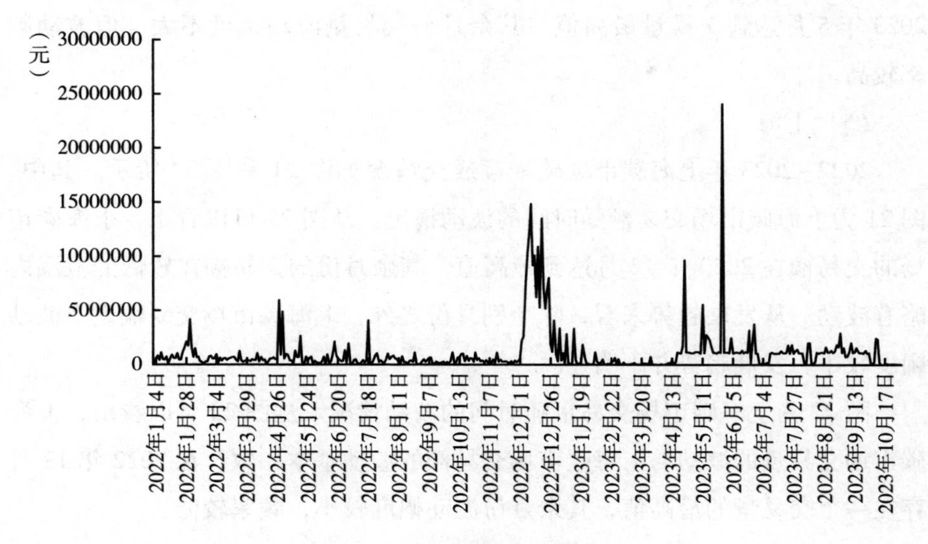

图 19　湖北碳市场交易额

资料来源：湖北碳排放权交易中心。

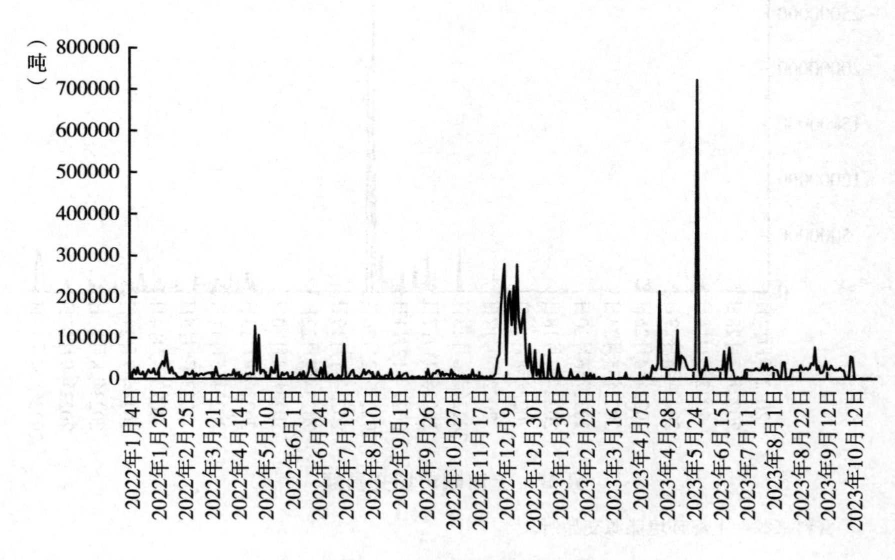

图 20　湖北碳市场交易量

资料来源：湖北碳排放权交易中心。

图 20 为湖北碳市场交易量随时间的波动情况。由图 20 可知，湖北碳市场的交易量与湖北碳市场的交易额波动相似，在 2022 年 12 月波动明显，于 2023 年 5 月达到交易量最高值，其余月份交易量波动幅度不大，但波动频率较高。

（5）上海

2022~2023 年上海碳市场碳配额成交情况如图 21 和图 22 所示。其中，图 21 为上海碳市场交易额随时间的波动情况。从图 21 可以看出，上海碳市场的交易额在 2022 年 12 月达到最高值，其余月份的交易额在较低的范围内略有波动。从发展趋势来看，除个别月份之外，上海碳市场交易额上下波动幅度较小，发展趋势并不明显。

图 22 为上海碳市场交易量随时间的波动情况。从图 22 可以看出，上海碳市场交易量的波动与上海碳市场交易额的波动基本一致，在 2022 年 12 月存在一个交易量的最高值，其余月份波动幅度较小，频率较低。

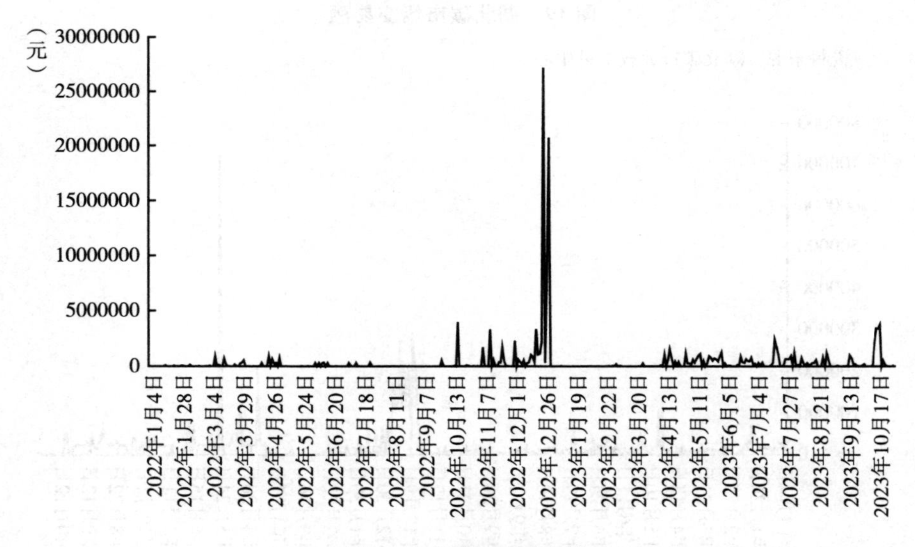

图 21　上海碳市场交易额

资料来源：上海环境能源交易所。

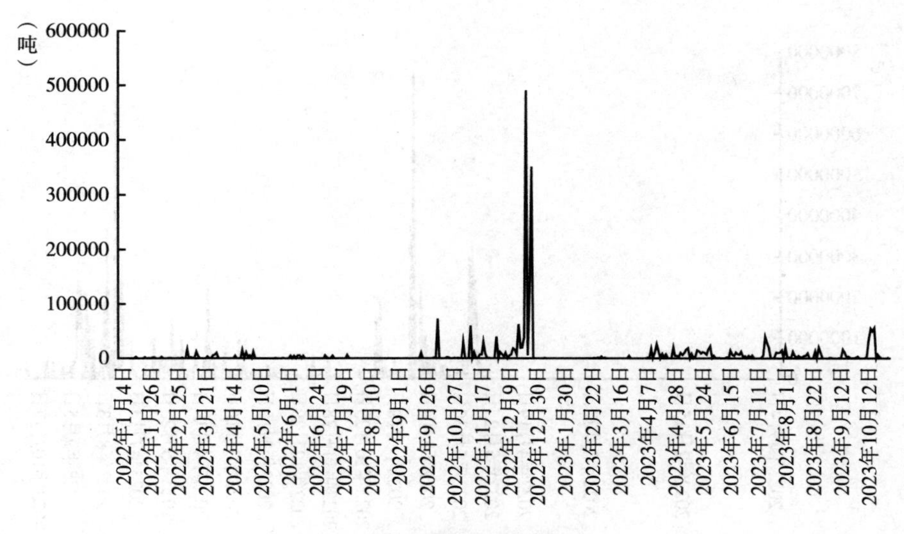

图 22　上海碳市场交易量

资料来源：上海环境能源交易所。

（6）深圳

2022~2023 年深圳碳市场碳配额成交情况如图 23 和图 24 所示。其中，图 23 为深圳碳市场交易额随时间的波动情况。由图 23 可知，深圳碳市场交易额在 2022 年 1~5 月接近 0，未发生大幅波动。2022 年 6 月至 2023 年 10 月波动明显，并且分别在 2022 年 8 月与 2023 年 7 月存在峰值，其中 2022 年 8 月交易额达到最高值。

图 24 为深圳碳市场交易量随时间的波动情况。从图 24 可以看出，深圳碳市场的交易量与深圳碳市场的交易额变动情况基本持一致状态，且 2022 年 6 月、8 月和 2023 年 7 月的交易量处于较高水平。2023 年交易量相比 2022 年波动频率提升。

（7）重庆

2022~2023 年重庆碳市场碳配额成交情况如图 25 和图 26 所示。其中，图 25 为重庆碳市场交易额随时间的波动情况。从图 25 可以看出，除了 2022 年 1~4 月、6 月及 2023 年 3 月、8 月、10 月，重庆碳市场的交易额都接近 0，

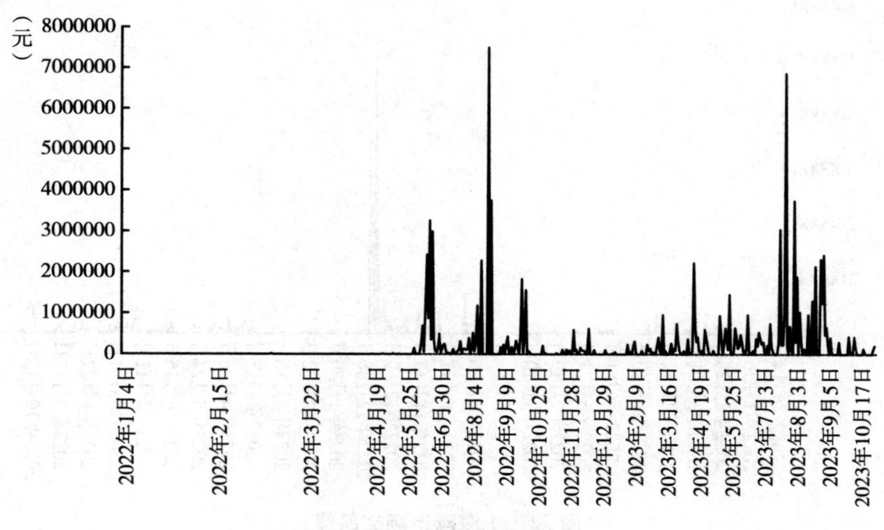

图 23　深圳碳市场交易额

资料来源：深圳碳排放权交易所。

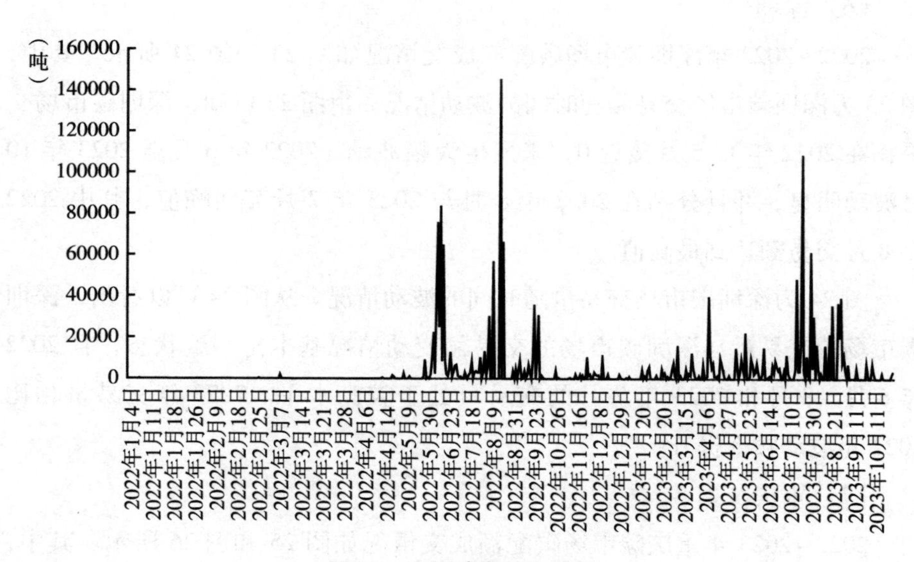

图 24　深圳碳市场交易量

资料来源：深圳碳排放权交易所。

波动幅度很小。其中，重庆碳市场交易额在 2022 年 4 月达到峰值。从发展趋势看，重庆碳市场整体发展趋势不明显。

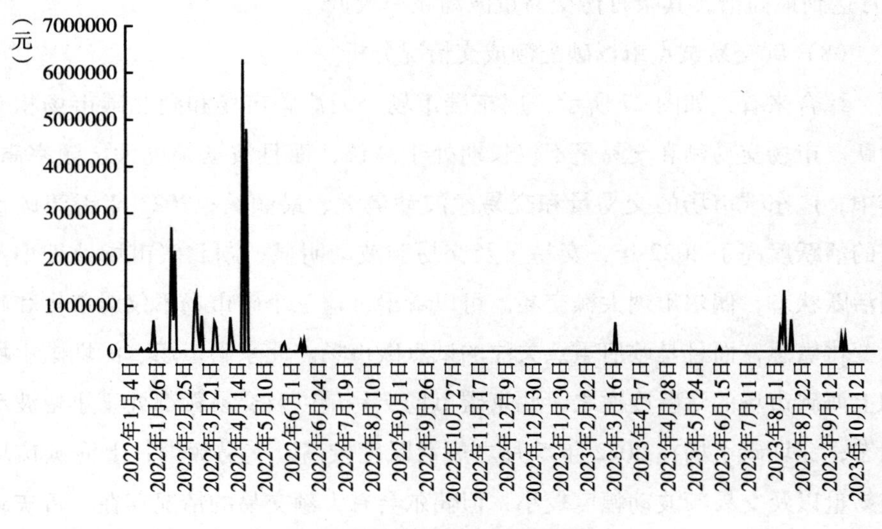

图 25　重庆碳市场交易额

资料来源：重庆碳排放权交易中心。

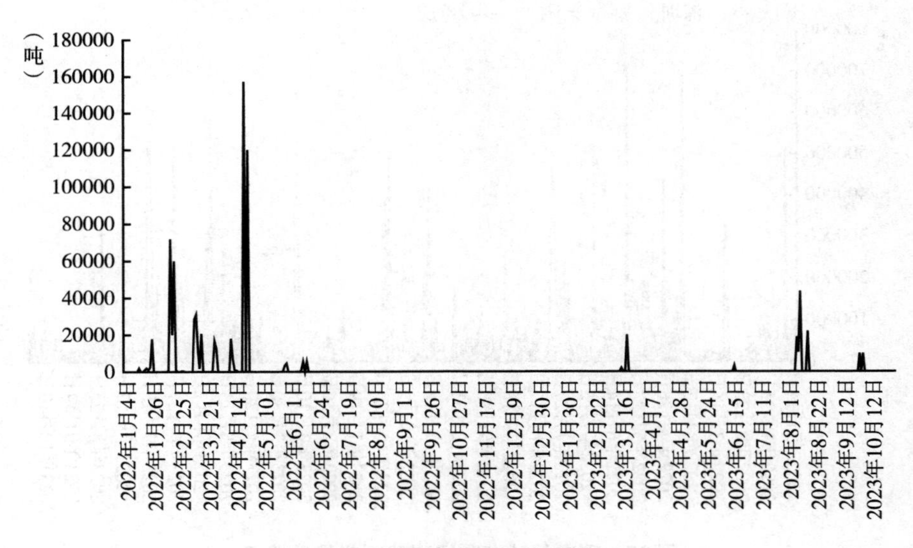

图 26　重庆碳市场交易量

资料来源：重庆碳排放权交易中心。

图 26 为重庆碳市场交易量随时间的波动情况。从图 26 可以看出，重庆碳市场交易量的变动情况与重庆碳市场交易额总体上是一致的，在 2022 年 4 月达到最高值，其余月份交易量波动频率较低。

（8）碳交易试点市场碳配额成交情况分析

综合来看，如图 27 所示，广东碳市场、天津碳市场和湖北碳市场相对活跃。市场交易额和交易量不仅长期处于高位，而且波动幅度大、频率高。其中，广东碳市场的交易量和交易额波动最大、最频繁；2023 年天津碳市场的活跃度高于 2022 年，交易量及交易额波动明显；湖北碳市场处于小范围活跃状态，偶尔出现大额交易。可以看出，这三个碳市场不仅对市场和政策变化敏感，而且是政府重点关注的试点碳市场。北京碳市场、深圳碳市场和上海碳市场的活跃度次之，北京碳市场交易量以及交易额都处于小幅波动状态；深圳碳市场在 2022 年 5 月之后活跃度较高，交易频繁；上海碳市场交易量以及交易额波动幅度较小，但偶尔会有大额交易的情况存在。重庆碳市场活跃度最低，市场交易量在 2022 年前几个月较为活跃，此后交易量与

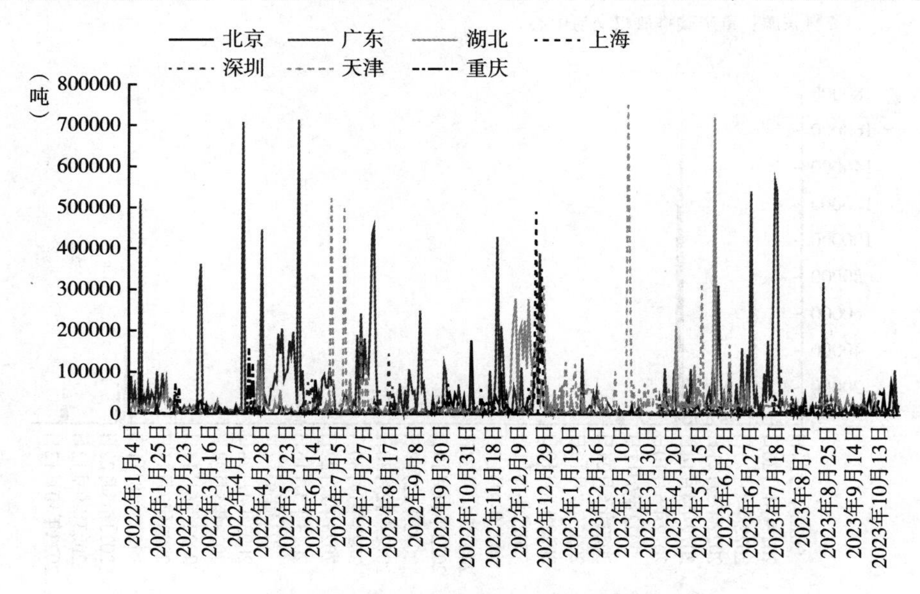

图 27　碳交易试点市场碳配额交易量情况

资料来源：四川联合环境交易所。

交易额均趋于0，偶尔有所波动。试点碳市场交易量的差异在一定程度上反映了不同地区配额总量放宽程度的差异，以及个人、相关企业和金融机构参与市场规模的差异。

3. 碳交易试点市场发展不足

（1）碳交易基础条件缺失

首先，碳排放权交易还没有具体的法律法规约束。尽管一些省份已经逐步出台了一些关于碳交易的地方性规则，但在国家层面上还没有专门的立法，从交易的识别、批准到结算，碳排放权交易没有共同的标准。这导致市场参与者无法被有效监管和保护，从而降低了市场稳定性。其次，对碳排放权的交易需求不足。根据国家节能减排计划，各省、市、县有自己的减排任务，同时为企业设定一定的排放限值。然而，出于经济发展的考虑，地方政府对企业二氧化碳排放的监管不够严格，企业没有动力参与碳排放权交易。最后，社会对碳排放权交易缺乏认识。企业尚未意识到碳排放权交易对其发展的正向影响及其包含的潜在商机。

（2）缺乏碳金融支持

近年来，碳交易的快速发展催生了对碳金融的巨大需求。碳金融是《京都议定书》规定的一种低碳经济投融资活动，目的是调动金融工具，优化企业碳资产配置，激活碳资产；国际金融机构在这一领域的创新越来越多，竞争越来越激烈。相关活动主要是在限制温室气体排放项目的直接投资、融资和银行贷款方面。中国的碳金融市场仍处于起步阶段，只有浦发银行、兴业银行等少数金融机构开展此项业务。金融机构参与度低，往往导致相关项目在实施中的融资困难。尽管我国有大量的国家金融机构，但它们很少参与碳交易，只向某些部门放贷。与此同时，目前与碳交易有关的国家立法和法规不完善，缺乏处理关联公司财务账户的机制，导致各种碳试点项目市场缺乏创新和活力。

（3）配额分配方式有限

目前，中国各试点市场的碳配额初始以免费分配为主，有偿分配为辅。其中有偿分配形式具有价格发现和平滑市场的功能，可以清晰地显示企业的减排成本和碳排放权的价值，但我国碳交易试点的有偿分配形式暂未完全推广，且有偿分配形式占比尚待提高。因此需要进一步探索碳配额的有偿分配形式，逐步提高有偿分配形式占比，以形成公允碳价。此外，除了这种传统方法外，一些试点市场也采用了新的方法。以重庆碳市场为例，其采用企业自主申报的方式，导致碳市场配额大量过剩，市场交易停滞。为解决这一问题，本报告建议有关部门规定，企业在购买新配额前，只有先出售剩余的原有配额，才有资格获得新配额。目前，这一做法在湖北碳市场取得了一定成效，显著提高了湖北碳市场交易的流动性和活跃性。因此，还需要在传统配额形式的基础上拓展新的碳配额形式。

（4）碳市场成交量活跃度较低

截至目前，广东碳市场、天津碳市场和湖北碳市场相对活跃，市场交易额和交易量不仅长期处于较高水平，而且波动较大、频率较高。其中广东碳市场交易量以及交易额波动幅度最大也最频繁。可以看出，这三个碳市场不仅对市场和政策变化较为敏感，而且是政府重点关注的试点碳市场。北京碳市场、深圳碳市场和上海碳市场的活跃度次之，其中深圳碳市场在 2022 年 5 月之后活跃度较高，交易频繁；上海碳市场交易量以及交易额波动幅度较小，但偶尔会有大额交易。重庆碳市场活跃程度最低，市场交易量在 2022 年前几个月较为活跃，此后交易量与交易额均趋于 0，偶尔有所波动。整体而言，我国碳交易试点市场整体成交量水平相对较低，近两年部分碳交易试点市场发展趋势并不明显。

（二）碳交易非试点市场运行情况

1. 碳交易非试点市场交易情况

2020 年 9 月 22 日，习近平总书记在第七十五届联合国大会上提出，二氧化碳排放力争于 2030 年前达到峰值，努力争取 2060 年前实现碳中和。[①]

① 《改革开放简史》编写组编著《改革开放简史》，人民出版社、中国社会科学出版社，2021，第 317 页。

同时，生态环境部也表示“降碳”将成为我国未来生态环境保护工作的总抓手。自2021年全国碳市场启动以来，我国已成为世界上规模最大的碳市场，这为碳金融发展按下加速键。党的二十大报告也提到，要推动绿色发展，加快发展方式绿色转型，发展绿色低碳产业。

我国目前规模最大的清洁能源省份——四川省为了规范各个城市应对气候变化和节能减排的工作，逐步推出了一系列的政策和法规，并且四川联合环境交易所于2016年4月成功获得了国家碳交易机构的备案。该机构与四川大学、中国科学院成都分院、四川省社科院等研究单位合作创建全国碳市场能力建设成都中心，标志着四川省已正式加入碳排放权交易的行列。2017年，四川省人民政府印发了《四川省控制温室气体排放工作方案》，给出了四川省完成“十三五”碳排放强度控制目标的“路线图”，即到2020年，全省单位地区生产总值二氧化碳排放比2015年下降19.5%，碳排放总量得到有效控制。2022年11月10日，四川省节能减排及应对气候变化工作领导小组办公室印发的《四川省碳市场能力提升行动方案》提出，要主动适应、积极融入全国碳排放权交易和温室气体自愿减排交易市场，全面提升各类主体参与碳市场能力，管好盘活碳资源。2023年10月26日，四川省经济和信息化厅、四川省发展改革委、四川省生态环境厅等三部门联合印发了《四川省工业领域碳达峰实施方案》。该方案提出了四川工业碳达峰的“两步走”目标：“十四五”期间，规模以上工业单位增加值能耗较2020年下降14%，单位工业增加值二氧化碳排放较2020年下降19.5%；“十五五”期间，确保全省工业领域二氧化碳排放在2030年前达到峰值，力争有条件的重点行业二氧化碳排放率先达峰。

目前，四川省碳市场已经基本形成了以碳排放权交易相关规则为核心，以碳中和、CCER质押融资的业务标准为支撑，全面覆盖四川省碳市场业务的制度体系。下面以四川省2022年1月1日至2023年10月31日的数据为例，分析碳交易非试点市场第二个履约期的交易情况。

在四川省碳市场，交易商品的种类仅限于CCER。2022年四川联合环境交易所的 CCER 成交量达到了 1971729 吨，交易的总金额为 90925997.14 元；2023 年初到 11 月 3 日，成交量达到了 1640825 吨，总成交额为 125837131.39 元。自开市之日起，累计的成交量达到了 37784999 吨。四川省 2022 年 1 月至 2023 年 10 月交易情况如表 1 所示。

表 1　四川省 2022 年 1 月至 2023 年 10 月交易情况

交易时间	品种	交易方式	成交笔数（笔）	成交量（吨）	成交额（元）
2022 年 1 月	CCER	大宗交易	4	91267	3815748.00
		定价点选	3	6034	253496.00
		柜台交易	3	13200	792000.00
2022 年 2 月	CCER	大宗交易	—	—	—
		定价点选	—	—	—
		柜台交易	5	21600	1376640.00
2022 年 3 月	CCER	大宗交易	7	475215	18399570.09
		定价点选	406	99611	5631742.90
		柜台交易	8	17934	1213622.20
2022 年 4 月	CCER	大宗交易	1	10000	486500.00
		定价点选	245	13001	905858.65
		柜台交易	4	22057	22057.00
2022 年 5 月	CCER	大宗交易	—	—	—
		定价点选	169	10251	513828.14
		柜台交易	3	13806	653070.00
2022 年 6 月	CCER	大宗交易	4	310010	16316714.86
		定价点选	235	96191	1835987.64
		柜台交易	—	—	—
2022 年 7 月	CCER	大宗交易	9	415546	26955456.68
		定价点选	194	7840	556203.29
		柜台交易	4	12800	696200.00
2022 年 8 月	CCER	大宗交易	3	46103	4272785.00
		定价点选	272	5758	386621.62
		柜台交易	3	3971	299446.00
2022 年 9 月	CCER	大宗交易	—	—	—
		定价点选	88	1571	114545.10
		柜台交易	3	32797	209385.00

续表

交易时间	品种	交易方式	成交笔数（笔）	成交量（吨）	成交额（元）
2022 年 10 月	CCER	大宗交易	—	—	—
		定价点选	83	11846	1232530. 22
		柜台交易	3	101743	547115. 00
2022 年 11 月	CCER	大宗交易	3	95000	62700. 00
		定价点选	57	1290	75683. 71
		柜台交易	2	10000	1100895. 00
2022 年 12 月	CCER	大宗交易	2	20000	1912600. 00
		定价点选	64	4107	222980. 04
		柜台交易	1	1180	64015. 00
2023 年 1 月	CCER	大宗交易	5	309913	20092162. 04
		定价点选	47	8319	639419. 31
		柜台交易	6	98304	6394008. 00
2023 年 2 月	CCER	大宗交易	1	59590	7448750. 00
		定价点选	60	1164	118340. 53
		柜台交易	3	6864	703720. 93
2023 年 3 月	CCER	大宗交易	4	74800	6582100. 00
		定价点选	75	3275	208187. 42
		柜台交易	3	87000	3309000. 00
2023 年 4 月	CCER	大宗交易	1	30000	3600000. 00
		定价点选	34	1500	99250. 01
		柜台交易	—	—	—
2023 年 5 月	CCER	大宗交易	7	160459	21211176. 87
		定价点选	139	31402	2194171. 39
		柜台交易	3	14000	762500. 00
2023 年 6 月	CCER	大宗交易	—	35000	3793500. 00
		定价点选	—	34086	2224429. 69
		柜台交易	—	27695	1994040. 00
2023 年 7 月	CCER	大宗交易	—	—	—
		定价点选	—	16037	2647483. 84
		柜台交易	—	—	—
2023 年 8 月	CCER	大宗交易	—	42445	2769035. 00
		定价点选	—	19685	1245115. 67
		柜台交易	—	—	—

续表

交易时间	品种	交易方式	成交笔数（笔）	成交量（吨）	成交额（元）
2023年9月	CCER	大宗交易	—	80395	3836159.25
		定价点选	—	42519	2981732.80
		柜台交易	—	21231	1403456.10
2023年10月（至11月3日）	CCER	大宗交易	—	184233	15515217.00
		定价点选	—	44102	3033934.39
		柜台交易	—	206807	11030241.15

资料来源：四川联合环境交易所。

2022年1月至2023年10月，四川省碳交易市场成交量情况如图28所示。从图28中我们可以观察到，四川省的碳交易市场在一段时间后总成交量会达到一个高峰，但随后会有所减少。四川省碳交易市场成交量分别在2022年3月、2022年7月、2023年1月以及2023年10月存在显著提升，出现高峰值，在2023年3月以及2023年5月出现略逊一筹的峰值。从发展趋势看，四川省碳交易市场的成交额随时间变化上下波动，且2023年的波动比2022年更为剧烈，然而四川省碳交易市场的成交量整体上并未体现出明显的发展趋势。此外，通过图28可以看出，三种交易方式中，大宗交易的成交量峰值最高，对总成交量的影响最大。

2022年1月至2023年10月，四川省碳交易市场成交额情况如图29所示。由图29可知，四川省碳交易市场成交额分别在2022年3月、2022年7月、2023年1月、2023年5月以及2023年10月出现峰值。从发展趋势来看，四川省碳交易市场2023年的成交额相较于2022年呈上升趋势，没有太低谷的时期。此外通过图29可以看出，三种交易方式中，四川省碳交易市场的大宗交易成交额与总成交额波动情况类似，折线贴合度比起成交量来说更高。

2022年1月至2023年10月，四川省碳交易市场通过定价点选方式交易

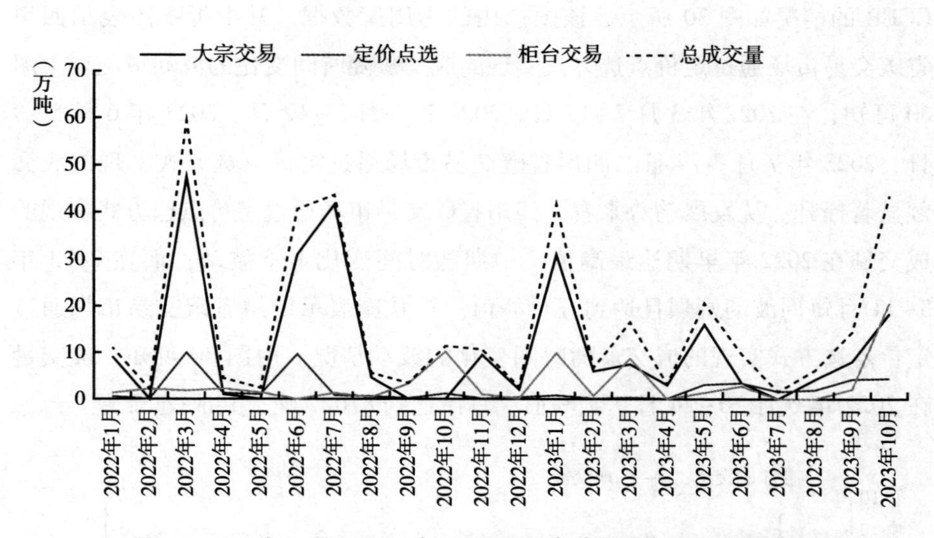

图28　2022年1月至2023年10月四川省碳交易市场成交量情况

资料来源：四川联合环境交易所。

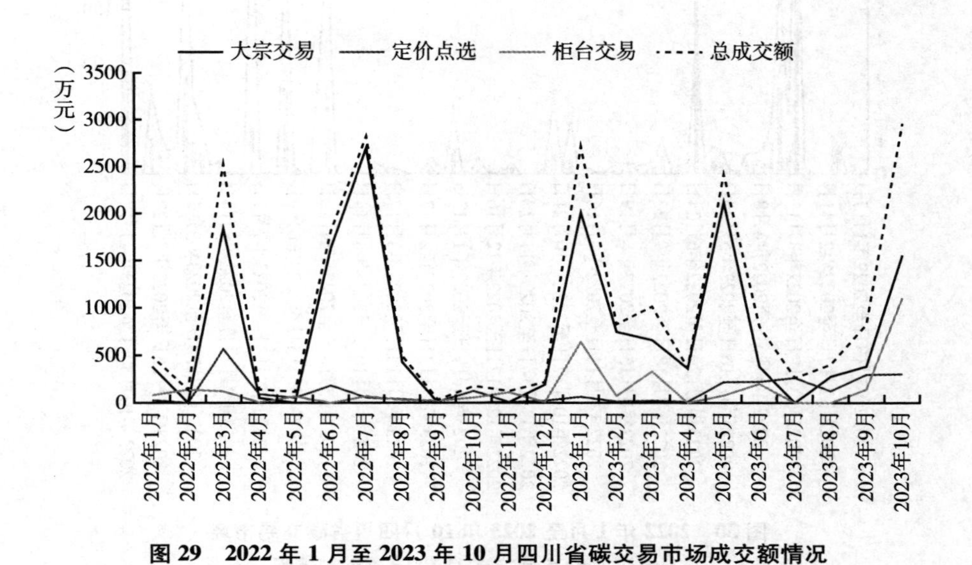

图29　2022年1月至2023年10月四川省碳交易市场成交额情况

资料来源：四川联合环境交易所。

CCER 的情况如图 30 所示。该图选用的为周度数据，其中折线图表示四川省碳交易市场通过定价点选方式实现的成交额随时间变化的波动情况。由图 30 可知，在 2022 年 3 月 7~11 日、2023 年 5 月 8~12 日、2023 年 6 月 5~9 日、2023 年 7 月 3~7 日，四川省碳交易市场通过定价点选方式实现的成交额显著提升。从发展趋势来看，四川省碳交易市场通过定价点选方式实现的成交额在 2022 年早期达最高值，中期随时间变化上下波动；而在 2023 年 5~11 月每周波动剧烈且达到五个峰值。柱状图表示四川省碳交易市场通过定价点选方式实现的成交量随时间变化的波动情况。由图 30 可知，成交量在 2022 年 6 月 20~24 日达到峰值，具体达到 87027 吨，共成交 52 笔。

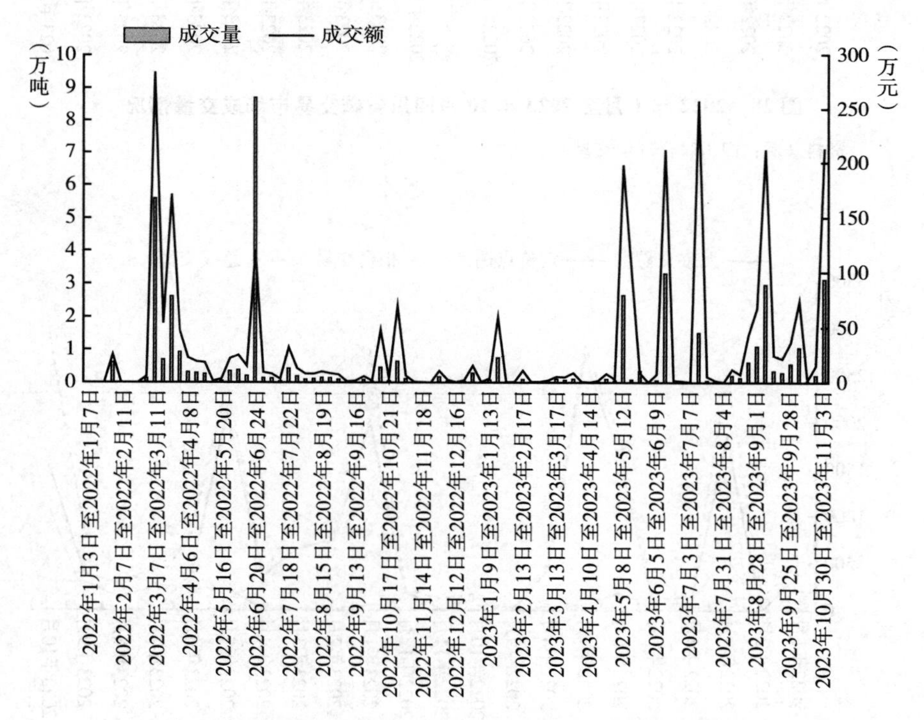

图 30　2022 年 1 月至 2023 年 10 月四川省碳交易市场通过定价点选方式交易 CCER 的情况

资料来源：四川联合环境交易所。

2022 年 1 月至 2023 年 10 月，四川省碳交易市场通过柜台交易方式交易 CCER 的情况如图 31 所示。该图同样选取周度数据，其中折线图表示四川省碳交易市场通过柜台交易方式实现的成交额随时间变化的波动情况。由图 31 可知，四川省碳交易市场通过柜台交易方式实现的成交额在 2023 年 1 月 13 日之后的一周内显著提升，并且在 2023 年 10 月的最后一周达最高值，具体为 7704525. 65 元。从发展趋势来看，四川省碳交易市场通过柜台交易方式实现的成交额在 2022 年全年随时间变化上下波动；而在 2023 年波动剧烈且达到峰值。柱状图表示四川省碳交易市场通过柜台交易方式实现的成交量随时间变化的波动情况。由图 31 可知，成交量每隔一段时间会出现一个峰值，最高值位于 2023 年 10 月 30 日至 2021 年 11 月 3 日，具体为 147935 吨。

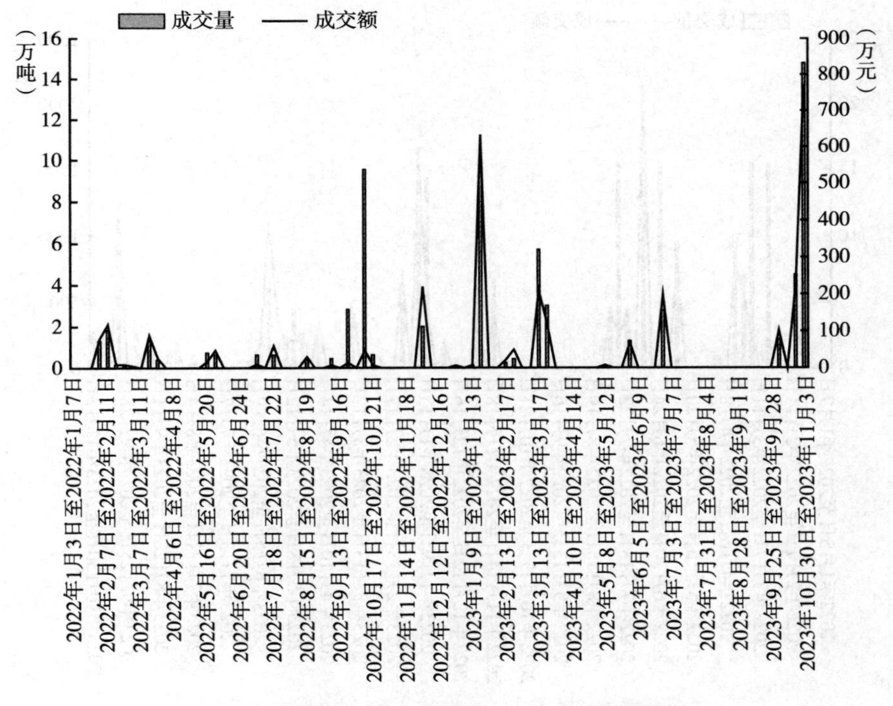

图 31　2022 年 1 月至 2023 年 10 月四川省碳交易市场通过柜台交易方式交易 CCER 的情况

资料来源：四川联合环境交易所。

碳排放配额大宗交易是指企业之间或政府与企业之间在碳排放权交易市场上进行的大规模交易活动。现阶段，每年的碳排放配额大宗交易中，每一笔交易的最小申报数量都不应低于 10 万吨二氧化碳当量。2022 年 1 月至 2023 年 10 月，四川省碳交易市场通过大宗交易方式交易 CCER 的情况如图 32 所示。该图同样选取周度数据，其中折线图表示四川省碳交易市场通过大宗交易方式实现的成交额随时间变化的波动情况。由图 32 可知，四川省碳交易市场通过大宗交易方式实现的成交额每隔一段时间会出现一个峰值，但大部分情况下其成交额趋向 0。其中，在 2022 年 7 月的第一周其成交额达最高值，具体为 20435917. 9 元。需要注意的是，2022 年 8 月 8 日至 2022 年 11 月 11 日大宗交易的成交额为 0 元。柱状图表示四川省碳交易市场通过

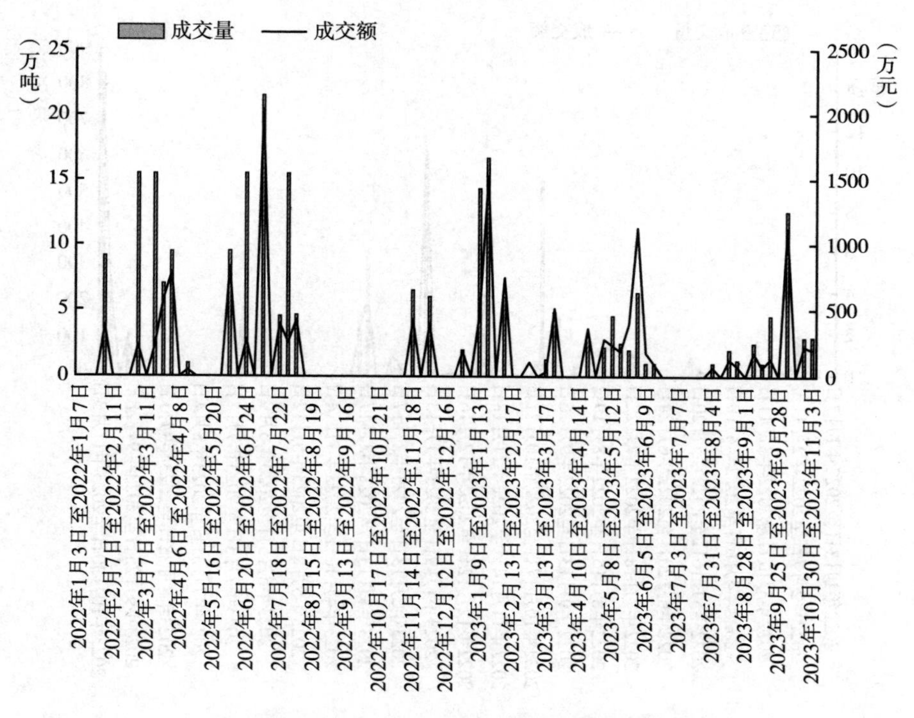

图 32　2022 年 1 月至 2023 年 10 月四川省碳交易市场通过大宗交易方式交易 CCER 的情况

资料来源：四川联合环境交易所。

大宗交易方式实现的成交量随时间变化的波动情况。由图32可知，成交量在2022年的前三个季度随时间变化上下波动，基本保持较高水平；在2022年第四季度成交量较少，直到2023年初有显著提升。

2. 碳交易非试点市场的发展短板

（1）法律体系不健全，政府监管力度不够

碳市场健康稳定发展，离不开有效的监管和强有力的执法体系、技术支撑体系，要加强统筹协调，不断提升监管效能。一是加快构建生态环境部门牵头，节能、能源、市场监管等部门参与的工作协调机制，加强工作联动和政策协同，既要加强市场监管，又要推动降低履约成本。二是强化各级监管力量配备，促进省级监管和支撑机构队伍建设，优先推动扩容企业较多的地区设立独立监管机构或强化监管力量，探索通过政府采购形式强化技术支撑力量。

（2）碳排放数据风险隐患突出

由于重点排放单位的碳排放报告核查以“双随机、一公开”的方式进行，且地方生态环境主管部门人力有限，大部分核查工作很可能以政府购买服务的方式委托技术服务机构开展。这种核查方式，有可能使部分单位产生侥幸心理，不真实地编制碳排放报告，并可能漏查部分未真实编制报告的单位。而且，在工作任务繁重的情况下，由于技术服务机构和工作人员数量都有限，上述方式下的核查工作容易出现错漏或失误。对于碳排放数据的风险隐患，应加强对企业的监管、指导和帮扶，体系化、全方位加强数据质量控制和管理，强化信息披露，严厉打击数据造假行为。同时，在数据质量管理方面，应抓好发电行业企业温室气体排放数据质量控制计划制订、月度信息化存证，实施省、市两级审核，按月通报存证进度和存证质量，做好排放报告核查与复查工作。

（3）碳排放配额缺口率较高

碳市场扩容的大方向是确定的，具体细节尚具有不确定性，必须加强碳市场基础研究，积极争取国家支持，做好地方工作支撑。一是以钢铁、水泥行业为重点，开展碳排放配额盈缺形势研判，识别不同碳排放基准线下企业碳排放配额盈缺率、盈缺量和经济成本，为政府决策提供支撑与参考。二是开展新纳入行业温室气体排放数据质量控制关键问题研究，围绕计量监测、化验检测、核算验证等关键环节，制定相关配套技术指南和实施细则。

（4）社会参与动力有待提升

随着“双碳”工作的不断推进，越来越多的公众和企业认识到降碳的必要性和紧迫性，开始探索碳抵消方式的应用途径。然而，整个社会对碳排放、碳减排、碳抵消仍存在一些误解，主动采取控制温室气体排放行动的积极性不高。虽然极少数企业连续实现碳中和，但多数企业尚未实现机制化、常态化降碳。应引导相关企业积极参与全国温室气体自愿减排项目开发和交易，拓展基于项目的生态产品价值实现渠道，鼓励重点排放单位通过价格相对较低的核证减排量抵消一定比例的碳排放配额。

（三）碳交易试点市场与非试点市场对比分析

1. 碳交易试点市场与非试点市场的成交量对比分析

由以上分析可知，2022~2023 年，以四川为例的碳交易非试点市场与北京碳市场、广东碳市场的成交量随时间波动的趋势较为相似，每隔一段时间会出现一个峰值，碳交易市场较为活跃，市场成交量在较长时间处于高位，且波动幅度较大，波动频率较频繁。与非试点市场成交量不同的是，上海碳市场成交量波动幅度较小，偶尔会有大额交易；重庆碳市场活跃程度最低，市场成交量在 2022 年前几个月较为活跃，此后交易量与交易额均趋于 0，偶尔有所波动。

2. 碳交易试点市场与非试点市场成交额对比分析

2022~2023 年，以四川为例的碳交易非试点市场与碳交易试点市场成交额的对比分析与成交量的类似。四川碳交易市场在 2022 年 2~4 月、2022 年 5~8 月、2022 年 12 月至 2023 年 2 月、2023 年 4~6 月以及 2023 年 9 月后较为活跃，其成交额每隔一段时间会出现一个峰值，这同样与北京碳市场及广东碳市场的波动相似。与四川碳市场区别较大的仍为上海碳市场与重庆碳市场，其成交额分别在 2022 年 12 月以及 2022 年 4 月达最高值，其余月份交易额在较低范围内小幅度波动。从发展趋势来看，上海碳市场与四川碳市场成交额整体未体现出明显的发展趋势。整体而言，我国碳交易试点市场整体成交额水平相对较低，近两年部分碳交易试点市场发展趋势并不明显。

三　国家自愿减排交易市场运行情况

（一）内涵与意义

2023 年 10 月 19 日，生态环境部、国家市场监督管理总局联合发布《温室气体自愿减排交易管理办法（试行）》。截至 2024 年 3 月，中国的碳排放权交易市场主要有两种类型，分别是针对排控行业的碳排放配额交易以及统一的自愿碳减量交易。二者面向不同的交易主体，相辅相成，共同助力我国经济高质量发展。

CCER 即国家核证自愿减排量，是指行业自愿开展碳减排项目（其中可再生能源、林业汇碳等碳减排项目是核证碳减排量的主要来源），经国家相关部门采用相应方法学对项目减排效果进行量化核证并申请登记后取得的国家核证的温室气体减排量。CCER 是清洁发展机制（CDM）的延伸，登记后的核证减排量可以用于抵消碳配额，也可在市场进行出售，以获取由于参与减碳贡献所得的收益，其交易及抵消机制是对碳配额交易的重要补充。

重新启动 CCER，即在全国碳市场中引入温室气体自愿减排交易及抵消机制无论是对我国碳达峰及碳中和目标实现、碳交易市场完善，还是对行业自身发展都具有重大意义。

首先，自愿碳减排项目有利于减少二氧化碳、甲烷等温室气体的排放，从而减少空气污染，实现减污降碳，以缓解我国生态环境压力，促进我国绿色经济可持续发展。此外，我国于 2020 年 9 月首次提出 2030 年前碳达峰与 2060 年前碳中和目标，CCER 交易作为促进碳减排的一种有效方式，依托具有减排固碳作用的高新技术得以落实，不仅可以加快碳达峰及碳中和目标的实现进程，而且有助于我国经济实现高质量发展。

其次，碳配额交易的对象仅为排控行业，而温室气体自愿减排交易将交易对象扩展至非排控行业，CCER 交易进一步增加了碳市场交易主体的丰富度。此外，CCER 交易及抵消机制会吸引更多资金流入碳减排潜力大的行业以及可再生能源项目以增加 CCER 供给，而碳排放强度较高的行业能够选择购买更多的 CCER 以满足其绿色消费需求，从而优化和完善碳市场的供需结构，使碳交易市场运行更加高效和可持续。

最后，CCER 交易行业自愿开展碳减排项目而产生的环境效益可以被量化，经过核证登记后的项目可以为相关行业带来现实收益，以此助力行业自主推进相关碳减排技术的开发运用和项目落地，提高各行业自愿参与碳减排的积极性，激发我国碳市场活力，促进我国高碳排放行业进行绿色低碳化转型。此外，国内外碳交易实践经验显示，核证自愿减排量的交易价格往往低于碳配额交易价格，因此国家自愿减排交易可以降低各控排行业的碳减排成本。

（二）中国自愿减排交易市场运行面临的挑战

随着交易品种与参与主体的增加，我国自愿减排交易市场在制度体系建设和履约监督方面仍存较多问题，处于亟待完善的发展初期阶段。此外，尽管国外碳排放权交易体系建立较早，能够为我国建设该体系提供较多的经验，但欧盟和美国等发达地区的碳交易背景与我国自身环境存在较大差异，如我国高耗能产业占比较高、全面深化改革的进程仍在同步推进等，各类社会和经济因素的交叉影响更为显著。因此，针对我国自身背景指明全国碳交易市场的发展问题和面临的挑战具有迫切性和必要性，是我国碳市场顺利发展的基础，也是我国继续实现“双碳”目标的必经之路。目前，我国自愿减排交易市场面临以下五大挑战。

第一，市场活跃度与价格发现机制方面。目前，我国自愿减排交易市场的活跃度相对较低，交易主要集中在履约期之前。这导致价格发现机制尚未完善，碳价格不能充分反映碳减排的成本和效益，从而影响了市场的有效性。

第二，数据质量与监管方面。在碳交易市场中，数据质量是确保市场公平、公正和透明的基础。然而，当前存在个别企业数据造假的情况，数据质量全流程风险控制水平需要进一步提高。这要求加强对企业碳排放数据的监管和核查，确保数据的准确性和可靠性。

第三，市场分割与标准化方面。目前，各碳交易市场相对独立，缺乏统一的标准和规范。这导致市场分割，各碳交易市场的交易门槛和准入条件不尽相同，影响了市场的统一性和流动性。未来需要推动我国自愿减排交易市场的标准化和统一化，提高市场的运行效率。

第四，价格调控机制与市场投机方面。我国自愿减排交易市场的自身价格调控机制尚不完善，可能导致价格大幅波动和市场投机行为的加剧。这不仅不利于碳减排目标的实现，还可能对有正常交易需求的企业形成“劣币驱逐良币”的不良后果。因此，需要建立有效的价格调控机制，防止市场过度投机和价格异常波动。

第五，国际化程度与国际合作方面。我国自愿减排交易市场的国际化程度有待提高，与国际碳市场的连接和互动不够紧密。这限制了我国自愿减排交易市场在国际碳减排合作中的作用和影响力。未来需要加强与国际碳市场的交流和合作，推动国内碳市场的国际化进程。

综上所述，我国自愿减排交易市场在运行过程中面临着多方面的挑战。为了推动碳市场的健康发展，需要政府、企业和社会各方共同努力，加强监管、完善机制、推动标准化和国际化进程。

（三）中国核证自愿减排量（CCER）交易的多重特征

1. CCER总体特征

（1）中国核证自愿减排量（CCER）项目开发特点

a. 此项目开发机制借鉴清洁发展机制（CDM）。CDM是关于发达国家与发展中国家开展碳减排合作的一项机制，即发达国家作为领导者利用资金、自身技术的优势为发展中国家建设低碳项目，并通过项目获取其产生的被允许减排量。CCER与CDM两个项目在许多方面都有着区别，特别是交

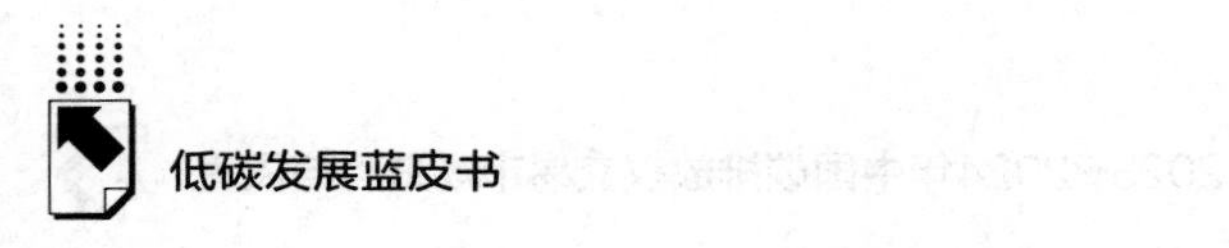

易方式，CDM 以远期交易为主，而 CCER 以现货交易为主。

b. 项目开发流程正处于修订期。目前，CCER 项目的开发流程正处于修订期。

c. 项目开发类型多样。

d. CCER 开发采用的是方法学。

（2）中国核证自愿减排量（CCER）产品特点

CCER 是经国家主管部门核证后并在注册登记系统登记备案的碳资产，产品具有以下特点。

a. CCER 是具有国家权威性的一种碳资产。CCER 是严格按照国家发布的《温室气体自愿减排交易管理暂行办法》和《温室气体自愿减排项目审定与核证指南》等一系列权威文件而开发的中国核证自愿减排量，因此是经国家主管部门核证签发的，具有国家公信力、国家权威性的碳资产。

b. CCER 是具有同一性的碳资产。CCER 项目来自孤立化项目、林业废弃物回收项目和其他一些可回收项目，这些项目与减少温室气体排放有一定的相关性。这些项目是由国家相关主管部门严格检查碳资产后发行的。相关认定证书一旦发放，将调动社会资源参与减排行动，因此地区和行业之间的差异将渐渐缩小，并且用于相同用途的 CCER 在碳排放配额中也能够抵消一部分，以确保一致性来抵消碳中和。

c. CCER 是具有多元性的碳资产。CCER 来源多元。CCER 可能来自不同的地域和不同的行业，因此对其处理的开发方法学也不同。CCER 覆盖的温室气体类别多元。其覆盖的温室气体类型既有 CO_2、CH_4，还有 HFCs、PFCs、N_2O、SF_6 等其他温室气体。CCER 用途多元。CCER 既可按规定用于控排企业抵消其 CEA 履约义务，又可用于非控排企业自愿碳中和。CCER 交易方式多元。既可在场内竞价交易，又可协议交易；既可现货交易，还可进行远期、期货交易，也可用于质押贷款。

d. CCER 有助于推动非控排主体进行低碳参与。其中包括企事业单位、社会团体及个人，促使他们积极进行低碳转型，发挥低碳生活的催化作用。除了控排主体外，大量非控排主体的积极参与也是达成碳中和目标的关键，

CCER 提供了一个具有广泛参与性的交易工具。

e. CCER 是计入期较长的碳资产。按照规定，开发的 CCER 项目计入期可以是一次性计入，最长 10 年，也可以分三次计入，每次 7 年，三次最长可达 21 年。如此长的计入期增加了 CCER 的预期收益，提高了企业开发积极性，也有利于开发出以 CCER 为基础的衍生金融产品，如 CCER 远期、CCER 期货、CCER 质押贷款等。

2. CCER 交易特征

（1）交易形式及方式多样

交易品种为中国核证自愿减排量（CCER），其交易方式包括公开交易、协议转让，以及得到国家主管部门批准的其他交易方式。所有参与交易的人员首先需在交易所设立交易账户，该账户涵盖了核证自愿减排量账户以及交易资金专用账户。在此前提下，购买的 CCER 在交付前是不允许出售的。交易人员可通过整体竞价交易、部分竞价交易以及定价交易来进行公开交易。在整体竞价交易中，每笔申报的数量需在一次性交易中完成，竞价主要分为自由报价期和限时报价期，竞价结束后的最终有效报价被视为匹配的成交价格。对于部分竞价交易和定价交易来说，其交易允许部分成交。部分竞价交易模式的竞价活动仅限于自由报价期，且价格优先、数量优先和时间优先的原则适用于匹配成交；而在定价交易模式下，竞价活动只在申报的当天有效，且遵循时间优先的成交原则。此外，交易所公布的交易规定涵盖了关于交易信息公开和交易监管的相关条款，以确保公平、公正的交易环境。

（2）CCER 抵消机制充分考虑各地碳市场实际情况

CCER 项目在我国的碳交易市场中起到了关键的补充作用。尽管各个试点地区对 CCER 项目的抵消能力有统一的标准，但关于抵消比例和其他履约条件的规定却存在差异。用于履行合同的 CCER 的售价往往比不适用于履行合同的 CCER 的售价要高，其显著优点是可以被控排主体用来抵消一定比例的 CEA 履约义务。各个地区的碳市场为了避免过高的抵消比例对 CEA 市场产生不利影响以及对控排主体降碳意愿的削弱，对 CCER 的抵消制定了一些限制性的规定。抵消比例分为三个等级：全国、北京、上海碳市场都是

5%，重庆碳市场是8%，而深圳、广东、天津、福建、湖北碳市场是10%。在国家级别上，CCER能够在全国的碳交易市场和各个地方的碳交易市场中得到平衡。此外，福建、广东和北京这三个地方碳市场都可以采用各自的CER标准，这充分体现了它们的地方特色，并与CCER共同为地方控排单位提供了更大的履约灵活性。

（四）中国自愿减排交易面临的挑战

稳步推进CCER项目的发展，有利于提高全社会环保意识，促进碳达峰、碳中和目标的实现，具有重大的理论和现实意义。与此同时，鉴于项目自身特点、碳交易发展现状等因素，CCER的发展仍面临众多挑战。

第一，CCER项目开发流程复杂烦琐，开发周期漫长，根据估计CCER项目开发经历业主前期准备、审定核证、国家主管部门审批、业主与第三方机构沟通，一般耗时8~12个月，而项目有效开展必须具备稳定的政策规定和政策预期，从而项目最终减排效果直接依赖于在项目开发期间的政策延续性，与此同时，部分项目开发存在问题使得减排效果难以达到预期，比如设定过低基线导致实际减排量被严重高估，为实现利润目标过多关注技术难度低且减排价值也低的项目。

第二，CCER与金融部门结合程度不高，各地市场金融化水平较低，由于目前全国碳市场仍然处于起步阶段，各地市场碳交易规模、流动性有限，金融需求较低，同时金融机构存在的准入门槛进一步削弱其参与积极性，限制了金融深化与创新，政府有必要加强政策引导与支持，鼓励金融机构参与碳市场，提高CCER金融化水平，充分发挥碳金融对于碳市场风险对冲与资产管理的积极作用。

第三，由于公开定价机制不健全，线下协商价格与线上挂牌价格存在脱钩，CCER项目交易目前以线下协商为主，线上交易未能得到广泛普及，而通过线下协商进行交易往往伴随较高交易成本和交易不透明度，另外，各地方碳市场存在明显市场分割，管理规范不统一导致同一项目在不同碳市场间存在较大价差，目前我国CCER市场存在的较高不透明度和不对称程度不利于政策监管的有效实施，不利于形成稳定、有效的市场价格，市场价格信号难以发挥作用，市场参与者难以通过价格识别市场风险。

第四，CCER 市场存在明显的供给过剩问题，预期中 CCER 市场应存在供给小于需求的特征，而在碳交易市场实际运转过程中，CCER 市场价格优势较弱，企业选择 CCER 市场的优先级不明显，另外，对于行使 CCER 的严格限制导致市场中存在大量未能满足条件的 CCER 而实际能够用于履约抵消的 CCER 有限。

（五）中国自愿减排交易市场发展展望

中国自愿减排交易市场的发展展望比较乐观。构建一个标准统一、透明度高、流动性强的自愿减排交易市场，以实现减排效果的明显提升并促进国际国内互联互通是该市场改革的主要目标。

中国政府对碳中和目标的提出和强调将成为自愿减排交易市场规模持续扩大的驱动力。政府的鼓励和政策的推动作用使得更多的企业涌入减排交易市场，为了实现自身的减排目标，这些企业会在市场中购买和出售减排配额。在参与企业增加的过程中，交易量和市场参与者数量也随之增加。此外，中国政府自愿减排交易市场的管理制度也在逐步完善，其中包括配额设置、交易机制、监管体系等方面的完善，为市场的稳定运行和公平竞争提供保障。为使市场中企业和投资者信心更坚定，政府将加大监督和执法力度，为交易市场建立更加透明和规范的环境。随着市场的发展，为了满足企业和投资者的需求，更加多元化的金融工具将出现在自愿减排交易中。其中包括碳金融产品、碳信贷、碳衍生品等，这将为企业提供更多的融资渠道和风险管理工具，同时投资者也将拥有更多的投资选择，促进低碳项目的资金流入，推动绿色经济的发展。区块链、人工智能、大数据等技术的持续发展使得市场中交易的透明度和可信度逐步提高，智能合约等新技术可以实现自动执行交易，交易成本和风险都随之降低。技术创新也使得市场的运行和监管有了更多可能性，市场的效率和竞争力也得到了提高。中国与其他国家和地区的合作在未来将得到进一步加强，共同推动碳市场的国际化。在此过程中，全球碳市场的互联互通得益于国际合作的加强，市场的流动性和效率也随之提高，全球气候治理得到了更深远的发展。

四　中国碳排放权交易市场第二履约期政策调整与影响

（一）第二履约期政策调整概述

中国是全球最大的温室气体排放国之一，其碳市场的发展对全球气候变化的影响具有重大意义。第一履约期的经验为碳市场提供了宝贵的经验和启示，揭示了市场运作中的不足，如配额分配不均衡、市场波动性高、企业参与动力不足等。同时，国际上对碳排放的要求日益严格和全球碳市场的发展也是中国碳市场发展的新的挑战和机遇。在这种背景下，中国政府在第二履约期进行了一系列政策调整，以促进碳市场的健康发展，更有效地实现碳减排目标。

1. 政策变化的背景和原因

（1）第一履约期的实施回顾与挑战

虽然第一履约期在全国碳排放权交易市场中开辟了新的篇章，并在碳减排方面取得了显著成效，但在实际操作中仍面临市场波动性较高、配额管理能力不足，以及参与主体动力不足等一系列挑战。

首先，在第一履约期中，中国全国碳排放权交易市场经历了较为明显的波动。这主要是市场参与者对新兴碳市场不熟悉所导致的。特别是在履约期接近结束时，交易活动增长明显，市场出现了明显的交易量激增和价格波动。这种波动反映了市场参与者对未来碳配额价格走势的不确定，以及市场对突发事件的敏感性。市场机制尚不成熟，参与者往往采取短期交易策略，使市场波动加剧。此外，市场信息不对称和企业碳排放数据的不透明也加剧了市场的不稳定性。这些因素共同导致了市场的高波动性，凸显了对更加稳健和成熟的市场机制的需求。

其次，配额管理能力不足。主要问题在于配额分配的不均衡和对市场需求的不充分预测。一方面，配额分配的初始阶段缺乏必要的精确性和灵活性，导致无法充分反映各行业和企业的具体碳排放情况。这种“一刀切”的配额分配方式使得一些企业承受过大的减排压力，而另一些企业则面临配额过剩的情况，这种不均衡影响了市场的整体减排动力和效率。另一方面，配额分配的不均衡也引发了市场对未来配额供求的不确定预期，增加了市场波动性。由于缺乏有效的市场监测和预测机制，市场对配额的供求变化反应迟钝，价格波动加剧。这些因素导致了碳市场在配额管理方面的不稳定性，阻碍了市场机制的有效运作。市场的不稳定性不仅影响了企业的碳排放管理和投资决策，也降低了市场参与者的信心。配额的过度或不足发放也影响了市场的信心和透明度，企业在碳排放管理和投资决策方面存在不确定性，进一步加剧了市场的波动性和不确定性。

最后，企业参与动力不足。由于碳市场机制的不完善和配额分配的不均衡，许多企业对参与碳市场缺乏动力。一方面，由于配额过剩或成本过高，参与碳市场的激励机制并不明显。这导致企业对碳减排的投资和努力不足，从而降低了市场的整体减排效率。另一方面，由于市场监管机制的不完善和配额交易的不确定性，企业在市场操作中面临较高的风险和不确定性。这种不确定性使得企业更倾向于采取保守的策略，而非积极参与碳交易和减排活动。此外，对于小型和中型企业而言，碳市场的复杂性和高参与成本可能是较大的阻碍，使得这些企业在碳市场中的活跃度较低。

这些挑战凸显了第一履约期市场机制和政策框架的不足，显示出对市场运作和监管体系进行必要调整的迫切需求。

（2）内部动因：市场运作和监管经验

在第一履约期的市场运作中，一系列关键问题逐渐显现，这些问题对第二履约期的政策调整起到了指导作用。首先，在碳排放数据的收集和处理方面，政府在市场初期对数据准确性和完整性的认识不足，导致其对排放情况的判断出现偏差。这种对数据管理能力不足的认识，反映出对碳市场运作的经验不足。其次，碳市场的交易机制在实际操作中显露出一定的局限性。由于市场对配额供需的反应不够灵敏，加之配额分配的不均衡，交易机制的有效性受到了限制。这种机制上的缺陷导致市场波动性的增加，从而影响了市场参与者的信心和市场的整体稳定性。最后，市场的透明度不足也是一个重要问题。由于缺乏有效的市场监管和预测机制，市场信息不透明，加剧了市场的不稳定性和投资者的不确定性。这种透明度不足不仅影响了市场的公平性和效率，也对企业制定长期减排和投资策略构成了障碍。市场在数据管理能力、交易机制的有效性和市场透明度方面需要进一步加强。第一履约期中的这些问题揭示了市场运作中的核心缺陷，需要在第二履约期中通过相应的政策调整来解决。

监管经验方面，第一履约期的实践也揭示了监管体系在确保市场公正性和有效性方面的不足，主要表现在对市场监控的不足和对违规行为处理能力的不足等方面。首先，监管机构在处理市场异常行为和确保交易公平性方面面临一定的挑战。这包括识别和应对操纵市场的行为、确保所有市场参与者遵循统一规则。其次，碳排放数据的监管也不够严格，数据质量保证机制的不足影响了市场的可信度和决策的有效性。这些监管上的不足提示了在第二履约期内需要进一步强化监管机构的能力和机制。这些问题表明，监管机构在对市场的监测和干预方面需要更多的资源和专业知识。例如，对于碳排放报告的审核和验证流程需要加强，以确保所有数据均符合标准和准确无误。此外，对于不合规的市场行为，需要建立更为严格的处罚机制和加大执行力度，以增强市场规则的约束力。

总的来说，第一履约期的市场运作和监管经验表明，为了提升市场的有效性和稳定性，第二履约期需要针对市场运作中暴露的问题，如数据质量控制不足、交易机制不完善、市场监管薄弱等，进行针对性的优化和完善。

（3）外部动因：国际碳市场的发展与全球碳减排新要求

在第一履约期的背景下，中国碳市场在国际碳市场的发展和全球碳减排新要求的影响下，面临新的挑战和机遇。首先，国际碳市场，尤其是欧盟碳市场的发展，为中国提供了关键的经验和可供借鉴的模式。欧盟碳市场的成熟经验，包括其碳定价机制、配额分配策略和市场监管方法，为中国碳市场的发展提供了重要的参考和启示。其动态配额调整机制、精细化的市场监管策略和对市场参与者的严格要求，对中国碳市场策略的制定和调整产生了深远影响。除此之外，欧盟碳市场的持续发展还为中国提供了关于市场稳定性和可持续性的重要见解。欧盟通过不断优化其碳市场机制，如引入市场稳定性储备（MSR）等措施，有效控制了市场的碳配额价格波动，保证了市场的长期稳定。这些经验对中国构建一个更成熟和有效的碳市场体系具有指导意义，尤其是在提高市场透明度、增强监管能力方面。

其次，全球碳减排新要求，尤其是《巴黎协定》下的国家自主贡献（NDCs）目标，为中国的碳减排努力设定了更高的标准。中国作为世界上最大的碳排放国之一，面临国际社会对其减排行动的密切关注和期望。这些新要求也对中国国内碳市场机制建设提出了新的挑战。作为负责任的减排大国，中国将更加积极和有效地控制及减少碳排放。这不仅包括提高碳排放数据收集和验证的准确性，还涉及提高减排行动的可信度和透明度。在第一履约期中，中国碳市场在响应和衔接国际碳市场方面遇到了挑战。尽管市场已经取得了一定的进展，但在数据收集的准确性、市场机制的有效性和国际标准的对接方面仍存在不足。中国需要采取更加系统和综合的措施来提升国内碳市场的效率和效果，以便更好地衔接国际碳市场，应对国际碳减排需求带来的新挑战。

值得注意的是，欧盟提出的碳边境调节机制（CBAM）可能会对中国的碳市场政策产生重要影响。这一机制意味着进口产品的碳排放成本将受到额外的审查和可能加重的财务负担，迫使出口国例如中国优化其碳减排策略，以减少对其出口贸易的潜在负面影响。CBAM 的提出促使中国加强对国内企业的碳排放控制，鼓励企业采用更高效的碳减排技术和方法。这对中国碳市场策略的调整产生了深远的影响，促使中国政府进一步优化其碳市场策略，在第二履约期内采取措施以提高本国产品在国际市场上的竞争力，充分发挥碳排放配额价格对碳减排的促进作用，并鼓励本国企业提高减排效率和加大对绿色技术的应用，以减少对出口的潜在负面影响。

总体而言，在第一履约期中，中国碳市场面临的主要挑战包括市场结构

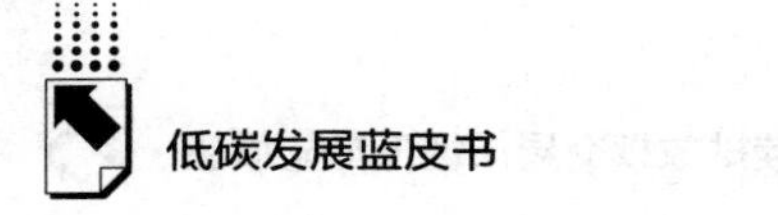

的不成熟、监管体系的不健全以及与国际标准的不充分接轨。这些问题限制了中国碳市场在全球碳减排努力中的作用。鉴于此，第二履约期的政策调整，特别是在提高市场效率、透明度、国际兼容性方面的改革，显得尤为必要。这些调整旨在使中国的碳市场更好地响应国际趋势，加强中国与全球碳减排的合作，加大对全球碳减排的贡献。

2. 第二履约期的政策调整内容

（1）履约时间和要求调整

在全国碳排放权交易市场的第一履约期和第二履约期中，履约时间和具体要求的调整是一个显著的变化。具体来说，2021 年 10 月 26 日，生态环境部发布了《关于做好全国碳排放权交易市场第一个履约周期碳排放配额清缴工作的通知》，要求各地区参与全国碳排放权交易市场的重点排放单位在 12 月 31 日前完成履约。这个履约期限为全国碳市场的参与者提供了相对宽松的时间框架来调整和准备履约所需的碳配额。然而，这一宽松的履约时间框架也带来了一些问题。比如，市场准备不足和企业缺乏碳资产管理经验，导致市场运作不稳定，2021 年底交易量激增，11 月和 12 月两个月的交易量占第一履约期交易总量的比例达到了 82%。同时导致交易价格大幅波动，尤其是 12 月，每日成交均价由每吨 42.43 元上升至每吨 52.66 元，最大成交价差达到了每吨 15.60 元。

在第二履约期中，履约时间和具体要求发生了明显的改变。《关于做好 2021、2022 年度全国碳排放权交易配额分配相关工作的通知》要求，各省级生态环境主管部门积极组织各重点排放单位尽早完成配额清缴工作，确保于 2023 年 11 月 15 日前本行政区域 95%的重点排放单位完成履约，12 月 31 日前全部重点排放单位完成履约。同时，《关于全国碳排放权交易市场 2021、2022 年度碳排放配额清缴相关工作的通知》也允许“对履约截止日期后仍未足额清缴配额的重点排放单位，可继续向省级生态环境主管部门提出履约申请，经省级生态环境主管部门确认后，由注登机构协助重点排放单位继续完成配额清缴”。政策的变化主要体现在以下两个方面。第一，相比第一履约期，第二履约期时间提前了一个月左右。这一方面增加了市场参与者在履约过程中的紧迫感和压力，另一方面也有效分散了碳市场的交易量，有助于避免交易量的过度集中以及交易价格的极端波动。第二，对确有困难的企业放宽了履约时间限制。允许重点排放单位在超时后仍可以完整履行企业控排义务，在一定程度上有助于缓解重点排放单位履约压力。这种履约时间的调整反映了中国碳排放权交易市场的不断发展和成熟。通过这种调整，市场能够更加有效地推动参与者采取减排措施，并确保碳排放权的合理分配和使用，同时有效避免了极端交易及其衍生的价格风险。

（2）制度完善和监管强化

在第一履约期，中国碳市场成功构建了基本运行框架，实施了激励措施以鼓励企业减排。这一阶段注重建立市场的基础结构和提高企业的认识与参与度。通过引入碳配额交易，市场旨在激发企业的节能减排潜力，借助市场机制推动对碳排放的有效控制。随着全国碳排放权交易市场进入第二履约期，市场的制度设计和监管机制有了显著的提升和完善。特别是在 2024 年 1 月 5 日，国务院常务会议审议通过了《碳排放权交易管理暂行条例》，此举标志着中国碳市场在法律框架和政策指导方面的重大进展。该条例明确了碳排放权交易管理的基本制度，包括市场的运作范围、重点排放单位的界定、碳配额的分配机制、碳排放数据质量的严格监管、配额清缴过程以及整个交易运行的规范化。

《碳排放权交易管理暂行条例》的颁布为中国碳排放权交易市场提供了更加明确和规范的指导，从而确保市场更加高效、透明地运行。其中，监管体系的加强和履约风险管理的创新是《碳排放权交易管理暂行条例》的核心。该条例提出了一系列新的监管机制，特别强调了对重点排放单位履约风险的监控和管理，要求全国碳排放权注册登记机构和全国碳排放权交易机构应当按照国家有关规定，完善相关业务规则，建立风险防控和信息披露制度。此外，《碳排放权交易管理暂行条例》还提出，国务院生态环境主管部门会同国务院市场监督管理部门、中国人民银行和国务院银行业监督管理机构，对全国碳排放权注册登记机构和全国碳排放权交易机构进行监督管理，并加强信息共享和执法协作配合。特别地，条例要求注登机构在履约期截止前一个月开始，每周向省级生态环境主管部门提供重点排放单位配额净购入量的详细信息，从而使得监管机构能够更加有效地跟踪和监控市场动态。《碳排放权交易管理暂行条例》还对造假行为采取了严格的法律制裁措施。对于重点排放单位和技术服务机构涉嫌篡改数据或其他弄虚作假行为，该条例规定了严格的法律责任，从而确保了市场的公平性和诚信度。这一措施的实施，对维护市场秩序、保障交易的真实性和可靠性具有重要意义。

（3）严格碳排放数据质量控制

在全国碳排放权交易市场第二履约期中，碳排放数据质量的控制得到了显著加强，这体现在对数据监管体系的全面优化上。首先，在第二履约期中，对碳排放数据的收集和验证流程的强化显著提升了整体监管的严格性，提高了监管效率。这一改进涉及引入更精细化的数据收集准则和审核流程，目的在于确保所收集的碳排放数据具有更高的可靠性和精确性。在这一过程中，重点排放单位被要求采用更加科学和综合的方法来记录和报告它们的碳排放数据。这些数据不仅需通过公司内部的严格审查，还要经过独立第三方验证机构的细致审核，确保数据的完整性和真实性。这种增强的审核机制不仅提高了数据的准确性，也为后续的政策制定和市场操作提供了可靠的信息支撑。通过这种方法，可以确保碳排放报告更为透明和负责，从而提高整个市场的信度和效率。

其次，《碳排放权交易管理暂行条例》的实施为数据质量管理提供了法律支持。尤其在处理数据篡改或虚假的情况时，该条例规定了严格的法律责任，从而显著提高了违规行为的成本。这一措施显著提高了市场参与者对于数据质量的重视。市场监管机构也建立了一套全面的数据监控和分析系统，用于实时追踪碳排放数据的变化趋势和异常模式。这种系统的应用不仅提高了对潜在问题的及时发现能力，还增强了对市场行为的监控能力。特别地，对技术服务机构的监管也得到了加强，考虑到这些机构在碳数据管理和验证中的关键作用，对其进行有效监管对于确保整体数据质量至关重要。该条例对这些机构的操作标准做出了明确要求，并对违反规定的行为设定了严格的惩罚措施。

最后，为了进一步加强碳排放数据的质量控制，政府引入了先进的技术和工具优化数据收集过程。这包括采用自动化软件和先进的分析技术，以确保碳排放数据的准确记录和高效处理，保障了数据的精确性和可靠性。同时，对重点排放单位的内部碳管理体系进行了更深入的审查，以确保其内部流程和系统准确地追踪和报告碳排放数据。这种综合性的方法不仅提升了数据收集的质量，还提高了整个碳市场的透明度和可信度。通过这些措施，可以确保碳排放数据在整个生命周期内的准确性和一致性，从而为政策制定和市场决策奠定坚实的基础。

（4）碳配额分配和履约的灵活化与精准化

生态环境部在第二履约期内优化了发电企业的碳配额分配及履约方法。碳配额分配机制的优化主要聚焦于提高市场效率和保障市场公平性。

这一阶段特别强调了根据行业特性和企业实际情况进行细化的配额分配机制。这种方法允许更精准地反映不同行业和企业的碳排放特点，从而确保配额分配更公正，更能反映行业间的差异。此外，配额分配机制还考虑到了企业的历史排放数据和未来减排潜力，以此激励企业采取更有效的减排措施。这一策略旨在通过激励和约束相结合的方式，促使企业主动降低碳排放量，同时对高排放企业施加适度的压力。为了提高配额分配的灵活性和适应性，政府引入了动态调整机制。这一机制允许根据市场变化和企业实际表现对配额进行及时调整，从而确保配额分配有效地适应市场和环境的变化。这种动态性对于应对市场波动和外部环境变化尤为重要，能够确保配额分配始终与市场实际情况保持一致。此外，这一阶段也加强了对企业排放数据的监测和验证，以确保配额分配基于准确可靠的数据。这包括加强对企业碳排放报告的审核和验证，确保所有企业都遵守统一的标准和程序。通过这种方式，配额分配不仅公平，而且基于科学和数据驱动的方法，提高了整个市场的透明度和可信度。

履约机制的优化主要聚焦于提高灵活性，旨在更好地适应市场的动态变化和满足企业的实际需求。首先，政府引入了更加灵活的履约时间安排，允许企业在一定时间内根据自身情况调整履约策略，这样做既提高了企业应对

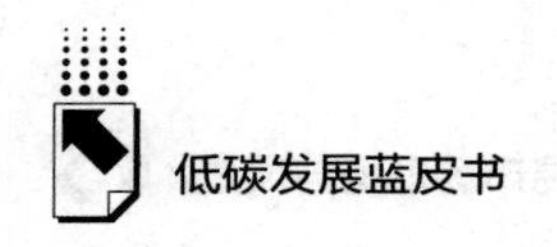

市场波动的能力，又减轻了由严格履约时间限制带来的潜在压力。其次，政府对履约机制进行了创新，引入了多样化的履约手段，如允许使用国家核证自愿减排量（CCER）抵消一定比例的配额。这种灵活性不仅为企业提供了更多减排选项，也激励了更多创新减排措施的实施。为进一步提升履约效率，全国碳市场还优化了履约相关的行政和技术流程，使得企业可以更便捷地完成履约任务。例如，通过简化交易和核销程序，降低了企业在履约过程中的操作难度和成本。在监管方面，加强了对履约过程的实时监控和后续审计，确保履约的公正性和透明度。这不仅有助于防止操纵和不公平行为，还提高了市场整体的诚信度。

（5）收紧碳配额与重启 CCER

在第二履约期，全国碳市场的主要变革包括收紧碳配额并重启国家核证自愿减排量（CCER）项目。

收紧碳配额的主要目的是加强对碳排放的总量控制，并通过提高减排激励，促进低碳经济转型和碳减排目标的达成。实施收紧碳配额的主要措施包括调整和优化配额分配机制，具体包括降低配额的总发放量，从而增加企业面临的减排压力进而激励企业提升技术。这种配额收紧措施是为了确保配额的分配更加精准和高效，以期促使企业采取更积极主动的减排措施。为此，配额交易的规则和监管体系也在不断地完善，目的是提高市场的透明度和公平性，确保碳市场更有效地运作。收紧碳配额的另一个关键是对企业减排行为的激励和监管。在这一过程中，政府和监管机构通过设定更高的减排标准和严格的监管措施，推动企业采取更为有效的碳减排措施。这包括对企业碳排放的定期审查和评估，以及对未能达到减排目标的企业实施的相应处罚措施。此外，在收紧碳配额的过程中政府还加强了对市场动态的实时监控，以及对市场行为的分析，以确保市场运作的稳定性和有效性。通过这些措施，全国碳市场在第二履约期不仅加强了对碳排放的控制，也促进了低碳技术的发展和应用，为实现更加绿色和可持续的经济发展目标提供了有力支持。

与此同时，CCER 项目的重启为碳市场注入了新的活力。CCER 项目允许企业通过投资碳减排项目来生成可交易的减排量，从而为企业提供了降低碳足迹的额外手段，同时也促进了绿色技术和可持续发展项目的实施。为确保 CCER 项目的减排效果真实可靠，政府对其实施了更加严格的监管。这包括加强对 CCER 项目的审核，确保减排效果的真实性和可靠性。此外，随着 CCER 的重启，其交易和使用规则也得到了完善，以确保其在全国碳市场中的有效运行。这些改进和规范的引入，不仅提高了市场的透明度和公信力，还为低碳经济转型提供了更多的激励和机会。CCER 项目的重启对碳市场构成了重要补充，为企业提供了更多的灵活性和选择来实现减排目标。通过允许企业参与 CCER 项目，碳市场进一步拓展了其功能，扩大了其影响力，同时也为实现全国碳排放减少目标提供了新的路径。

3. 政策调整面临的挑战

（1）市场适应新规的挑战

针对第二履约期的履约时间和要求的调整，企业面临的主要挑战在于适应新的履约流程和时间框架。在第二履约期的实际发展历程中，企业不得不快速调整其碳排放管理和履约策略以符合更紧迫的时间要求。对于许多企业而言，这意味着需要在较短的时间内完成更为复杂和严格的履约任务，这增加了它们的操作压力和资源需求。特别是对于那些资源较少、对碳市场了解不足的中小型企业来说，新的履约要求给它们带来了更大的挑战。这些企业需要更多的技术支持和政策指导来帮助它们有效地适应新的市场环境。由于时间紧迫，许多企业不得不选择通过第三方机构帮助企业进行碳资产管理实践，这可能抑制了企业自身碳资产管理能力的发展。此外，为了满足第二履约期提出的新要求，企业投入了大量的额外时间和资金，这对许多企业的财务状况和长期发展造成了明显压力。在应对这些挑战的过程中，监管机构发挥了重要作用。它们为企业提供了必要的指导和支持，帮助企业理解和适应新的履约要求，同时也确保了政策的有效实施。

（2）监管执行力度的挑战

在第二履约期中，监管执行力度面临的挑战主要体现在两个方面：确保新政策的有效实施和增强市场监控能力。首先，监管机构在第二履约期中需要确保新政策的准确执行，这涉及对市场参与者的有效指导和监督。在实际操作中，监管机构加强了对企业碳排放数据的审核和验证，确保了其数据的准确性和完整性。此外，监管机构还需适应新的履约时间框架和要求，这对监管机构的资源分配和管理能力提出了新的要求，特别是在时间紧迫的情况下，监管机构需要确保所有市场参与者及时理解并遵守新规定。其次，监管机构也面临市场适应性的新挑战，监管机构需要增强对市场需求和变化的快速响应能力。这包括识别和应对市场异常行为、确保交易的公平性和透明度等多个方面。为此，监管机构在第二履约期高度重视完善专业人才队伍，提高快速反应能力。例如，监管机构在第二履约期大力提高监管能力建设，提高了迅速识别并采取有效措施来应对市场异常波动的能力，确保了市场的稳定性和公平性。

（3）数据质量保障的挑战

在第二履约期中，中国碳市场面临的一个主要挑战是提升碳排放数据质量。这主要体现在以下几个方面。第一，数据收集和处理的精确性提升。第二履约期要求企业提交更加准确和全面的碳排放数据。对于许多企业来说，这意味着需要改进现有的数据收集和处理流程，增加对数据质量的投入和关注。对于缺乏高质量数据管理系统的企业，这无疑增加了它们的运营成本和工作负担，导致极少数企业数据造假。第二，第三方验证机构的挑战。提高数据质量的另一个关键环节是通过独立的第三方验证。面对潜在的数据造假，要求有足够数量和质量的第三方验证机构参与，对企业的排放数据进行审核，有效识别数据造假行为。第三，技术和资金限制。对于一些中小型企业而言，提升数据收集和处理的技术水平是一个挑战。它们可能缺乏必要的技术支持和资金投入来实现这一目标。第四，企业内部文化和意识的转变。提高数据质量不仅是技术问题，也是管理和文化问题。部分企业在第二履约期的意识转变仍然不够彻底，没有将企业碳资产管理放在十分重要的位置，企业碳排放数据质量保障能力不足，这要求监管部门继续强化数据质量控制，引导企业加强对数据准确性和完整性的重视。

（4）碳配额市场的波动性挑战

在第二履约期中，虽然碳市场的波动性相较于第一履约期有所改善，但仍存在一些挑战不能忽视。首先，市场波动性的管理面临新的挑战。虽然相较于第一履约期，第二履约期的市场波动性有所下降，但仍需对市场动态保持敏感并采取有效措施维持稳定。为此，需要政策制定者和市场参与者共同努力，通过深入分析市场趋势和动因来预测和缓解潜在的价格波动。此外，市场参与者需要关注市场变化，提高对风险管理的认识，以便更好地应对市场波动。其次，市场预测和响应机制的挑战。虽然第二履约期的市场波动相对第一履约期有所降低，但随着企业参与度的提升和市场机制的日益复杂化，价格波动的不确定性仍然存在。为了更有效地管理这种波动，建立一个精准的市场监测和预测机制变得至关重要。这要求政策制定者和市场运营者能够更好地理解市场的动态，并能够快速响应市场的变化。一个健全的预测机制将有助于降低市场的波动性，为市场参与者提供更加稳定的交易环境，从而提高市场的整体稳健性。

（二）政策调整影响分析

1.政策调整对企业的影响

（1）对企业成本的影响

在第二履约期的政策调整中，企业面临增加碳排放管理成本的难题。新规定要求企业加快履约进程，这意味着它们需要更快地收集、分析和报告碳排放数据。对于中小企业来说，这个过程可能特别具有挑战性，因为它们可能缺乏必要的资源和专业知识。更严格的碳排放数据质量控制要求企业投入更多的时间和资金来确保数据的准确性，这对于那些原本就在进行碳管理的企业来说是一个额外负担。收紧的碳配额和配额价格的变动也为企业的财务规划带来挑战。配额价格的不确定性可能导致企业在预算规划和长期投资决策上的不确定性。企业可能需要重新评估其减排策略，以适应竞争更加激烈和对价格更为敏感的市场环境。对于那些依赖市场购买额外配额的企业来说，配额价格上涨可能意味着更高的运营成本。因此，企业需要寻找更有效的减排方法和创新技术，以降低其碳足迹并在更加严格的市场环境中保持竞争力。

（2）对企业运营的影响

第二履约期的政策调整对企业日常运营产生了显著影响。企业不仅需要符合更严格的监管要求，还必须提升内部碳管理系统的效率和准确性，这往往意味着必须投入新的技术和资源来改进碳数据的收集、处理和报告流程。此外，企业需要加强员工在碳排放管理方面的培训，并增强其意识，以确保全员参与并遵守新的规定。同时，CCER 项目的重启为企业提供了新的减排途径，但这也要求企业必须对新的市场机制有深入的理解和适应能力。这可能需要企业进行额外的市场研究和战略规划，以最大化利用这一机制的潜力。企业需要评估投资 CCER 项目的可行性，考虑其对长期减排目标和财务表现的影响。在这个过程中，企业可能需要寻找新的合作伙伴和投资机会，同时也要应对市场的不确定性和政策的变化。总体而言，这些政策调整要求企业对碳市场有更加深入的理解，同时也需要它们在碳管理和战略规划方面更加积极主动。

（3）对企业战略规划的影响

在第二履约期中，企业的长期减排和可持续发展战略需要适应新的政策环境。这要求企业不仅关注短期的合规性，还要考虑长期的可持续性和减排目标。为此，企业可能需要探索和采纳新的减排技术和方法，比如改进生产过程、投资可再生能源或更高效的能源使用技术。此外，企业需要考虑如何优化能源结构和运营流程，以减少整体碳足迹。在战略规划方面，企业可能需要重新评估其在碳排放权交易市场中的定位，考虑如何通过减排措施提高市场竞争力。随着碳成本日益成为衡量企业竞争力的关键因素，企业需要开发新的业务模式，利用绿色技术和创新减排解决方案来提高市场地位。同时，企业还需要评估政策变化对其供应链、产品设计和客户关系的潜在影响，确保其商业模式适应市场和监管环境的变化。总体来说，第二履约期的政策调整要求企业在战略规划方面更有前瞻性和灵活性，以应对日益严格的碳排放管理和市场变化。

总体而言，第二履约期的政策调整对企业提出了新的挑战，同时也为企业转型和可持续发展提供了新的机遇。企业需要在遵守新政策的同时，创新减排方案，以适应不断变化的碳市场环境。

2. 政策调整对市场的影响

（1）对市场交易量的影响

第二履约期政策调整，尤其是履约时间和要求的调整，对市场交易量产生了显著影响。履约时间的提前和履约要求的明确促使市场参与者提前进行碳配额的购买和销售，以避免履约期末的交易高峰。这种分散交易的策略有望减轻市场在特定时段的交易压力，从而使交易量分布更加均衡。市场参与者需在短期内调整其碳配额策略，这在政策发布期初引发碳配额的购买潮，从而在 2023 年 10 月导致一定程度的交易量激增，但这一增幅仍然远远小于 2021 年 12 月，随着市场的适应和履约策略的优化，预计这种初期的交易活跃性将逐渐趋于平稳。这种趋势的出现表明市场参与者对于新政策的快速响应，以及它们对于履约合规性的重视。总的来看，这一政策调整预计将使碳市场的交易量在履约期内更加平滑。这不仅有利于降低市场的波动性，还有助于提高市场效率，以确保碳排放权交易市场在新的政策环境下更加稳健。

（2）对市场价格波动的影响

在中国碳排放权交易市场第二履约期的政策调整中，制度的完善和监管的加强，以及对碳排放数据质量的严格控制，对碳排放权的价格波动产生了显著的影响。通过实施更为严格的监管措施和提高数据质量控制的标准，市场的透明度和诚信度得到了显著提升。这种提升在减少市场参与者基于不完整或不准确信息进行的投机行为方面发挥了重要作用，有助于避免碳配额价格的过度波动，为市场提供一个更稳定的交易环境。尤其是在碳配额交易中，准确和透明的数据对于形成合理的碳配额价格至关重要。此外，碳配额分配的收紧在短期内引起了市场供需关系的变动，进而推高了碳配额价格。与此同时，第二履约期内 CCER 项目配额逐渐收紧，也进一步对碳配额价格走高起到了一定助推作用。2023 年 12 月，CCER 项目正式重启，这为市场提供了新的减排途径，可能会在一定程度上缓解碳配额的供应紧张，对碳价格产生一定的下行压力。这种供需关系的动态变化，虽然可能在短期内导致价格波动，但从长期来看，这些政策调整预期将使碳价格更加真实地反映市场供需状况，促进市场的健康发展。

（3）对市场参与者行为的影响

在中国碳排放权交易市场第二履约期的政策调整中，市场参与者的行为模式经历了显著的转变。碳配额分配的灵活化和精准化，以及履约机制的优化，为企业提供了更多激励，促使它们采取更积极主动的减排措施。这种变化不仅限于履约行为的调整，还涉及企业整体的碳排放管理和策略。企业开始更加重视减排技术的研发和应用，探索更高效的减排途径，以应对更为严格的履约要求和市场变化。同时，市场参与者的关注点也从短期的履约压力转移到了长期的市场趋势和战略规划上。这种转变意味着企业开始更多地考虑其碳排放行为对长期市场地位的影响，以及如何通过改善碳排放性能来提升其在市场中的竞争力。此外，政策的调整，尤其是碳配额的收紧和第二履约期期末 CCER 项目的重启，为市场参与者带来了新的激励和机遇。企业被鼓励通过投资碳减排项目来生成额外的减排量，这不仅有助于满足其履约需求，也为推动低碳技术的发展和应用提供了动力。这种机制的引入增加了市场的多样性并增强了市场的活力，同时也促进了市场参与者之间的合作和创新。在这种新的市场环境中，企业不是单纯的配额购买者或卖家，而是积极参与市场发展和塑造的行为体。

3. 政策调整对环境的影响

（1）对碳排放量变化的影响

中国碳排放权交易市场第二履约期的政策调整，在碳配额分配的灵活化和履约机制的优化方面，对国家的碳排放量产生了深刻的影响。这些政策调整的核心在于通过更加细致和目标导向的方法来激励企业减少碳排放。例如，配额分配的灵活化和履约机制的优化，不仅考虑了各行业的特殊需求和排放特性，还强化了对企业碳排放行为的激励和约束。这导致企业在减排策略上采取了更为主动和创新的措施，有效降低了国家碳排放总量。在制度完善和监管强化方面，政策调整特别强调了对碳排放数据质量的严格控制。通过提高数据的准确性和透明度，政府能够更有效地监控和管理碳排放量，企业则因更准确的数据而进行更精准的排放管理。此外，收紧碳配额的措施，通过限制市场上可用的碳配额总量，为企业减排提供了更强的经济激励。这种机制的变化促使企业寻找新的减排路径，加速了低碳技术的创新和应用。如今，CCER 项目正式重启，为企业提供了更多样化的减排选项。企业可以通过投资或实施各种减排项目来补偿其排放，从而在遵守政策的同时，促进绿色技术和可持续项目的发展。这些政策的综合作用，不仅促进了企业减排行为的改变，还为低碳经济的转型奠定了坚实的基础。

（2）对可持续发展目标实现的影响

中国碳排放权交易市场第二履约期的政策调整，在推动国家实现可持续发展目标方面产生了深刻的影响。这些调整不仅促成了温室气体排放量的显著减少，也催化了经济结构的优化和绿色技术的创新。在这一过程中，碳市场的效率和透明度提升，激励企业采用更环保的生产方式和能源使用方法，这对于提高环境质量和实现资源的可持续利用至关重要。例如，通过更严格的排放数据管理和碳配额交易规则，企业被迫重新审视其生产过程和能源结构，从而采用更低碳的解决方案。此外，碳市场的发展也为绿色金融和低碳投资带来了新的机遇，有助于引导资本流向更环保和可持续的项目和技术。这种资本流动的转变对于推动实现中国及全球的可持续发展目标具有重要意义。综合来看，第二履约期的政策调整为中国实现联合国可持续发展目标提供了支撑，特别是在促进可持续工业化、确保能源的可持续使用以及应对气候变化等方面。

五 中国碳排放权交易市场发展展望

（一）扩大市场覆盖范围和增加参与主体

在第二履约期中，政策调整的首要内容之一是扩大碳市场的覆盖范围。当前，中国的碳排放权交易市场以电力行业为主要覆盖对象。然而，要实现更全面的减排目标，市场的覆盖范围亟须扩展。这一扩展计划包括高排放行业如钢铁、化工、建材等行业的纳入。钢铁行业是国家重要的基础产业，其碳排放量庞大，纳入碳市场后，不仅能有效控制该行业的碳排放，还能推动整个行业的绿色转型与技术革新。化工行业是重要的碳排放源，碳市场的覆盖将促进该行业优化能源结构，提高能效，减少碳排放。建材行业，尤其是水泥生产行业，也是重要的碳排放源。将其纳入碳市场不仅有助于减少行业排放，还能刺激该行业采用更加环保的生产技术和材料。此外，随着市场覆盖范围的扩大，更多行业和企业将被纳入碳交易体系。这种扩展将增加市场的多样性，提升市场的活跃度，有助于形成更加全面和有效的碳排放控制机制。市场的扩展还将带动相关行业的技术创新，推动低碳技术的研发和应用，有助于实现中国更广泛范围内的碳减排目标。在这一过程中，政府的政策支持和指导将发挥关键作用，确保市场平稳过渡和高效运作。

目前，市场的主要参与者是大型火力发电公司。但要真正激活市场，使其成为有效的碳减排工具，就需要更广泛地参与。吸引中小企业和来自不同行业的新参与者加入碳市场将极大地提高市场的竞争性和活力。这不仅能提升市场的动态性，还有助于提高市场的透明度和整体效率。为实现这一目标，建立一个更加公平和开放的市场准入机制是关键。目前的市场结构可能对小型企业和新进入者构成障碍。因此，简化准入程序，提供更多关于市场运作的信息和指导，将有助于降低这些潜在的门槛。此外，为了支持这些新参与者，提供技术和管理方面的支持同样重要。这可能包括对碳交易和管理的培训，以及提供有关最佳实践的信息。同时，鼓励和促进创新也是关键。技术创新可以帮助提高碳减排的效率，同时也为新兴企业提供了参与市场的机会。例如，发展和利用更精准的排放监测和报告技术，不仅能提高碳排放数据的准确性，还能帮助企业更好地管理其碳资产。最后，政策制定者和市场运营者应考虑到市场多样性带来的挑战，包括如何确保所有参与者在市场中公平交易，以及如何平衡不同规模企业之间的利益。

市场覆盖范围和参与主体的扩大，对中国碳排放权交易市场而言，既带来了新的发展机遇，也带来了不少挑战。首先，随着市场的扩大，原有的市场监管和配额分配机制将面临新的考验，需要一个更加完善和灵活的系统来服务不断增加的市场参与者和满足更加多样化的市场需求。例如，配额分配机制必须能够公正地处理不同行业和规模企业的需求，以确保市场的公平性。其次，新纳入的行业和企业的有效整合是另一大挑战。这不仅涉及如何确保这些新参与者顺利地适应市场规则和操作，还包括如何在确保市场效率的同时，维护已有市场参与者的利益。例如，对于新加入的中小企业，可能需要提供更多的支持和引导，以帮助它们理解市场规则并有效参与市场交易。最后，市场的持续扩展还需要政策和技术上的支持。政策层面上，需要有针对性的措施来鼓励新行业的加入和促进市场的平稳运行。技术创新也至关重要，例如，开发更高效的碳排放监测和报告系统，这不仅能提高市场的运行效率，还能帮助参与者更好地管理其碳排放和配额。

（二）完善配额分配机制

中国碳排放权交易市场的配额分配机制在确保市场有效运行中扮演着核心角色。目前，这一机制主要集中于电力行业，依托历史排放数据和行业性能基准进行配额的分配。随着市场范围的拓展，原有的配额分配机制面临新的挑战，需要不断改进。合理的配额分配机制直接关系到市场的公平性、效率以及对企业减排行为的激励作用。因此，完善这一机制，使之更科学、公正和透明显得尤为重要。这不仅对提升市场的整体效能有益，也对推动更广泛的减排行动至关重要。有效的配额分配机制应能够灵活应对市场的变化，同时保持公平和透明。在不断扩大的市场中，必须考虑到新加入行业和企业的特点和需求，这可能需要调整现有的配额计算方法和分配标准。例如，对于新纳入的高排放行业如钢铁和化工，配额分配需要反映其特有的排放特征和减排潜力。此外，公平性是配额分配机制的另一个关键要素，确保所有市场参与者，无论规模大小，都在公平的基础上竞争，是实现市场整体效益最大化的重要条件。

为优化配额分配机制，首先，需建立更细化、动态的排放数据收集和分析系统。利用先进监测技术和数据分析方法，确保配额分配基于最准确、最新的排放信息至关重要。同时，引入行业特性和差异化排放标准，可激励低排放、高效率的行业和企业。这样的差异化处理不仅体现了市场机制的公正性，还能有效激励企业采取更为积极的环保措施。其次，市场的发展和技术进步要求配额分配机制具备适应性和灵活性。定期审查和调整配额分配规则，以反映市场和技术的最新进展，对于保持市场的活力和公正性至关重要。例如，随着可再生能源技术的发展和应用，相关行业的配额分配策略可能需要相应的调整，以确保这些新兴领域得到合理的激励和支持。最后，在配额分配机制的优化过程中，还需要考虑市场参与者的多样性和不同的利益诉求。公开透明的沟通和协商过程，可以确保所有利益相关方的声音被听取和考虑。

尽管改进配额分配机制有其必要性和紧迫性，但在实施过程中也面临着一系列挑战。首先，如何平衡不同行业间的利益是一个核心问题。不同行业的碳排放特性和减排潜力各异，因此需要精准而公正地制定行业特定的配额分配标准。其次，新旧企业之间的配额分配差异处理也非常关键。对于长期以来碳排放较高的老企业和新兴的低碳企业，碳配额的分配既要考虑其历史责任，又要考虑对其未来减排行为的激励。最后，确保配额分配的透明性和公正性也是改进机制中必须面对的挑战。透明的分配机制能确保所有市场参与者对规则有清晰的理解，而公正性则是维护市场信任和有效性的基础。例如，公开配额分配的数据和标准，允许市场参与者提出反馈和建议，这些都是增强透明性和公正性的有效途径。随着市场的不断成熟和技术的发展，配额分配机制的完善将是一个持续的过程，需要政策制定者、市场参与者和相关利益相关者之间的紧密合作和不断创新。

（三）引入更严格的合规机制和惩罚机制

建立严格的合规机制对于确保碳市场的有效和公平运行至关重要。目前，市场的合规要求主要集中在准确的碳排放报告和配额履约上。然而，随着市场规模的扩大和参与主体数量的增加，现行的合规机制面临着新的挑战。如何确保更广泛的市场参与者遵守碳排放报告的规范、如何监督和评估企业的减排行为等问题，都需要通过更加严格的合规机制来解决。这不仅有助于维护市场的秩序，还能促进碳减排目标的实现。为应对这些挑战，合规机制需要进行多方面的改进。首先，加强对市场参与者碳排放报告的审核，确保其准确性和及时性。这可能涉及更频繁的报告提交、更严格的数据核实以及对报告方法的标准化。其次，加大对违反规定行为的监控和惩罚力度，以确保所有参与者都认真对待合规要求。这可能包括对违规企业施加更严厉的经济罚款、减少配额分配或限制市场交易权等措施。最后，随着市场规模的扩大，合规机制也应更加透明和公开，以提高市场的整体信任度。例如，定期公布合规审查的结果、违规行为的处理情况以及合规标准的更新等。

建立和实施有效的惩罚机制是确保企业遵守市场规则和实现减排目标的关键环节。当前的惩罚机制主要针对那些未能达到减排目标或违反市场规则的企业，措施包括经济罚款、减少未来配额分配或限制市场交易权等。随着市场的不断发展和成熟，这些惩罚措施可能需要进一步加强，以确保所有市场参与者都认真对待其碳排放责任，遵守市场规则。加强惩罚机制需要明确违规行为的定义和程度。轻微的违规行为可能仅需要较少的罚款或较小警告，而严重的违规行为则需要更重的处罚，如大额罚款或市场交易权的暂时或永久剥夺。此外，惩罚措施的公正性和透明性对于维护市场的公信力和效率至关重要。这要求相关监管机构公开惩罚决定的依据和过程，确保所有市场参与者在面对违规行为时都被一视同仁。进一步的惩罚机制还应包括增强监管机构的执法能力，这可能涉及提升监管技术、增加监管资源和人员，以及与其他政府机构和国际组织合作，共同打击和防止碳市场的违规行为。

随着中国碳排放权交易市场的不断成熟和技术的进步，合规机制和惩罚机制也需要不断适应新的市场环境。首先，引入更先进的监测和报告技术变得至关重要，这些技术能够提高合规审查的效率和准确性，确保排放数据的可靠性。同时，随着市场参与者的多样化和交易行为的复杂化，合规监管体系也需要升级，以应对更加复杂的市场环境。其次，惩罚措施的有效性和公平性也需要定期进行评估和调整。随着市场的发展，既有的惩罚体系可能不再适应新的市场状况。因此，监管机构需要根据市场的实际情况和参与者的行为模式，不断调整惩罚措施，以确保其符合市场发展的要求。同时，确保惩罚措施的公正执行对于维持市场参与者的信任和市场的健康运行至关重要。最后，随着碳市场逐渐扩展到更多行业和领域，合规机制和惩罚机制的国际合作和协调也将变得更加重要。与国际市场的接轨和合作不仅有助于提升中国碳市场的国际影响力，也能促进全球碳减排的共同努力。通过持续改进合规机制和惩罚机制，中国碳排放权交易市场将更有效地运行，并在实现国家减排目标方面发挥关键作用。

（四）CCER 重启与市场激励机制

CCER 的重启具有深远意义，标志着中国碳减排努力进入新阶段。CCER 机制允许企业通过参与自愿减排项目生成可交易的减排量，这一举措不仅为企业提供了一种新的减排渠道，也显著增加了市场的灵活性和多样性。企业现在可以通过投资各种环保项目，如可再生能源、林业项目等，来抵消自身的碳排放。这一过程不仅促进了低碳技术的应用，也鼓励了企业对环保活动的积极参与。CCER 的引入还有助于构建一个更全面和多元的碳减排生态系统。除了直接的排放控制，它还鼓励企业通过投资环保项目来参与全球碳减排的大潮。在这种机制下，减排活动不再局限于传统的工业调整，而是拓展到更广泛的领域，如林业管理、农业改革和新能源开发等。这不仅有助于提高碳减排的有效性，还促进了社会经济的绿色转型。

CCER 重启给中国碳市场的激励机制带来了显著影响，尤其是在增加市场的多样性和增强竞争力方面。通过提供更多样的减排途径，CCER 激发了企业探索不同减排策略的动力。对于一些直接减排较为困难的企业，CCER 成为一种新的选择，它们可以通过购买 CCER 来达成减排目标，这对于一些技术或资金受限的小型和中型企业尤其有益。同时，CCER 的多样化项目选择，如生物质能利用、废气利用等，不仅提供了额外的减排手段，也为市场注入了新的活力。此外，CCER 机制的引入也激发了市场内部的创新和技术发展。企业在探索减排项目的过程中可能会投资新技术或开发新的减排方法，从而推动整个行业的技术进步和可持续发展。在这种市场激励机制下，减排不仅是一种责任，还是推动企业发展、创新和竞争力提升的动力。

CCER 的未来发展将对中国碳市场产生深远影响。随着越来越多的创新减排项目的涌现，CCER 项目有望成为促进中国低碳转型和实现碳中和目标的关键工具。未来，监管机构将扮演重要的角色，需要确保 CCER 项目的质量和有效性。这包括建立严格的项目审核标准、监督机制和透明度要求，确保 CCER 项目既有环境效益又具有经济效益。监管机构还需关注市场参与者的反馈，适时调整政策，以促进市场的健康发展。同时，随着技术的进步和市场需求的变化，CCER 项目的范围和类型也可能进一步扩展，比如包括碳捕捉和存储技术等新兴领域。此外，为了加强 CCER 的国际合作，中国有可能与其他国家的碳市场建立联系，共享减排成果。这种国际合作不仅能够扩大减排项目的影响范围，也有助于提高中国在国际碳市场上的影响力。随着全球气候变化应对能力的增强，CCER 项目有望成为促进全球环境治理的重要工具。

（五）加强国际碳市场合作与链接

国际碳市场合作对中国碳排放权交易市场的发展至关重要。在全球化的背景下，气候变化和碳排放是跨国界的问题，需要国际社会共同应对。中国参与国际碳市场合作，不仅有助于提高自身市场效率，也能提升在全球气候治理中的地位和影响力。通过与其他国家碳市场的合作和链接，中国能够分享和学习发达国家碳市场，例如欧盟碳市场的碳市场管理经验、减排技术和策略，从而推动自身碳市场的成熟和完善。此外，国际合作可以促进碳减排技术的创新和传播，提高碳排放控制的成本效率，同时也为中国企业参与国际减排项目提供机会。国际合作还有助于推动全球碳市场的标准化和规范化，促进碳交易机制的国际互认，为中国企业进入国际市场创造条件。通过国际合作，中国可以在碳排放控制、气候变化应对等方面发挥更大的作用，为全球可持续发展贡献中国力量。

加强国际碳市场合作在实践中面临诸多挑战，尤其是在协调不同国家的市场规则、标准和监管机制方面。不同国家的碳市场具有不同的特点和规定，协调这些差异以实现有效对接是一个挑战。此外，国际政治环境的复杂性和各国经济发展阶段的差异也会影响合作的进程和效果。尽管如此，国际合作提供了促进技术创新、提升市场效率和加强环境保护的重要机遇。通过国际合作，可以实现碳减排技术的共享和传播，促进低碳技术的开发和应用，提高碳排放控制的成本效率。国际合作还能增强中国在全球气候治理中的话语权，提升国际形象和影响力。此外，通过与国际市场的合作，中国可以更好地理解和适应国际碳市场的动态，为中国企业参与国际碳市场提供指导和支持。

未来，中国在国际碳市场合作方面拥有巨大的发展空间和潜力。随着中国碳市场的逐步成熟和国际影响力的增强，中国有望在国际碳减排合作中扮演更重要的角色。中国可以借助国际平台，与其他国家共同制定碳减排目标，推广低碳技术，促进碳交易机制的国际互认。这不仅有助于提升中国企业的国际竞争力，还能推动全球碳市场的发展和完善。通过国际合作，中国可以在碳交易和减排领域分享和学习先进的经验，同时也能在全球气候治理中发挥更积极的作用。这种合作有助于实现更广泛的碳减排目标，推动全球可持续发展目标的实现。未来，中国将继续加强与国际组织和多边机构的合作，积极参与全球气候变化应对议程，为全球碳市场的发展做出重要贡献。通过这些合作，中国不仅能提高自身的减排能力，还能为全球应对气候变化做出更大的贡献。

（六）推进市场基础设施建设和技术创新

市场基础设施的完善是中国碳排放权交易市场成功的关键。这包括建立一个高效、透明、可靠的交易平台，以确保所有交易活动都在一个规范和受监管的环境中进行。例如，高效的交易平台不仅提供了一个便捷的交易环境，还能保证交易的公平和透明。此外，监测和报告系统是评估碳排放和配额交易的基础，对于维护市场秩序和公信力至关重要。准确、可靠的监测和报告系统能够提供关键数据，帮助政策制定者、企业和投资者做出明智的决策。注册和清算机制也是市场基础设施的重要组成部分，它们确保了交易的合法性和有效性，降低了交易的风险。

技术创新在推动中国碳排放权交易市场的进步中发挥着至关重要的作

用。创新技术，如区块链、大数据分析、人工智能等，为提高市场效率和增强监管能力提供了新的可能。例如，区块链技术的应用可以提高交易的透明度和安全性，而大数据和人工智能技术可以帮助企业更准确地预测市场趋势和制定有效的减排策略。此外，技术创新也涉及碳捕捉（CCUS）、利用和存储技术的发展，这些技术对于减少碳排放和实现碳中和目标至关重要。通过技术创新，可以开发出更高效的减排方案，推动低碳经济的转型。

随着中国碳排放权交易市场的不断发展和完善，市场基础设施和技术创新将成为推动市场发展的重要力量。市场基础设施的进一步完善将使得市场运行更加高效和透明，而持续的技术创新则将为碳减排提供更多可能性。同时，中国碳市场的国际合作也将推动技术和经验的交流，有助于形成更为成熟和高效的全球碳市场体系。未来，中国碳市场的发展将不断融入更多创新元素，为实现低碳经济转型和全球气候目标贡献力量。

参考文献

蔡彤娟、林润红、张旭：《中欧碳排放权交易的市场化比较——基于国家金融学视角》，《金融经济学研究》2023年第2期。

陈星星：《全球成熟碳排放权交易市场运行机制的经验启示》，《江汉学术》2022年第6期。

陈星星：《中国碳排放权交易市场：成效、现实与策略》，《东南学术》2022年第4期。

李涛、宋志成、石梦舒等：《基于文献计量的国内外碳排放权交易研究现状分析》，《科技管理研究》2022年第13期。

任洪涛：《“双碳”背景下碳排放数据质量监管的制度省思与法治完善》，《广西社会科学》2023年第2期。

任洪涛：《“双碳目标”背景下我国碳交易市场制度的不足与完善》，《环境法评论》2022年第2期。

田超、肖黎明：《碳排放权交易对企业低碳转型的影响——基于碳交易试点市场的准自然实验》，《华东经济管理》2023年第2期。

王文举、钱新新：《试点碳排放权交易市场对中国工业低碳转型的作用机制研究》，

《经济与管理研究》2024 年第 1 期。

袁一杰、许启凡、甘行琼：《如何利用市场机制促进制造业低碳转型与稳增长协同发展——基于碳排放权交易政策的研究》，《西南民族大学学报》（人文社会科学版）2023 年第 12 期。

詹诗渊：《碳排放权市场的规范性构建》，《中国人口·资源与环境》2023 年第 8 期。

郑鹏程、张妍钰：《“双碳”目标下碳排放权交易市场监管的问题与对策》，《湖南大学学报》（社会科学版）2023 年第 6 期。

评价篇

B.2
中国碳排放权交易市场价格波动风险评价报告

宋 策 李成龙 许 伟*

摘 要： 随着中国碳市场的快速发展和日益成熟，市场价格波动的影响力和风险水平也随之增加。价格波动不仅影响市场的稳定运行，也对企业的经营决策和国家的碳减排策略产生深远影响。本报告围绕中国碳排放权交易市场的价格波动风险进行了深入研究，旨在通过科学的分析方法对碳市场的风险水平进行全面评估，以提高市场的稳定性和透明度。报告采用 GARCH-VaR 模型，对九个不同碳市场的交易价格波动特征和风险水平进行了细致分析。报告首先进行了稳健性和异方差性检验。然后，通过实证分析探讨了不同市场的波动特性，发现各市场间存在显著差异。结果显示，中国各碳市

* 宋策，山东财经大学中国国际低碳学院讲师，主要研究方向为能源转型、环境政策、低碳经济；李成龙，山东财经大学中国国际低碳学院低碳经济与管理专业硕士研究生，主要研究方向为智慧城市、气候韧性、数字经济；许伟，济南市工程咨询院能源咨询师，主要研究方向为低碳经济、企业能源管理、区域节能与能效诊断。

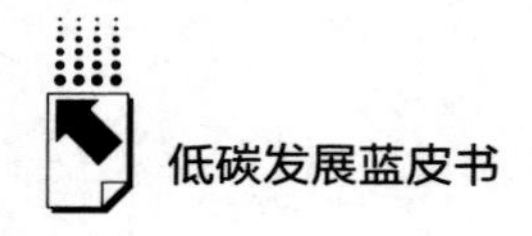

场在价格波动性和风险管理方面具有独特性。报告强调了加强市场监管、优化市场结构、制定和实施更为灵活的市场政策以及加强信息共享和合作的重要性，以提高市场的整体效率和稳定性。

关键词： 碳排放权交易 价格波动风险 GARCH-VaR 模型

一 引言

碳排放权交易机制作为全球气候治理中的一项创新措施，旨在通过市场化手段有效减少温室气体排放。这一机制的核心理念是设定碳排放的总量上限，并在此框架内允许排放权的交易。通过这种方式，碳排放权交易将排放减少转化为经济成本和潜在收益，促使市场参与者寻求成本效益最高的减排方案。此外，碳市场的运作不仅激发了技术创新和清洁能源的发展，还促进了资源配置的优化和环境治理效率的提升。在全球碳减排的大背景下，碳排放权交易机制被视为促进经济与环境可持续发展的关键工具，其对全球温室气体排放的控制和经济结构向低碳模式的转型具有重要意义。全球碳交易市场的发展起始于《京都议定书》的实施。该协议首次在国际层面引入了碳排放权交易机制，为发达国家提供了灵活的减排途径。随着全球对气候变化认识的加深，碳市场逐渐扩展至其他国家和地区。欧盟排放交易体系（EU-ETS）是在此背景下建立的，作为全球最大的碳市场之一，它涵盖了大量的工业排放源和电力部门。EU-ETS 通过设置排放上限和允许企业间碳排放权的买卖，有效地推动了碳减排和低碳技术的发展。美国虽未全面实施国家级碳市场，但在地区层面展示了多样化的碳交易实践，如加州的碳市场是北美最大的碳市场之一，采取了严格的排放上限和交易机制。这些市场的运作不仅促进了本地区的温室气体减排，也为全球碳市场的发展提供了宝贵经验。全球范围内的碳市场发展展示了各国在实施碳排放权交易机制上的创新性与适应性。这些市场在设计、监管、价格机制和市场参与者的行为上存在差异，反映了不同地区在应对气候变化方面的特殊需要和策略，这些为中国碳市场的建设和完善提供了宝贵的经验，助力中国实现碳减排目标并在全球气候治理中扮演更积极的角色。

在第七十五届联合国大会上，习近平总书记明确提出中国的“双碳”目标：“二氧化碳排放力争于2030年前达到峰值，努力争取2060年前实现碳中和。”[①] 这一战略性宣言为中国环境政策和碳排放权交易体系的发展指明了方向。在党的十九大报告中，习近平总书记进一步强调，加快生态文明体制改革，形成绿色发展方式和生活方式，建设美丽中国。[②] 这一表述再次凸显了建设和完善碳交易市场在实现“双碳”目标中的核心地位。中国碳市场的发展虽然起步较晚，但进展迅速。2013年，政府在北京、上海、深圳等七个省市启动了碳排放权交易试点。这些试点市场的建立，旨在探索和实践碳市场运行的有效机制，为全国碳市场的构建提供经验。2016年底，福建作为第八个试点地区加入了碳排放权交易体系，进一步丰富和完善了我国碳交易试点市场的建设。2021年7月16日，全国碳排放交易市场正式启动运行，意味着中国从区域性试点向全国范围内的统一市场转变，展现了国家层面对于碳减排的坚定决心和对全球气候治理的积极参与。全国碳市场启动初期主要覆盖电力行业，截至2023年12月29日，我国全国碳市场累计成交碳排放配额4.42亿吨，累计成交额249.19亿元。[③] 中国碳排放权交易体系以其快速发展、强劲动力和巨大潜力成为全球气候治理的重要组成部分，其资金投入的规模和效果也展现了这一体系的活力与前景。

随着中国碳市场的快速发展和日益成熟，市场价格波动的影响力和风险水平也随之增加。价格波动不仅影响市场的稳定运行，也对企业的经营决策

---

① 《改革开放简史》编写组编著《改革开放简史》，人民出版社、中国社会科学出版社，2021，第317页。

② 《习近平：决胜全面建成小康社会　夺取新时代中国特色社会主义伟大胜利——在中国共产党第十九次全国代表大会上的报告》，中国政府网，2017年10月27日，https://www.gov.cn/xinwen/2017-10/27/content_5234876.htm。

③ 《利好接连释放　全国碳市场加快升级扩容》，“新华网”百家号，2024年2月5日，https://baijiahao.baidu.com/s?id=1790026076570007394&wfr=spider&for=pc。

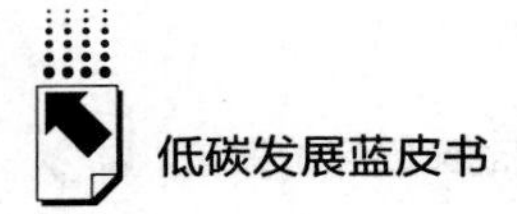

和国家的碳减排策略产生深远影响。因此，深入研究中国碳市场的价格波动风险，不仅是理解和预测市场动态的关键，也是制定有效应对策略和保障市场稳定的必要条件。首先，价格波动的研究有助于揭示碳市场运行的内在机制。碳排放权交易市场作为一种市场化的环境政策工具，其价格波动受到多种因素的影响，包括宏观经济条件、政策变化、市场参与者行为等。通过分析这些因素如何影响价格波动，可以更深入地理解市场机制的运作，为市场的进一步完善和政策制定提供科学依据。其次，价格波动风险的研究对构建有效的市场监管机制至关重要。合理的监管机制能够减少市场操纵和投机行为，保障市场的公平性和透明度。在当前中国碳市场仍处于初期发展阶段的背景下，研究价格波动的模式和趋势，可以为监管部门提供决策支持，助力其制定更为科学和合理的政策，从而促进市场的健康发展。最后，价格波动风险的研究对于市场参与者的风险管理具有重要意义。企业和投资者需要准确评估和管理碳交易带来的潜在风险，以保护自身利益不受不必要的损失。通过对碳市场价格波动风险的深入研究，市场参与者可以更好地制定风险对冲和资产配置策略，从而在碳市场中实现稳健的参与和投资。

总体而言，研究中国碳排放权交易市场价格波动风险，不仅是理解和预测市场动态的关键，也是构建有效监管机制、促进市场参与者合理决策的重要基础。从理论价值的角度看，这一研究有助于丰富和深化市场经济理论在新兴市场领域的应用。对价格波动的深入分析能够为市场经济理论提供新的视角，尤其是关于非传统资产定价机制和市场效率的理论。此外，这一研究还为环境经济学和气候变化经济学领域提供了实证研究的新材料，增加了这些领域理论与实践的交互性和深度。从实践价值的角度来看，这一研究能够为政策制定者提供关于市场监管、风险控制和市场设计的实证依据，有助于构建更加稳健和高效的碳市场。同时，对市场价格波动风险的分析能够帮助市场参与者更好地理解市场动态，为他们的投资决策和风险管理提供科学依据。随着中国碳市场的不断成熟和扩展，对价格波动风险的深入研究将对实现市场的长期稳定和可持续发展发挥至关重要的作用。

二　国内外相关研究介绍

（一）碳排放权价格影响因素研究

碳排放权价格影响因素的研究是理解和预测碳市场动态的关键。现有研究普遍将碳排放权价格的影响因素划分为政策因素、经济因素和技术因素。政策因素涉及政府政策、国际协议和法律法规的变化，这些因素直接影响市场规则和碳配额价格的形成。例如，一些研究指出，欧盟排放交易体系（EU-ETS）中的政策调整对碳价产生了显著影响。经济因素则包括宏观经济状况、能源价格波动和工业活动等。经济增长导致能源需求上升，可能增加碳排放，进而影响碳市场的供需平衡。能源价格，尤其是化石燃料价格的波动，也会影响碳排放成本，从而影响碳价。技术因素主要考虑技术创新对碳市场的影响。清洁能源和碳捕获技术的发展可以降低碳减排成本，从而影响碳市场的供给侧。研究表明，在一些国家和地区，技术创新显著降低了碳减排的经济成本，进而影响了碳市场的价格。此外，从国际视角来看，对欧盟、美国和其他碳市场的研究表明，全球碳市场的连接性和国际政策的协调性对于市场稳定性和价格波动具有显著影响。这些文献为理解和预测中国碳市场的动态提供了宝贵的国际视角和比较分析经验。

中国碳市场的相关研究起步较晚，近年来的文献主要关注碳市场内部运行机制和外部经济环境的交互作用。例如，一些研究聚焦于分析中国碳市场的供需关系、交易行为和价格波动模式，揭示了市场运作的复杂性和多样性。此外，还有研究探讨了政策调整对碳市场的影响，如碳税、排放标准和可再生能源政策等如何影响碳市场的价格和交易活动。综合来看，对碳排放价格影响因素的研究揭示了碳市场动态的多维性和复杂性，为全面理解和有效应对市场波动提供了关键的理论基础和实证指导。

（二）碳价风险评估方法研究

碳价风险评估方法是理解和管理碳市场的基础，近年来，学术界在碳价风险评估方面取得了显著进展（见表1）。

表1　碳价风险评估方法比较

评估方法	文献	优点	缺点
GARCH模型	韩晓月，2020；刘红琴、胡淑慧，2022	能够有效捕捉时间序列数据的波动性特征，在处理碳市场价格的波动和预测未来走势方面显示了较高的准确性	在极端市场条件下的预测准确性有限
	Ellerman and Buchner，2008；Bridge et al.，2020		
VaR模型	柴尚蕾、周鹏，2019；范英，2000	能够量化在给定的置信水平和时间框架内，碳市场价格可能遭受的最大损失，尤其擅长分析复杂的市场波动和极端事件	可能无法充分捕捉市场的所有动态
	Rajput et al.，2015；Francq and Zakoïan，2020		
神经网络模型	郑祖婷等，2018；Huang et al.，2019	在处理大数据和复杂系统时展现了其独特优势，尤其在预测碳市场价格的波动和趋势方面表现出较高的精确度	对数据质和量的要求较高，并且模型解释性较弱
	Mansanet-Bataller et al.，2011；Najibullah et al.，2021		

GARCH模型（广义自回归条件异方差模型）因其在捕捉时间序列数据波动性方面的优势而被广泛使用。它能够有效捕捉时间序列数据的波动性特征，为碳配额价格的不稳定性提供了一种动态的分析方法。此模型在处理碳市场价格的波动和预测未来走势方面显示了较高的准确性。例如，一些研究利用GARCH模型分析了欧盟碳市场的价格波动，提供了对市场动态的深入理解。VaR模型（风险价值模型）作为一种风险度量工具，也被广泛应用于碳市场风险评估。VaR模型能够量化在给定的置信水平和时间框架内，碳市场价格可能遭受的最大损失。这种方法主要应用于预测极端市场条件下的潜在风险，尤其是在分析复杂的市场波动和极端事件时，VaR模型为市场参与者和政策制定者提供了重要的决策依据。例如，在美国加州的碳市场，VaR模型被用于评估极端市场条件下的潜在风险，为风险管理提供了

重要依据。神经网络模型作为一种先进的计算方法，近年来在碳市场风险评估中越来越受到重视。这一方法在处理大数据和复杂系统时展现了其独特优势，尤其在预测碳市场价格的波动和趋势方面表现出较高的精确度。许多研究利用这种方法分析市场数据，揭示了价格波动的非线性模式和趋势，为市场参与者的决策提供了支持。

这些模型在国内外碳市场的应用反映出各自的优缺点。GARCH 模型虽然在波动性分析上表现出色，但在极端市场条件下的预测准确性有限。VaR 模型在极端风险预测方面更为有效，但可能无法充分捕捉市场的所有动态。神经网络模型有着复杂数据的分析和预测能力，但对数据质和量的要求较高，并且模型解释性较弱。综合上述方法，GARCH-VaR 模型结合了 GARCH 模型的波动性分析能力和 VaR 模型的风险度量优势，提供了一种更全面和更精确的碳市场风险评估工具。这一模型不仅能够捕捉碳市场价格波动的特点，还能量化潜在的风险水平，为市场监管和风险管理提供更为科学的决策依据。在本报告中，GARCH-VaR 模型的应用旨在为中国碳市场提供更深入和更准确的风险评估，以支持有效的市场管理和政策制定。

（三）碳价风险应对策略研究

基于现有研究，国内外学者提出了多种策略以应对碳市场的价格波动风险。国外研究主要集中于市场机制的完善和政策工具的应用。例如，欧盟碳市场的研究强调了市场稳定性储备（MSR）机制的重要性，该机制通过调整市场中的碳配额供应量来缓解价格波动。此外，金融衍生工具如期货和期权在欧美碳市场中被广泛用于风险管理，为市场参与者提供对冲价格波动的手段。在国内碳市场的风险应对策略研究中，学者们更侧重于探讨政策制定和市场监管方面的策略。中国碳市场的研究强调了政策透明度和连贯性的重要性，以及建立有效的市场监管体系来维护市场稳定。此外，国内研究还探讨了通过提升市场参与者的信息意识和风险管理能力来降低市场的整体风险。总体而言，国内外在碳价风险应对策略方面的研究虽然侧重点不同，但共同目标是通过多元化的策略来增强碳市场的稳定性，并提高效率。这些研究对于指导实际的市场操作和政策制定具有重要的参考价值，有助于促进碳市场的健康发展。

（四）文献评述

综上所述，现有碳价风险研究广泛涉及影响因素、评估方法和应对策略。研究揭示了政策、经济和技术因素对碳价的影响，以及 GARCH 模型、VaR 模型和神经网络模型在碳价风险评估中的应用。国际研究侧重市场机制和金融工具的使用，而国内研究注重政策透明度和市场监管。本报告通过分析中国碳市场的价格波动风险，使用 GARCH-VaR 模型，旨在提供更精确的风险评估，为市场参与者和政策制定者的决策提供支持。这对于增强中国碳市场的稳定性和效率，促进国内外低碳发展和应对气候变化具有重要意义。

三　方法与数据

（一）GARCH-VaR 测度方法

GARCH 模型，即广义自回归条件异方差模型，被广泛应用于金融市场波动性的估计中，是时间序列分析的一种关键工具。这个模型由 Bollerslev 在 1986 年基于 Engle 于 1982 年提出的 ARCH（自回归条件异方差）模型发展而来。通过加入先前波动率的滞后项，GARCH 模型灵活地捕捉了时间序列中的长期波动性依赖关系。在表征金融时间序列中波动聚集现象和持续性方面，GARCH 模型展现出明显优势。GARCH 模型最常见的形式是 GARCH（1，1），该模型假定当前条件方差是过去一期条件方差和上一期误差项平方的线性组合。这个模型的核心特点是波动率的聚集效应，即无论正负，较大的市场波动通常预示着未来更高的波动性。GARCH 模型通过解释和预测这一现象，在金融风险管理和衍生品定价方面发挥着关键作用。公式（1）

和公式（2）展示了GARCH模型的基本方程。其中R_t表示碳价收益率的时间序列，μ_t表示R_t的期望值，ε_t表示残差项，σ_t^2代表R_t的方差项，α、β和γ为待估计系数，m和n分别代表前期方差和前期残差的最大滞后阶数，公式（2）也被称为GARCH（m，n）模型，该模型分别包含m个GARCH项和n个ARCH项。基于这一基本方程，改进后可得到公式（3）。公式（3）揭示了时间序列R在t时刻的方差受到不变方差α、过去的方差估计值σ_{t-j}^2和过去新信息残差ε_{t-i}^2的影响。这表明若时间序列R在$t-1$时刻的方差σ_{t-1}^2较大的话，则下一期的方差σ_t^2会得到更大的估计，即金融时间序列数据往往表现出波动集群特征。此时，模型也被称为$m=1$，$n=1$的GARCH（m，n）模型，即GARCH（1，1）模型。此时，该模型中只含一个ARCH项和一个GARCH项，该模型平稳的条件是$\alpha+\beta<1$。

$$R_t = \mu_t + \varepsilon_t \tag{1}$$

$$\sigma_t^2 = \gamma + \sum_{i=1}^{m} \alpha_i \varepsilon_{t-i}^2 + \sum_{j=1}^{n} \beta_i \sigma_{t-j}^2 \tag{2}$$

$$\sigma_t^2 = \gamma + \alpha \varepsilon_{t-1}^2 + \beta \sigma_{t-1}^2 \tag{3}$$

Value at Risk（VaR）作为一种统计学方法，用于估量在一定时期内，特定的投资组合在常规市场环境中可能遭遇的最大损失值。在碳市场的风险评估领域，VaR模型的运用变得日益关键。该模型用于计算在特定置信度下，碳配额价格的波动可能导致的潜在最大损失。公式（4）详细描述了在碳价波动情况下可能遭受的最大损失。其中，*prob*代表损失低于潜在最大损失阈值的概率，ΔP表示一定时间内碳排放配额价值的变化，无论是损失还是盈利，*VaR*是在特定置信水平a下，一定时期内碳排放配额可能出现的最高损失值，a通常被设定为90%、95%或99%。P_0为特定碳市场碳排放配额的初始价格，基于公式（5）可以推算出期末的碳价。在这个基础上，利用公式（6）可以计算出碳排放配额的最低期望价格P^*。进而，结合公式（5）和公式（6），可以得出碳排放配额的最低收益率R^*。利用公式（7）对碳配额的期望最终价格E（P）和最低期望价格P^*进行对比，可以用于

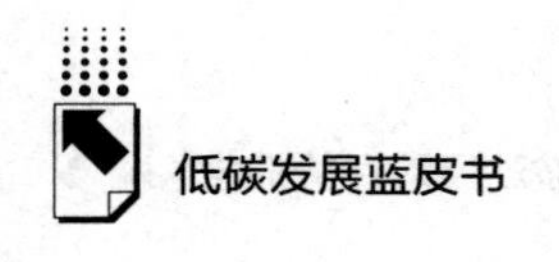

分析碳价的波动风险。

$$prob(\Delta P \leqslant VaR) = a \tag{4}$$

$$P = P_0(1 + R) \tag{5}$$

$$P^* = P_0(1 + R^*) \tag{6}$$

$$E(P) - P^* = E[P_0^*(1 + R)] - P^*(1 + R^*) = - P_0(R^* - \mu) \tag{7}$$

VaR 模型的计算方法多种多样，主要包括历史模拟法、蒙特卡洛模拟法和方差-协方差法。历史模拟法是最直接的 VaR 计算方法，其主要优点是它的直观性和简单性，但它的一个缺点是假定历史会在一定程度上重演，而忽略了市场结构和波动模式可能随时间改变的事实。蒙特卡洛模拟法更为复杂，其优点在于它的灵活性和适应性。然而，蒙特卡洛模拟法计算成本较高，尤其是对于需要大量随机路径和复杂市场模型的大型投资组合。方差-协方差法是一种更为精细的方法，它基于资产收益的方差（波动性）和协方差（资产间的相关性）来估计风险。在方差-协方差法中，资产收益通常假设为正态分布，这使得计算过程相对简单且易于操作。GARCH 模型可以用于方差-协方差法中，以动态地估计时间序列数据的波动性，从而使 VaR 计算能够反映市场条件的实时变化，为风险管理提供强大的工具支持。本报告采用 GARCH 模型来估测碳交易价格收益率的条件方差，并进一步将估测结果运用于 VaR 的计算中。具体计算方法如公式（8）所示。

$$VaR = P Z_a \sigma_{\Delta t} \tag{8}$$

其中，P 表示碳排放配额的交易价格，Z_a 则代表在标准正态分布下，与置信水平 a 相对应的分位值，$\sigma_{\Delta t}$ 为特定时间段 Δt 内的碳排放配额收益率的标准偏差。

（二）样本选择

本报告选择的交易对象为碳排放权配额，覆盖全国碳市场以及试点市场和区域性市场，旨在捕捉中国碳市场在不同发展阶段和地区差异下的风险特征，综合评估中国碳交易市场在不同层面上的价格波动风险。全国碳市场处于中国碳交易的最新发展阶段，其数据能够反映出当前的市场状况和交易行为。而试点市场以及区域性市场的数据则提供了对比和补充，有助于分析和理解全国碳市场数据的背景和趋势。数据采集的时间为全国碳市场的第二个履约期，即 2022 年 1 月 1 日至 2023 年 12 月 31 日，共计 484 个交易日。通过将全国碳市场与试点市场的数据结合分析，本报告旨在揭示中国碳市场在不同管理和运营模式下的共性和特性，以及这些因素如何影响市场的价格波动和风险。为确保数据的精准与有效，本报告基于日成交量的存在与否来确定有效的交易日。其中，未记录成交量的交易日被视为无效并予以排除。此外，本报告采用每日碳排放配额的平均成交价格来代表当天的碳价。全国碳市场的数据来源为上海环境能源交易所，其余地方试点碳市场的数据来源于各个试点官方网站，每日成交价格的计算方式如公式（9）所示。

$$P_t = Q_t / q_t \tag{9}$$

其中，Q_t表示 t 日的当日碳排放配额成交总额，q_t表示 t 日的当日碳排放配额成交总量，P_t表示 t 日的当日碳排放配额平均成交价格。本报告选用了对数收益率的方法来计算各个碳市场的碳价收益率（R_t），具体计算方法如公式（10）所示。

$$R_t = \ln\left(\frac{P_t}{P_{t-1}}\right) \tag{10}$$

（三）描述性统计分析

图 1 依次展示了全国、北京、天津、广东、上海、湖北、重庆、深圳、福建碳市场的碳价收益率波动序列。数据显示，这些波动序列揭示了各市场间的碳价收益率波动趋势有着显著的差异性。由图 1 可知，北京、上海、深圳和全国碳市场本身显示出较为显著的波动性，这反映出在这些市场中碳价收益率的剧烈波动。与此相对，天津、广东、湖北、重庆、福建等碳市场表现出更为温和的波动趋势。尽管九个市场在波动幅度和频率上存在差异，但

在碳价收益率的异常值分布上显示出一定的集中趋势。这种趋势表明，碳价收益率在九个市场中均呈现集聚性特征，即收益率波动不是随机分散的，而是倾向于在特定时间段内持续上升或下降。这种集聚性可能与市场特定事件或政策变动密切相关，如政府的减排政策更新、国际碳减排协议的实施进展或是经济周期性因素的影响。

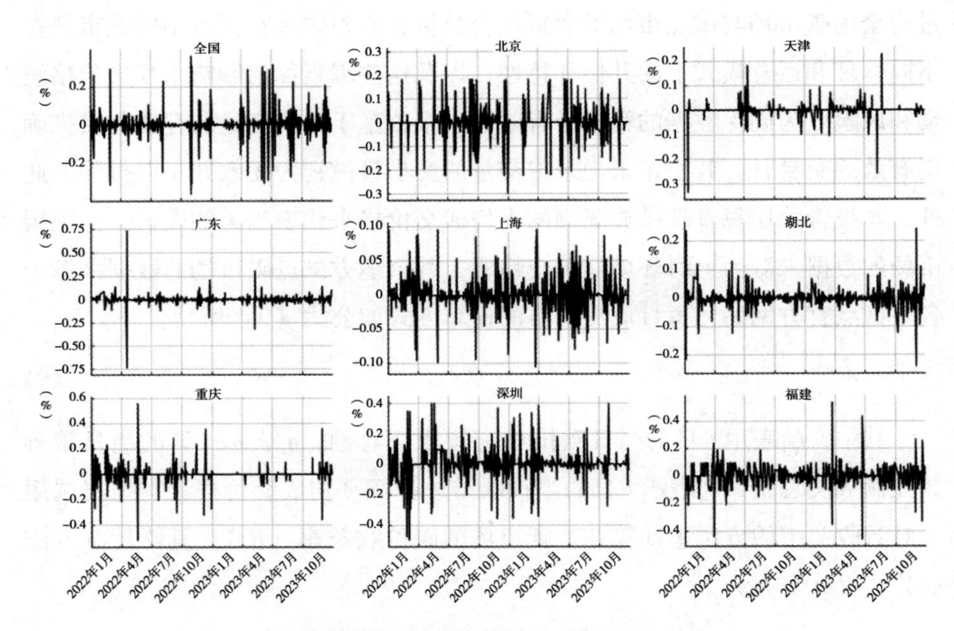

图1　中国碳排放权交易市场的碳价收益率

资料来源：根据各个碳市场每日价格计算所得。

为深入描述九个中国碳市场碳价收益率的统计特性，本报告综合评估了均值、标准差、极值、偏度和峰度等指标，旨在对碳排放权交易市场的风险属性进行全方位分析。通过这些指标，碳价收益率的极端波动水平得以显现，极值间的巨大差异揭示了碳交易价格波动风险的幅度。均值反映了收益率的一般趋势和平均水平。而标准差则衡量了收益率的波动幅度和分散性，其数值的增加标志着更大的波动性。偏度量化了收益率分布的不对称性和指示数据的分布倾向。偏度值接近零暗示着分布的相对对称性，而偏度值偏离零则意味着收益率分布向一侧倾斜，正值表示分布右偏，负值则表示左偏。峰度则反映了收益率分布的峰态，即数据分布的尖锐程度和尾部厚度，正态分布的峰度为3，峰度高于3表示分布较为尖峭，低于3则表明分布更为平坦。

描述性统计分析结果如表2所示。数据显示，深圳碳市场展现出最高的平均收益率（0.0027）和最大的波动性（标准差为0.1042），表明其在提供较高盈利潜力的同时，也承担着较大的风险。这种高波动性可能源于深圳碳市场较小的规模和较高的市场敏感度，使得其对政策变化和市场新闻的反应更为迅速和剧烈。此外，深圳碳市场的偏度接近零（-0.0596），表明其收益率分布相对对称，而峰度（5.44）较正态分布高，暗示该市场存在一定程度的极端价格波动。相比之下，天津碳市场的平均收益率为负（-0.0002），且波动性较低（标准差为0.0306），这表明该市场相对稳定但面临着轻微的下跌风险。天津碳市场的负偏度（-2.6834）是九个市场中最显著的，表明其收益率分布在负值区域拥有较长的尾部，这可能与该市场的特定交易特性或地区经济条件有关。同时，天津碳市场的峰度值较高（49.04），表明该市场在分析期间也经历了一些极端的价格波动事件。

表2　碳价收益率序列统计特征

名称	样本量	均值	标准差	偏度	峰度	J-B统计量	p值
全国碳市场	484	0.0008	0.0749	0.0382	11.68	68.87	0.000
北京碳市场	484	0.0009	0.0741	-0.3124	6.17	39.21	0.000
天津碳市场	484	-0.0002	0.0306	-2.6834	49.04	17.53	0.000
广东碳市场	484	0.0006	0.0614	-0.0889	89.46	20.19	0.000
上海碳市场	484	0.0012	0.0268	-0.0639	3.70	37.90	0.000
湖北碳市场	484	0.0003	0.0353	0.1533	19.44	23.74	0.000
重庆碳市场	484	0.0009	0.0720	-0.1156	20.33	34.41	0.000
深圳碳市场	484	0.0027	0.1042	-0.0596	5.44	50.84	0.000
福建碳市场	484	0.0002	0.0807	0.0013	13.09	45.44	0.000

资料来源：根据各个碳市场每日价格计算所得。

其他市场如北京、广东、上海和全国碳市场等，其平均收益率均为正值，但在波动性方面存在显著差异。北京碳市场的波动性（标准差为0.0741）较深圳碳市场低，但相较于天津碳市场则较高，这反映了北京碳市场在规模和活跃度方面与深圳碳市场和天津碳市场的差异。广东碳市场虽然平均收益率较低（0.0006），但其极高的峰度值（89.46）表明该市场在所研究的时期经历了更多极端的价格波动事件，这可能与广东地区的经济活跃度和碳交易市场的特定政策变化有关。此外，上海碳市场作为中国最成熟的碳交易市场之一，展现出相对较低的波动性（标准差为0.0268），暗示其市场环境相对稳定。这种稳定性可能源于上海碳市场较成熟的交易机制、多元化的市场参与者和有效的政策监管。同时，上海碳市场的峰度（3.70）接近正态分布，表明其价格波动虽存在，但不像其他市场那样极端。湖北、重庆和福建碳市场同样表现出不同程度的波动性。湖北碳市场的波动性相对较低（标准差为0.0353），可能因其市场规模较小、交易相对集中。而重庆碳市场较高的峰度值（20.33）表明该市场在分析期间可能经历了一些不寻常的价格波动，这可能与地区特定的经济或政策因素相关。福建碳市场的波动性（标准差为0.0807）较高，反映了该市场可能存在较大的价格波动风险。

从整体上看，这些市场的收益率分布均显示出“高峰厚尾”特征，即相较于正态分布，其分布更尖锐且尾部更重。所有市场的J-B统计量均显著大于临界值，表明收益率分布的非正态性和极端风险事件的存在。这种非正态性和极端风险的识别对于投资者和市场监管者来说至关重要，因为它们直接影响到市场风险评估和策略制定。这些差异性不仅反映了中国碳市场的多样化特征，也揭示了各市场在成熟度、交易机制和市场监管等方面的差异。对于市场参与者而言，这意味着在不同市场中制定投资策略时需要考虑各市场的独特性。例如，在波动性较高的市场如深圳和福建，投资者可能需要更加谨慎，采取更灵活的策略来应对潜在的高风险和高回报。而在波动性较低的市场如天津和上海，投资者可能会更加倾向于寻求稳定的长期投资。进一步地，这些市场的波动性特征和非正态分布也为政策制定者提供了重要的参考。例如，对于波动性较高的市场，政策制定者可能需要考虑加强市场监管，引入风险缓冲机制，以降低市场的系统性风险。对于波动性较低但偏度较大的市场，如天津碳市场，政策制定者则可能需要关注价格下跌的潜在风险，制定相应的稳定市场的策略。此外，这些市场的“高峰厚尾”特性也指出了极端事件的可能性，如突发的政策变动、市场突发事件等，可能会对碳价产生显著影响。因此，市场参与者和政策制定者需要密切关注市场动态，以及时应对可能的极端价格波动。

四　基于 GARCH-VaR 模型的碳排放权交易价格风险评估

（一）稳健性和异方差性检验

在金融时间序列分析中，稳健性检验是评估模型有效性和可靠性的重要步骤。这种检验能够确保时间序列数据的统计特性不会因样本的随机波动而改变，从而保证模型预测的准确性和稳定性。ADF（Augmented Dickey-Fuller）检验是检查时间序列稳定性的常用方法，适用于不同类型的时间序列数据，能够有效区分出真正的稳定性与随机趋势或季节性趋势所造成的假稳定性。根据 ADF 检验的结果，所有市场的 ADF 统计量值均显著小于各自临界值的 1%、5%和 10%的水平，且相应的 p 值均接近 0.0000。ADF 检验结果如表 3 所示。具体来说，全国碳市场的 ADF 统计量为-8.356，北京碳市场为-10.716，天津碳市场为-8.396，广东碳市场为-12.453，上海碳市场为-11.581，湖北碳市场为-10.876，重庆碳市场为-30.342，深圳碳市场为-29.494，福建碳市场为-10.932。这些结果表明，九个碳市场的碳价收益率序列在统计上显著拒绝了存在单位根的原假设，从而可以认为其时间序列是平稳的。这种平稳性表明，各市场碳价收益率的波动不是随机漫步，而是围绕一个恒定的均值，这为使用 GARCH-VaR 模型奠定了坚实的基础。

在金融时间序列分析中，异方差性的存在通常意味着高波动性时期的波动性与低波动性时期不同，这对于风险管理和衍生品定价等方面具有重要意义。ARCH 检验（自回归条件异方差检验）是一种用来检测时间序列数据中异方差性的统计方法，即判断时间序列的波动是否随时间变化而变化。检验结果显示，各个碳市场的检验统计量值均显著，对应的 p 值接近 0.0000，表明各个碳市场的碳价收益率序列均表现出显著的异方差性（见表 3）。例如，全国碳市场的 F 统计量为 156.72，R^2 为 0.2896，p 值趋近 0.0000，表明全国碳市场的波动性非常显著。这些结果暗示在这些市场中，碳价收益率的波动性随时间呈现显著变化，可能反映出市场信息、政策变动或其他宏观经济因素对市场波动的影响。

表 3　碳价收益率序列稳健性检验和异方差 ARCH 检验结果

名　称	稳健性检验		异方差 ARCH 检验		
	ADF 统计量	p 值	F 统计量	R^2	p 值
全国碳市场	-8.356	0.0000	156.72	0.2896	3.59E-31
北京碳市场	-10.716	0.0000	91.34	0.1720	1.48E-05
天津碳市场	-8.396	0.0000	88.11	0.1666	1.43E-09
广东碳市场	-12.453	0.0000	180.07	0.3192	4.50E-40
上海碳市场	-11.581	0.0000	29.93	0.0728	3.67E-11
湖北碳市场	-10.876	0.0000	60.41	0.1346	6.71E-25
重庆碳市场	-30.342	0.0000	54.66	0.1255	1.12E-11
深圳碳市场	-29.494	0.0000	25.35	0.0624	1.30E-11
福建碳市场	-10.932	0.0000	10.50	0.0243	4.96E-09

资料来源：根据各个碳市场每日价格计算所得。

（二）基于 GARCH 模型的实证分析

表 4 中的 GARCH 模型估计结果揭示了不同时间点上碳市场的条件方差 σ_t^2，即市场的波动性。α（反映新信息对波动率的影响）、β（表征波动的持续性）和 γ（代表长期波动率平均水平）是公式（3）中的核心估计系数。DW 为 Durbin-Watson 统计量，展示了碳价收益率序列的自相关性。结果显示，九个碳市场的碳价收益率时间序列中的估计系数在各种显著性水平上均具有统计显著性，这验证了 GARCH（1，1）模型在这些市场中的适用性。

此外，九个碳市场的参数估计均满足 $\alpha+\beta<1$ 的条件，表明这些市场都表现出了显著的尖峰厚尾特性，以及持续的波动性。具体来看，全国碳市场的 GARCH 模型参数估计显示 α 为 0.0082、β 为 0.0791、γ 为 0.2619，这表明新信息对市场波动的即时影响有限，但市场波动具有较强的持久性。北京碳市场的相应参数为 $\alpha=0.0143$、$\beta=0.0714$、$\gamma=0.3542$，暗示短期波动对市场波动性的显著影响，以及历史波动对当前波动的持续影响。天津碳市场的 α 系数为-0.0005、β 为 0.1142、γ 为 0.2057，表明其对过去波动的反应方向与其他市场不同，呈现独特的波动性特征。广东碳市场 α 为 0.1103，显示出较高的短期波动敏感性，β 为 0.0461，表明长期波动对市场的影响相对较小。上海碳市场则以 $\alpha=0.0491$、$\beta=0.2113$ 的参数显示出对过去波动的强烈且持久的反应。湖北、重庆、深圳和福建碳市场的 GARCH 模型参数也展现了各自市场的波动敏感性和波动持久性的特点。这些差异揭示了不同碳市场在对历史波动的反应和波动的持久性方面的显著特征。整体来看，α 系数在各市场间呈现多样性，而 β 系数普遍较高，指示出市场波动的显著持久性。

表 4　碳价收益率 GARCH（1，1）模型参数估计结果

名称	α	β	γ	DW
全国碳市场	0.0082**	0.0791**	0.2619***	2.2012
北京碳市场	0.0143***	0.0714***	0.3542**	2.2590
天津碳市场	-0.0005**	0.1142**	0.2057***	1.7327
广东碳市场	0.1103*	0.0461**	0.2112**	2.0726
上海碳市场	0.0491*	0.2113***	0.2154***	1.8190
湖北碳市场	0.0176***	0.1032*	0.2012***	2.2192
重庆碳市场	0.0048**	0.1192**	0.2021***	2.1106
深圳碳市场	0.0035***	0.0513**	0.2319*	2.1908
福建碳市场	0.0091**	0.0492**	0.2041**	1.9701

注：***、**、*分别表示在 1%、5%和 10%的水平下显著。

资料来源：根据各个碳市场每日价格计算所得。

从 DW 值来看，九个收益序列的 DW 值均高于 1.7 且低于 2.3，说明碳价收益率序列在这些市场中不存在显著的自相关性，表明碳价的波动主要受外部因素的影响，而非由时间序列内部的自我相关性所驱动。模型回归分析显示，这些冲击对碳价的影响呈现短期性质，长期影响有限。此现象反映中国碳排放权交易市场以满足短期合规需求为主，缺乏长期交易策略和主动碳资产管理，导致市场流动性不足及风险水平提升。结果表明，市场价格波动主要是对短期市场动态和外部事件的反应，而非长期战略规划所致。

综合各项检验与实证分析，本报告观察到九个碳排放权交易市场的价格收益序列数据均显著呈现波动集聚性和尖峰厚尾性。这些市场的价格收益序列均表现为平稳且无自相关性，说明GARCH模型在这些市场中具有良好的拟合效果。市场间风险的差异性可能反映了市场结构、参与者行为和市场政策等因素的多样性。市场对过去波动的敏感程度，由α系数的差异体现，而普遍较高的β系数则揭示了市场波动的持久性。特别是全国、北京、上海和深圳的碳市场，其价格波动更为剧烈。北京和深圳碳市场相比全国和湖北碳市场在极端波动现象的频率上更为显著，暗示这些市场可能更易面临极端风险。碳交易市场参与者需对小概率高风险事件给予充分关注，以有效管理潜在的风险。

（三）基于GARCH模型的VaR计算及回测检验

为了深入描绘碳排放权交易市场的风险波动特征，本报告选择了95%和99%两个置信水平进行比较。依据之前对GARCH模型参数的分析及VaR计算公式，计算出各碳排放权交易市场在这两个置信度下的VaR值，并执行了回测检验，结果如表5所示。

表5 碳价收益率的VaR值及回测检验结果

名称	置信水平（%）	VaR计算结果				回测试验结果		
		最大值	最小值	均值	标准差	失败天数（天）	失败率（%）	LR检验值
全国碳市场	95	12.1109	0.8846	1.4185	0.9113	20	4.13	3.5108
	99	16.4338	0.9155	1.9114	0.9846	8	1.65	4.1904
北京碳市场	95	32.8731	3.7761	7.0554	2.3213	19	3.93	4.1523
	99	47.2514	4.4332	9.9616	4.8113	8	1.65	5.9812

续表

名称	置信水平（%）	VaR 计算结果				回测试验结果		
		最大值	最小值	均值	标准差	失败天数（天）	失败率（%）	LR 检验值
天津碳市场	95	13. 8014	1. 0413	1. 7188	1. 0294	17	3. 51	2. 9104
	99	17. 1561	1. 5441	2. 6911	1. 6599	6	1. 24	6. 1904
广东碳市场	95	12. 9251	1. 1121	1. 7467	1. 0348	20	4. 13	3. 0754
	99	17. 9014	1. 4145	3. 9718	1. 5851	8	1. 65	4. 6106
上海碳市场	95	15. 1047	1. 0742	2. 7126	1. 0812	19	3. 93	3. 6114
	99	20. 1037	1. 3806	4. 5416	1. 4232	7	1. 45	5. 4715
湖北碳市场	95	12. 9114	0. 9743	1. 8467	1. 0282	22	4. 55	1. 1965
	99	18. 3319	1. 2831	3. 5413	1. 3134	10	2. 07	4. 5019
重庆碳市场	95	21. 2994	1. 8861	3. 0114	1. 3126	21	4. 34	5. 1603
	99	30. 1185	3. 2116	6. 9783	2. 2711	9	1. 86	8. 0481
深圳碳市场	95	25. 2994	2. 2107	5. 8175	2. 0117	28	5. 79	1. 0814
	99	36. 0337	3. 3664	7. 7816	3. 3166	10	2. 07	3. 7105
福建碳市场	95	17. 6119	1. 6114	2. 7774	1. 7719	24	4. 96	2. 5106
	99	23. 5119	2. 0558	4. 8351	2. 1141	9	1. 86	3. 8109

资料来源：根据各个碳市场每日价格计算所得。

具体来看，在全国碳市场的 VaR 分析中，95%置信水平下的最大 VaR 值为 12. 1109，均值为 1. 4185，标准差为 0. 9113。这表明在一般市场情况下，全国碳市场面临的潜在最大损失相对较大。而在 99%置信水平下，最大 VaR 值上升至 16. 4338，均值增至 1. 9114，标准差为 0. 9846，暗示在极端市场条件下全国碳市场可能承受更高的潜在损失。北京碳市场的 95%置信水平下 VaR 最大值高达 32. 8731，均值为 7. 0554，标准差为 2. 3213，显示出该市场的风险波动较大。99%置信水平下，最大 VaR 值进一步上升至 47. 2514，均值为 9. 9616，表明在极端市场情况下，北京碳市场的潜在损失可能显著增加。相较之下，天津碳市场在 95%置信水平下的最大 VaR 值为 13. 8014，均值为 1. 7188，标准差为 1. 0294，显示出相对较小的潜在损失和较低的波动性。在 99%置信水平下，天津碳市场的最大 VaR 值增至 17. 1561，均值为 2. 6911，反映出在极端市场条件下潜在损失的增加。广东碳市场在95%置信水平下的最大 VaR 值为12.9251，均值为1.7467，标准差为1.0348，表明该市场的潜在损失和波动性处于中等水平。在99%置信水平下，广东碳市场的最大 VaR 值增至17.9014，均值为3.9718，显示出在更极端的市场条件下潜在损失的增加。上海碳市场在95%置信水平下的最大 VaR 值为15.1047，均值为2.7126，标准差为1.0812，表明在正常市场条件下其面临的潜在损失和波动性较大。在99%置信水平下，最大 VaR 值增至20.1037，均值为4.5416，进一步揭示了其在极端市场条件下潜在损失的增加。湖北、重庆、深圳和福建碳市场的 VaR 分析显示，在95%置信水平下这些市场的潜在损失和波动性处于中等至较高水平，而99%置信水平下潜在损失显著增加，反映出这些市场在极端市场条件下可能面临更大的风险。

从回测检验的结果来看，失败率和 LR 检验值是检查模型预测是否准确的重要指标。例如，全国碳市场在95%置信水平下的失败率为4.13%，99%置信水平下降至1.65%，表明在更极端的市场条件下，该模型预测的准确性有所提高。北京碳市场的失败率在95%和99%置信水平下分别为3.93%和1.65%，类似地显示出在更高置信水平下预测准确性的提升。这一趋势在大多数碳市场中有体现，即随着置信水平的提高，失败率通常有所降低。然而，需要注意的是，深圳碳市场在95%置信水平下的失败率最高，达到5.79%，超过了临界值5%，表明其 VaR 模型在正常市场条件下可能稍微低估了风险。

综合考虑各市场的 VaR 值和回测检验结果，可以得出以下结论。首先，大多数碳市场在95%置信水平下的 VaR 模型预测了较高的潜在损失，但在99%置信水平下的预测准确性通常更高。其次，不同碳市场的 VaR 模型表现存在显著差异，这可能反映了各个碳市场的风险特性和市场条件的不同。最后，回测检验结果表明，尽管 VaR 模型在多数碳市场表现出较好的预测准确性，但在深圳碳市场，特别是在极端市场条件下，仍然存在一定的预测误差。

五 主要结论

（一）显著的价格波动是我国碳排放权交易市场的关键特性

九个碳市场的交易价格波动特征表明，这些市场的碳价收益率序列不仅平稳，而且显示出明显的异方差性。通过 GARCH 模型的实证分析，各市场的波动特征各异，部分碳市场价格波动较为剧烈。这些市场的波动不是随机漫步，而是围绕一个恒定均值，反映了市场信息、政策变动或宏观经济因素的影响。这种波动性的存在对于市场参与者的决策和风险管理策略至关重要，因为它影响着价格预测的准确性和交易策略的有效性。

（二）我国碳市场面临的价格风险整体上处于可控范围内

通过在两个不同置信水平下的 VaR 模型评估，可以看出各个市场在极端市场条件下的潜在损失。虽然大多数碳市场的预测准确性较高，表明风险处于可控水平，但在某些市场，尤其是极端市场条件下，潜在损失可能显著增加。VaR 值的差异性揭示了市场间风险水平的不同，这对于市场监管机构和市场参与者而言是一个重要的发现，因为它们需要根据各自市场的特定风险水平来调整其风险管理策略和投资决策。

（三）GARCH-VaR 模型在我国各个碳市场中均表现出良好的适用性

在所有碳市场中，GARCH-VaR 模型均显示出良好的拟合效果，这表明该模型能够有效捕捉市场价格波动的特征，并为市场风险评估提供准确的预测。模型的参数估计结果揭示了碳市场波动性的不同特征，如北京碳市场的短期波动对市场波动性的显著影响，以及天津碳市场的独特波动性特征。这种差异性说明了不同市场对信息、政策变化或经济因素反应的多样性，也为未来的市场风险管理和策略制定提供了重要参考。此外，模型在不同市场中

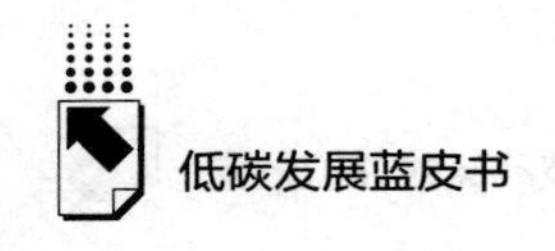

表现出高适用性，它为市场参与者提供了一个强大的工具来预测和管理市场风险。

六　政策建议

（一）加强市场监管

鉴于碳市场的价格波动特征和风险水平，建议加强市场监管，特别是对于波动较大的碳市场，如北京、上海和深圳。监管机构应通过实时监控市场动态和定期评估市场风险来提高市场透明度和效率。同时，加强对市场参与者的风险教育和提高它们的风险意识是必要的，应鼓励参与者采用先进的风险管理工具和策略，以更好地预测和管理潜在的市场风险。

（二）优化市场结构和提高市场流动性

为了提高市场的整体效率和稳定性，建议优化碳市场的结构，包括增加市场参与者的多样性和提高市场流动性。市场结构的优化应着眼于吸引更多长期投资者和机构投资者参与，这有助于平衡市场的供需关系，减少价格波动。此外，提高市场的流动性可以通过增加交易产品的多样性和灵活性来实现，例如引入更多碳金融衍生产品，以满足不同投资者的需求。

（三）制定和实施更为灵活的市场政策

政策制定者应考虑到市场波动的不同特征和风险水平，在制定和实施市场政策时应更为灵活。这包括定期调整市场规则，以适应市场的变化，以及制定应对市场极端波动情况的紧急措施。政策的灵活性还体现在对新兴市场的支持和指导上，特别是在市场初期阶段，应提供更多的指导和支持，帮助市场健康成长。

（四）加强市场参与者的信息共享和合作

在碳市场中，信息的透明性和共享对于维持市场稳定和有效运行至关重要。建议加强市场参与者之间的信息共享和合作，以提高市场的整体透明度和效率。通过建立信息共享平台，市场参与者可以更好地了解市场动态和风险，从而做出更加明智的投资决策。同时，跨市场和国际合作的加强也是提高市场效率和稳定性的关键，尤其是在碳交易的国际化背景下。

参考文献

白强、董洁、田园春：《中国碳排放权交易价格的波动特征及其影响因素研究》，《统计与决策》2022 年第 5 期。

柴尚蕾、周鹏：《基于非参数 Copula-CVaR 模型的碳金融市场集成风险测度》，《中国管理科学》2019 年第 8 期。

范英：《VaR 方法及其在股市风险分析中的应用初探》，《中国管理科学》2000 年第 3 期。

韩晓月：《国际碳排放权交易市场风险评估研究综述》，《中国林业经济》，2020 年第 6 期。

蒋晶晶、叶斌、马晓明：《基于 GARCH-EVT-VaR 模型的碳市场风险计量实证研究》，《北京大学学报》（自然科学版）2015 年第 3 期。

刘红琴、胡淑慧：《不同情境下中国碳排放权交易市场的风险度量》，《中国环境科学》2022 年第 2 期。

吕靖烨、艾琳：《社会关注度下碳风险对企业股价的影响研究》，《煤炭经济研究》2021 年第 11 期。

宋敏、辛强、贺易楠：《碳金融交易市场风险的 VaR 度量与防控——基于中国五所碳排放权交易所的分析》，《西安财经大学学报》2020 年第 3 期。

王丽萍、王智佳：《碳排放权交易制度的研究进展与展望》，《经济研究参考》2019 年第 19 期。

王心悦：《我国碳金融交易价格及收益特征分析》，《中国林业经济》2021 年第 2 期。

张跃军、魏一鸣：《化石能源市场对国际碳市场的动态影响实证研究》，《管理评论》2010 年第 6 期。

张志红、戚杰：《资产评估视角下碳排放权的“资产观”研究》，《经济与管理评论》2015 年第 5 期。

张志俊、闫丽俊：《碳排放权交易价格的 VaR 风险度量研究》，《生态经济》2020 年第 1 期。

郑祖婷、沈菲、郎鹏：《我国碳交易价格波动风险预警研究——基于深圳市碳交易市场试点数据的实证检验》，《价格理论与实践》2018 年第 10 期。

Boersen, A., Scholtens, B., "The Relationship between European Electricity Markets and Emission Allowance Futures Prices in Phase Ⅱ of the EU (European Union) Emission Trading Scheme," *Energy*, 2014, 74: 585-594.

Bridge, G., Bulkeley, H., Langley, P., "Pluralizing and Problematizing Carbon Finance," *Progress in Human Geography*, 2020, 44: 724-742.

Christiansen, A., Arvanitakis, A., Tangen, K., "Price Determinants in the EU Emissions Trading Scheme," *Climate Policy*, 2005, 5: 15-30.

Ellerman, A. D., Buchner, B. K., "Over-Allocation or Abatement? A Preliminary Analysis of the EU-ETS Based on the 2005-06 Emissions Data," *Environmental and Resource Economics*, 2008, 41: 267-87.

Feng, Z., Yu, J., Ouyang, B., "The Optimal Hedge for Carbon Market: An Empirical Analysis of EUETS," *International Journal of Global Energy Issues*, 2016, 39: 129-140.

Francq, C., Zakoïan, J., "Virtual Historical Simulation for Estimating the Conditional VaR of Large Portfolios," *Journal of Econometrics*, 2020, 217: 356-380.

Huang, Y., Hu, J., Liu, H., "Research on Price Forecasting Method of China's Carbon Trading Market Based on PSO-RBF Algorithm," *Systems Science & Control Engineering*, 2019, 7: 40-47.

Ji, C., Hu, Y., Tang, B., "Price Drivers in the Carbon Emissions Trading Scheme: Evidence from Chinese Emissions Trading Scheme Pilots," *Journal of Cleaner Production*, 2021, 278: 123469.

Mansanet-Bataller, M., Chevallier, J., Hervé-Mignucci, M., "Eua and Scer Phase Ii Price Drivers: Unveiling the Reasons for the Existence of the Eua-Scer Spread," *Energy Policy*, 2011, 39: 1056-1069.

Najibullah, Lqbal, J., Nosheen, M., "An Asymmetric Analysis of the Role of Exports and Imports in Consumption-based Carbon Emissions in the G7 Economies: Evidence from Nonlinear Panel Autoregressive Distributed Lag Model," *Environmental Science and Pollution Research*, 2021, 28: 53804-53818.

Rajput, N., Oberoi, S., Arora, S., "Carbon Trading in Indian Derivative Market: An Econometric Validation," *Global Journal of Enterprise Information System*, 2015, 7: 47-57.

Shen, J., Tang, P., Zeng, H., "Does China's Carbon Emission Trading Reduce Carbon

Emissions? Evidence from Listed Firms," *Energy for Sustainable Development*, 2020, 59: 120-129.

Yang, X., Zhang, C., Yang, Y., "A New Risk Measurement Method for China's Carbon Market," *International Journal of Finance & Economics*, 2020, 27: 1280-1290.

Zhang, Y., "Research on Carbon Emission Trading Mechanisms: Current Status and Future Possibilities," *International Journal of Global Energy Issues*, 2016, 39: 89-107.

B.3
中国碳排放权交易市场有效性评价报告

李成龙　宋 策*

摘　要：　2021年7月，全国碳排放权交易市场正式启动，标志着国家在应对气候变化方面迈出了重要一步。一个有效的碳市场对于减少碳排放和解决许多其他能源问题具有至关重要的作用。本报告以中国九大碳市场（包括全国碳市场和8个碳交易试点城市的市场）的交易价格和碳价收益率为样本。首先进行了各市场的描述性分析，接着使用Shapiro-Wilk检验、Shapiro-Francia检验、核密度估计和Q-Q图对碳价收益率的正态性进行了检验，得出各市场碳价收益率均不符合正态分布的结论。进一步通过ADF检验分析市场效率，得出天津、上海、重庆、深圳、福建和全国碳市场已达到弱式有效，而北京、广东和湖北碳市场则尚未达到的结论。最后，方差比率检验的结果与ADF检验有所差异，表明天津、上海、福建和全国碳市场已达到弱式有效，而北京、深圳、重庆、广东和湖北碳市场则未达到弱式有效。

关键词：　碳排放权交易　有效市场　碳价收益率

一　引言

2020年9月，习近平主席在第七十五届联合国大会上发表了重要讲话，明确提出中国要坚定决心和信心，实现碳达峰与碳中和目标。随后，中央政

* 李成龙，山东财经大学中国国际低碳学院低碳经济与管理专业硕士研究生，主要研究方向为智慧城市、气候韧性、数字经济；宋策，山东财经大学中国国际低碳学院讲师，主要研究方向为能源转型、环境政策、低碳经济。

府在党中央、国务院的领导下，制定了包括社会各界专业规划在内的“1+N”政策框架，从国家层面对实现碳达峰、碳中和目标做出全面规划和部署。地方政府在积极开展广泛的“双碳”能力建设活动的同时，也颁布实施了一系列具体的政策措施。碳排放权交易市场（以下简称“碳市场”）通过设立碳配额交易机制，划定温室气体排放限额，促使企业限制碳排放。因此，碳市场被视为实现碳达峰与碳中和目标的核心。中国作为碳排放大国，其碳市场的建立和演进对于国内实现碳减排承诺具有关键意义，对于促进全球低碳转型及实现气候变化目标亦有重大影响。中国碳市场主要由强制性碳配额交易系统（Emission Trading Scheme，ETS）和自愿碳市场（Voluntary Carbon Market，VCM）组成，涉及的主体包括需遵守碳减排义务的企业以及各类自愿参与方，如投资者、非强制参与企业、社会组织和个人。强制和自愿减排交易机制作为促进碳减排的关键政策工具，在碳市场试点阶段已展现出其有效性。2021 年 7 月，全国碳市场正式运营，并迅速发展为全球规模最大的碳排放权交易平台。尽管该市场已进入第三个履约周期，但仍然处于发展初期阶段。市场在基本实现平稳运行的同时，也暴露出了多项问题及挑战。

2021 年 7 月 16 日，全国碳市场正式开市，全国碳市场基本达成了初期的目标和设想，在促进企业减少碳排放、制定碳排放权价格方面发挥了重要作用。在全国层面，全国碳市场凭借其庞大规模起到了引领作用，而地方碳市场也显著促进了本地企业、机构及个人参与者的减排努力。尽管如此，在全国碳市场最初的两个履约周期中仍然出现了几个问题，其中三个问题尤为突出：首先，市场交易活动表现出显著的周期性波动，特别是在履约期末交易量骤增，而在常规时段则相对较少；其次，企业在出售碳配额时普遍持有保留态度，这种情形可能受到市场机制设计和国家级监管策略的影响；最后，市场交易主要集中在大宗合约上。针对这些观察到的现象，迫切需要开展深入的分析，并逐步实施策略性改进，以从根本上解决这些问题。在中国，在计量、核算和监督温室气体排放等方面还存在一定的滞后性。能耗和污染物减排统计的体系不够健全，统计数据准确性和时效性较差，建立碳排放清单、数据报告和监测体系迫在眉睫。碳排放权交易市场的构建涉及许多

政策要素，例如总量设定、部门覆盖、初始配额分配等。在碳排放配额分配机制中，存在几个关键性问题待解决：第一，如何确保碳市场的有效运作，即合理设定一个控制排放的目标；第二，碳市场如何提高效率，把社会的排放成本降到最低的问题；第三，碳市场的公平性问题。只有解决这些重要的问题，碳排放权交易市场才能成功运行。

因此，考察碳交易市场的有效性变得格外关键。就碳交易机制和市场有效性而言，在市场有效的假设之下，一些学者认为企业的边际减排成本应当与碳配额交易市场的价格相匹配。与国内经济发展阶段相协调的碳配额分配方案，理论上能显著提高碳市场的运作效率。配额作为参与企业主体的一种能够决定权益占比和成本分配比例的无形财产，拥有部分交易权。因此，不适当的配额制度，例如交易成本过高、交易机制不公平等将削弱整个碳排放权交易制度的有效性和公平性。市场有效性是指价格可以完全反映市场内外的相关信息，或者说合理配置和有效利用市场中的各种资源。在经济活动中分配资本所有权是资本市场的基本功能。市场价格能够真实地反映资本的价值，市场充分反映了现有的所有信息，这种市场就被称为“有效市场”。总之，利用有效市场理论来指导我国的碳市场，以提升我国碳市场的运行效率，是一项至关重要的任务。

二　国内外相关研究介绍

有效市场假说（EMH）最早由 Paul Samuelson 和 Eugene Fama 等正式提出。Fama 于 1970 年以前人的研究为基础，对有效市场理论进行了总结和阐述。在 Roberts 于 1967 年提出了三个级别的市场有效性之后，Fama 基于信息的表现形式进行了改进，他将有效市场分为弱式有效市场、半强式有效市场、强式有效市场三种类型。弱式有效市场是指包括历史价格和成交量在内的过去所有信息在市场价格上得到了充分的反映。在这种市场环境下，投资者不能通过分析过往信息来获取超额收益，这意味着技术分析或基于历史价格模式的图表分析形同虚设。半强式有效市场是指不仅仅历史信息，所有公开可获得的信息，例如财务报表、经营状况报告和公司兼并消息等都可以被当前价格反映。在这种市场环境下，试图通过分析公开信息以获得超额回报是不现实的。强式有效市场意味着市场价格已经融合了所有信息，无论这些信息是公开的还是非公开的，因此利用任何信息来获取超额利润都是行不通的。这是一个理论上的极端情况，现实中很难达到。尽管在实际市场中，这些级别的存在方式和程度可能会有所不同，但其为理解市场信息效率提供了重要的理论框架。

有效市场理论自提出以来，在多个领域获得了广泛应用（见表1）。有效市场理论在国内外的相关研究呈现不同的特点和焦点，这在很大程度上反映了各自市场的特性和发展阶段。在国外，特别是在发达国家，由于市场相对成熟，市场的有效性往往更高。例如，Makovský 使用面板协整检验对外汇交易市场效率进行验证，发现符合有效市场假说，由此说明市场有效。[①] Sensoy 和 Tabak 对欧洲股市的效率进行了探究，他们的实证研究结果显示，市场效率与市场成熟度呈正相关。[②] 相较而言，在中国这样的新兴市场国家，学者们对市场有效性的问题有着不同的观点，大部分研究证明我国金融市场有效性较弱。俞乔对中国股市的有效性进行了先驱性研究，研究结果表明，这两个股市尚未达到弱式有效的标准。[③] 李学等则认为中国证券市场有效性自 1993 年以来不断提高，基本已达弱式有效。[④] 刘维奇和史金凤对我国证券市场 1990~2006 年的股指收益进行了 Wild Bootstrap 检验，发现上海证券市场已达弱式有效，深圳证券市场未达弱式有效。[⑤]

① Makovský, P., "Modern Approaches to Efficient Market Hypothesis of FOREX-the Central European Case," *Procedia Economics and Finance*, 2014, 14: 397-406.

② Sensoy, A., Tabak, B. M., "Time-varying Long Term Memory in the European Union Stock Markets," *Physica A: Statistical Mechanics and Its Applications*, 2015, 436: 147-58.

③ 俞乔：《市场有效、周期异常与股价波动——对上海、深圳股票市场的实证分析》，《经济研究》1994 年第 9 期。

④ 李学、刘建民、靳云汇：《中国证券市场有效性的游程经验》，《统计研究》2001 年第 12 期。

⑤ 刘维奇、史金凤：《我国证券市场有效性的 Wild Bootstrap 方差比检验》，《统计研究》2006 年第 11 期。

表 1　有效市场相关研究综述

		主要参考文献	主要指标	研究方法
金融市场有效性	国外研究	Makovský, 2014; Sensoy and Tabak, 2015; Sukpitak and Hengpunya, 2016	Hurst 指数、交易价格、汇率	DFA、VR 模型
	国内研究	俞乔, 1994; 刘维奇、史金凤, 2006; 李学等, 2001	交易价格	游程检验、EGARCH 模型、VR 模型
碳市场有效性	国外研究	Seifert et al. , 2008; Montagnoli and Vries, 2010; Ibikunle et al. , 2016	交易价格	GARCH 模型、VR 模型
	国内研究	王倩、王硕, 2014; 吕靖烨等, 2019; 杨敏等, 2020; 马跃等, 2022;	交易价格、Hurst 指数	游程检验、VR 模型、重标极差分析、GARCH-M 模型

全国碳排放权交易市场于 2021 年 7 月正式启动，此举标志着国家在应对气候变化上迈出重要步伐。碳市场可以减少碳排放，并解决很多其他能源问题，因此拥有一个有效的碳市场至关重要。随着全国碳市场的启动和发展，对碳交易市场的研究逐渐受到了广泛关注。关于碳市场有效性的研究，目前主要集中在欧盟碳市场上。不同学者对于碳市场有效性验证的结论也存在很大差异，Daskalakis 和 Markellos 通过对欧洲碳市场的数据进行实证分析，得出该市场无效的结论。① 而Seifert 等应用随机均衡模型对欧洲碳市场进行了研究，研究表明欧洲碳市场有效。② Montagnoli 和 Vries 通过方差比率检验法对欧盟碳市场的有效性进行了检验，结果显示该市场在第二阶段已经达到弱式有效的标准。③ Ibikunle 等调查了欧洲气候交易所

① Daskalakis, G. , Markellos, R. N. , "Are the European Carbon Markets Efficient," *Review of Futures Markets*, 2008, 17 (2): 103-28.

② Seifert, J. , Uhrig-homburg, M. , Wagner, M. , "Dynamic Behavior of CO_2 Spot Prices," *Journal of Environmental Economics and Management*, 2008, 56 (2).

③ Montagnoli, A. , Vries, F. P. D. , "Carbon Trading Thickness and Market Efficiency," Energy Economics, 2010, 32 (6).

的流动性和市场效率，随着流动性的增加，市场效率提高，说明市场有效性提升。[①] 中国的碳市场起步较晚，因此大部分研究认为我国碳市场有效性较弱。马跃和冯连勇采用游程检验法、方差比率检验法以及重标极差分析法综合性地检验了中国碳市场有效性，认为从整体上来看，中国碳市场未达弱式有效。[②] 吕靖烨等通过建立 GARCH-M 模型检验湖北碳市场的有效性，得出湖北碳市场并没有达到弱式有效的结论。[③] 随着我国碳市场成熟度不断提高，市场有效性也不断提升。杨敏等运用 Hurst 指数，研究了中国八大碳试点市场的有效性，得出上海和湖北碳市场正在趋向弱式有效的结论。[④] 王倩和王硕对上海、深圳、北京、天津四个城市的碳市场进行了有效性检验。结果显示，北京和上海的碳市场已经达到弱式有效的标准，而天津和深圳的碳市场则未能达到这一标准。[⑤]

有效市场理论在金融学领域有着举足轻重的地位，这一理论的科学性已经得到了广泛认可。在证券市场评价的众多研究中，有效市场理论被广泛应用，为理解和预测市场走势提供了关键的理论支持。碳市场作为新兴市场的代表，同样展现了有效市场理论的应用价值。由于碳市场的复杂性，有效市场理论在此领域的应用不仅是一种理论挑战，还是一种机遇。该理论有助于对碳市场的价格波动进行精准分析，深入洞察市场参与者的行为动态，以及有效揭示市场效率的演变过程。对全国碳市场而言，有效市场理论的应用尤为关键。作为全球最大的碳交易体系之一，中国碳市场的健康运行对于全球减碳努力具有重大意义。有效市场理论的应用不仅能提高我国碳市场的透明度与运行效率，还将有力推动国家碳减排目标的实现，并为全球碳市场的发

---

① Ibikunle, G., Gregoriou, A., Hoepner, A. G. F., et al., "Liquidity and Market Efficiency in the World's Largest Carbon Market," *The British Accounting Review*, 2016, 48 (4).

② 马跃、冯连勇：《中国试点碳排放权交易市场有效性分析》，《运筹与管理》2022 年第 8 期。

③ 吕靖烨、曹铭、李朋林：《中国碳排放权交易市场有效性的实证分析》，《生态经济》2019 年第 7 期。

④ 杨敏、朱淑珍、厉无畏：《基于结构突变点的欧盟及中国碳市场有效性研究》，《工业技术经济》2020 年第 7 期。

⑤ 王倩、王硕：《中国碳排放权交易市场的有效性研究》，《社会科学辑刊》2014 年第 6 期。

展贡献宝贵经验。因此，深入探索有效市场理论并应用于中国碳交易市场，不仅具有重大的理论意义，也具备显著的现实价值。这对于提升中国在全球碳交易领域的影响力以及促进全球碳市场的健康发展至关重要。

三　中国碳排放权交易市场有效性的实证检验

本报告选取了中国 9 个碳排放权交易市场（包括全国市场及 8 个试点城市市场）的交易价格和碳价收益率作为研究样本。借鉴了国内外关于碳配额市场有效性评估的计量模型和研究方法，研究首先对各个市场的交易价格和碳价收益率进行了描述性统计分析，以初步勾勒出其分布和数据特性，并采用正态性检验来评估数据的分布特征。随后，通过 ADF 检验来确定碳价收益率的稳定性，并最终运用方差比率检验来全面评估中国碳排放权交易市场的有效性。

（一）数据选取与处理

在分析交易市场的碳价时，作为样本的数据中排除了交易量为零的交易日以及国家规定的法定节假日。全国碳市场数据来自上海环境能源交易所，试点碳市场数据来自各个试点碳市场官方网站，数据选取区间如表 2 所示。中国各碳市场存在一定数量的交易量为零的交易日，这反映了市场活跃度相对较低。因此，分析碳价收益率的分布特征并检验各碳市场的有效性成为必要。在接下来在 ADF 检验中，本报告对各碳市场碳价进行单位根检验从而判断市场的有效性；在方差比率检验中，使用碳价收益率进行有效性检验。

表 2　数据选取区间

名称	样本区间	样本量(个)
全国碳市场	2022 年 1 月 4 日至 2023 年 12 月 29 日	484
北京碳市场	2022 年 1 月 4 日至 2023 年 12 月 29 日	484
天津碳市场	2022 年 1 月 4 日至 2023 年 12 月 29 日	484
广东碳市场	2022 年 1 月 4 日至 2023 年 12 月 29 日	484

续表

名称	样本区间	样本量(个)
上海碳市场	2022 年 1 月 4 日至 2023 年 12 月 29 日	484
湖北碳市场	2022 年 1 月 4 日至 2023 年 12 月 29 日	484
重庆碳市场	2022 年 1 月 4 日至 2023 年 12 月 29 日	484
深圳碳市场	2022 年 1 月 4 日至 2023 年 12 月 29 日	484
福建碳市场	2022 年 1 月 4 日至 2023 年 12 月 29 日	484

资料来源：根据各个碳市场实际交易情况统计所得。

（二）数据描述性统计

1. 交易价格、碳资产价格收益率的描述性统计分析

（1）交易价格

从表 3 可以看出，北京碳市场的交易价格均值最高（96.85），福建碳市场的交易价格均值最低（27.62）。不同碳市场的交易价格之间差距较大，有 2~3 倍的差值。同时，北京碳市场交易价格的标准差最大，表明北京碳市场的价格波动显著，这可能与市场参与者的多样性、经济活动的多元化以及对政策变化的高度敏感性有关。湖北碳市场的交易价格具有最低的标准差，表明其价格波动较其他市场小，反映出湖北碳市场价格的相对稳定。在偏度分析方面，只有全国碳市场和重庆碳市场的偏度指数高于 0，表明这两个市场的价格分布存在非对称性，且倾向于向右偏斜。同理，其余 7 个碳市场偏度小于 0，呈现负偏态。从峰度来看，湖北碳市场交易价格的峰度明显高于其他试点，除了湖北碳市场的峰度大于正态分布的峰值高度，其余碳市场交易价格的峰度均小于 3，这意味着价格分布相对于标准的正态分布来说，更加平坦。

表 3　交易价格的描述性统计

名称	均值 (Mean)	中位数 (Median)	最大值 (Max)	最小值 (Min)	标准差 (Std)	偏度 (Skew)	峰度 (Kurtosis)
全国碳市场	59.73	58.00	80.58	40.36	6.31	0.92	1.60
北京碳市场	96.85	94.05	149.64	41.51	24.14	−0.09	−0.86
天津碳市场	32.57	33.00	39.80	25.50	3.65	−0.09	−1.14

续表

名称	均值（Mean）	中位数（Median）	最大值（Max）	最小值（Min）	标准差（Std）	偏度（Skew）	峰度（Kurtosis）
广东碳市场	75.92	77.24	95.60	38.62	6.65	-1.06	2.10
上海碳市场	59.40	60.09	74.71	41.76	6.51	-0.62	1.08
湖北碳市场	46.95	47.17	61.89	30.45	2.98	-0.85	4.57
重庆碳市场	34.25	31.45	49.00	21.00	6.28	0.65	-0.54
深圳碳市场	45.91	55.01	67.06	4.08	20.08	-1.06	-0.39
福建碳市场	27.62	30.03	38.00	10.87	7.21	-0.82	-0.48

资料来源：根据各个碳市场每日价格计算所得。

（2）碳资产价格收益率

本报告选用了对数收益率的方法来计算各个碳市场的碳资产价格收益率（R_t），定义碳资产价格收益率（以下简称“碳价收益率”）计算方法如公式（1）所示：

$$R_t = \ln p_t - \ln p_{t-1} \tag{1}$$

其中，p_t是各试点第 t 天的碳成交均价，R_t是各试点第 t 天的碳价收益率。

从表 4 可以看出，各个碳市场的碳价收益率均值相差不大，除了天津碳市场碳价收益率均值小于零，其他均大于零。以深圳碳市场为例，其虽然有最高的平均收益率（0.0027），但也有最大的波动性（标准差为 0.1042），这表明深圳碳市场在提供较高盈利潜力的同时，也承担着较大的风险。这种高波动性可能源于深圳碳市场较小的规模和较高的市场敏感度，使得其对政策变化和市场新闻的反应更为迅速和剧烈。此外，深圳碳市场的偏度接近零（-0.0596），表明其收益率分布相对对称，而峰度（8.37）较正态分布高，暗示该市场存在一定程度的极端价格波动。天津、上海、湖北碳市场的标准差较小，其他碳市场该值较大。其中，上海碳市场的碳价收益率波动相对较小，这表明其收益率的稳定性较高。从偏度角度分析，湖北、福建以及全国碳市场的偏度值均超过零，表明这些市场的收益率分布呈现向右偏斜的特征，分布不对称。在多数市场中，偏度的绝对值较低，但在天津碳市场，偏度的绝对值很高。天津碳市场和广东碳市场表现出较高的峰度，且所有市场的峰度都超过了3，呈现“尖峰厚尾”现象。这些初步观察表明，不同市场中的碳价收益率可能并不遵循正态分布，这与有效市场假设所预期的情况不符。因此，为了更深入地验证这一点，采用各种方法来测试其正态分布特性是必要的。

表4　碳价收益率的描述性统计

名称	均值（Mean）	中位数（Median）	最大值（Max）	最小值（Min）	标准差（Std）	偏度（Skew）	峰度（Kurtosis）
全国碳市场	0.0008	0.0000	0.3627	-0.3627	0.0749	0.0382	11.68
北京碳市场	0.0009	0.0000	0.2854	-0.2975	0.0741	-0.3124	6.17
天津碳市场	-0.0002	0.0000	0.2296	-0.3345	0.0306	-2.6834	51.52
广东碳市场	0.0006	-0.0000	0.7347	-0.7377	0.0614	-0.0889	89.46
上海碳市场	0.0012	0.0000	0.0954	-0.1054	0.0268	-0.0639	6.65
湖北碳市场	0.0003	-0.0001	0.2420	-0.2403	0.0353	0.1533	19.44
重庆碳市场	0.0009	0.0000	0.5583	-0.5165	0.0720	-0.1156	23.11
深圳碳市场	0.0027	0.0000	0.4014	-0.4932	0.1042	-0.0596	8.37
福建碳市场	0.0002	0.0000	0.5379	-0.4592	0.0807	0.0013	13.09

资料来源：根据各个碳市场每日价格计算所得。

2. 碳资产收益率分布特征

（1）Shapiro-Wilk 检验与 Shapiro-Francia 检验（正态性检验）

为了检验各个碳市场的碳价收益率是否服从正态分布，本部分采用了 Shapiro-Wilk 检验与 Shapiro-Francia 检验。

Shapiro-Wilk 的 W 统计量是用来确定随机样本是否来自正态分布系统中的一个工具。当 W 值较低时，表明样本与正态性分布出现了很大偏差。这一统计量适合于样本量在3~5000，特别适用于较小样本（3~50）的正态性检验。

相关假设如下。

原假设H_0：样本数据来自正态分布。

备择假设H_1：样本数据不来自正态分布。

W 统计量计算方法如公式（2）所示：

$$W = \frac{[\sum_{i=1}^{n} a_i x_{(i)}]^2}{\sum_{i=1}^{n} (x_i - \bar{x})^2} \tag{2}$$

其中，n 是样本大小。$x_{(i)}$ 是第 i 个顺序统计量，即第 i 小的值。$\bar{x}$是样本均值。a_i是基于正态分布分位数和样本大小 n 的系数，通常通过特定的表或算法得出。

判断规则如下。

计算 W 值。如果 W 值显著小于临界值，或者对应的 p 值小于选择的显著性水平（如 0.05），则拒绝零假设，表明数据不符合正态分布。

Shapiro-Francia 检验又称 W′检验法，其统计量（W′ statistic）可用于检验随机样本是否来自正态分布的总体。它是 Shapiro-Wilk 检验的一个变种，通常适用于小到中等样本大小的数据集。

相关假设如下。

原假设H_0：样本数据来自正态分布。

备择假设H_1：样本数据不来自正态分布。

W'统计量计算方法如公式（3）所示：

$$W' = \frac{[\sum_{i=1}^{n} a'_i x_{(i)}]^2}{\sum_{i=1}^{n} (x_i - \bar{x})^2} \tag{3}$$

其中，n 是样本大小。$x_{(i)}$ 是第 i 个顺序统计量，即第 i 小的值。$\bar{x}$是样本均值。a'_i是基于正态分布分位数和样本大小 n 的调整系数。这些系数是为了更好地适应重尾分布而设计的。

判断规则如下。

计算 W'值。如果 W'值显著小于临界值，或者对应的 p 值小于选择的显著性水平（如 0.05），则拒绝零假设，表明数据不符合正态分布。

从表 5 可以看出，对于 9 个碳市场，无论是 Shapiro-Wilk 检验还是 Shapiro-Francia 检验，最终对有效市场理论中最基本的正态分布假设是拒绝的，这说明碳价收益率不服从正态分布，呈现更加复杂的波动形式。

表 5　碳价收益率的正态性检验

名称	正态性检验	统计量	显著性	结论
全国碳市场	Shapiro-Wilk 检验	0.7228	1.45E-27	拒绝正态分布
	Shapiro-Francia 检验	0.2086	1.00E-03	拒绝正态分布
北京碳市场	Shapiro-Wilk 检验	0.7856	9.98E-25	拒绝正态分布
	Shapiro-Francia 检验	0.2875	1.00E-03	拒绝正态分布
天津碳市场	Shapiro-Wilk 检验	0.4365	2.95E-36	拒绝正态分布
	Shapiro-Francia 检验	0.3674	1.00E-03	拒绝正态分布
广东碳市场	Shapiro-Wilk 检验	0.4840	4.15E-35	拒绝正态分布
	Shapiro-Francia 检验	0.2210	1.00E-03	拒绝正态分布
上海碳市场	Shapiro-Wilk 检验	0.8772	3.95E-19	拒绝正态分布
	Shapiro-Francia 检验	0.1654	1.00E-03	拒绝正态分布
湖北碳市场	Shapiro-Wilk 检验	0.7642	9.30E-26	拒绝正态分布
	Shapiro-Francia 检验	0.1667	1.00E-03	拒绝正态分布
重庆碳市场	Shapiro-Wilk 检验	0.5549	3.15E-33	拒绝正态分布
	Shapiro-Francia 检验	0.3668	1.00E-03	拒绝正态分布
深圳碳市场	Shapiro-Wilk 检验	0.8296	2.53E-22	拒绝正态分布
	Shapiro-Francia 检验	0.1835	1.00E-03	拒绝正态分布
福建碳市场	Shapiro-Wilk 检验	0.8671	7.02E-20	拒绝正态分布
	Shapiro-Francia 检验	0.0974	1.00E-03	拒绝正态分布

资料来源：根据各个碳市场每日价格计算所得。

（2）碳价收益率的核密度估计

在统计学中，核密度估计（KDE）是一种基于核平滑的非参数概率密度函数估计方法。它使用核函数作为权重来估计随机变量的概率密度，从而根据有限的样本数据对总体分布进行推断。KDE 的主要优势在于它可以根据实际数据样本提供更加灵活和细致的概率密度估计，有助于更准确地描述数据的分布特征。

模型解释如下。

假定有一个独立同分布的单变量样本集(x_1，x_2，…，x_n)，其来源于一个在定点 x 具有未知密度 f 的分布。我们的目标是估计这个分布函数 f 的形状。它的核密度估计量如公式（4）所示：

$$\hat{f}(x) = \frac{1}{n}\sum_{i=1}^{n} K(x - x_i) = \frac{1}{nh}\sum_{i=1}^{n} K\left(\frac{x - x_i}{h}\right) \tag{4}$$

在公式（4）中，n 是样本点的数量。K 是核函数，它是一个非负函数，其积分（或面积）总和为1。h 是带宽，它决定了核函数的宽度。x_i 是样本中的第 i 个观察值。$\hat{f}(x)$ 是在点 x 处的估计密度值。

碳价收益率的核密度分布如图1所示，各大碳市场的碳价收益率分布也基本呈现“尖峰厚尾”的特征。在实际的碳排放权交易市场中，碳价格的波动性较高，这表明碳市场可能存在一定程度的投机活动。部分市场参与者可能会为了获得利润而在市场中进行频繁的交易操作。另外，鉴于中国碳市场正处于成长期，市场参与者对于政策的变动极为敏感，它们对市场信息的快速响应同样是碳价格波动显著的重要原因之一。

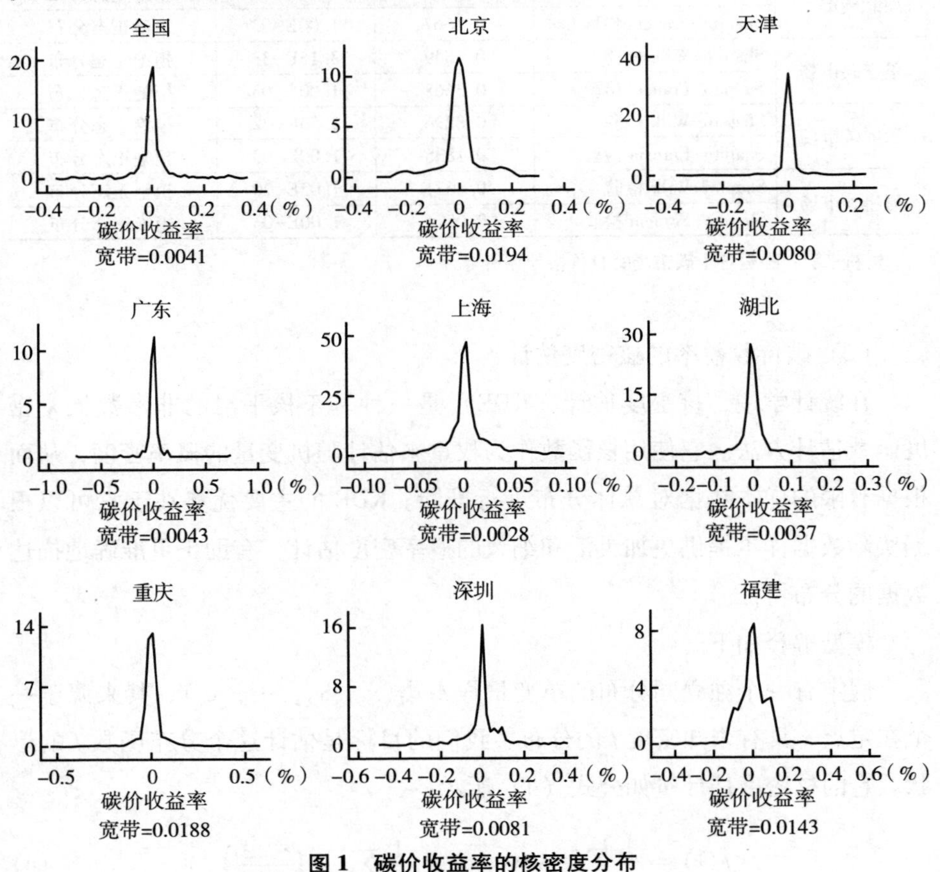

图1　碳价收益率的核密度分布

资料来源：根据各碳市场每日价格计算所得。

（3）碳配额价格收益率的 Q-Q 图

Q-Q（Quantile-Quantile）图常被用来评估碳价收益率分布的尾部特性。如图 2 所示，该图将样本碳价收益率的实际分位数与高斯（正态）分布的理论分位数进行了对比。若两者吻合，则意味着碳价收益率遵循正态分布。然而，在观察的 9 个碳市场中，碳价收益率的 Q-Q 图均显示出与正态分布直线的偏离，这表明这些市场的碳价收益率并不遵从正态分布。此外，样本数据分布特征显示了市场对信息的聚集性反应，由此推断市场可能不符合有效市场假说的正态分布特征。

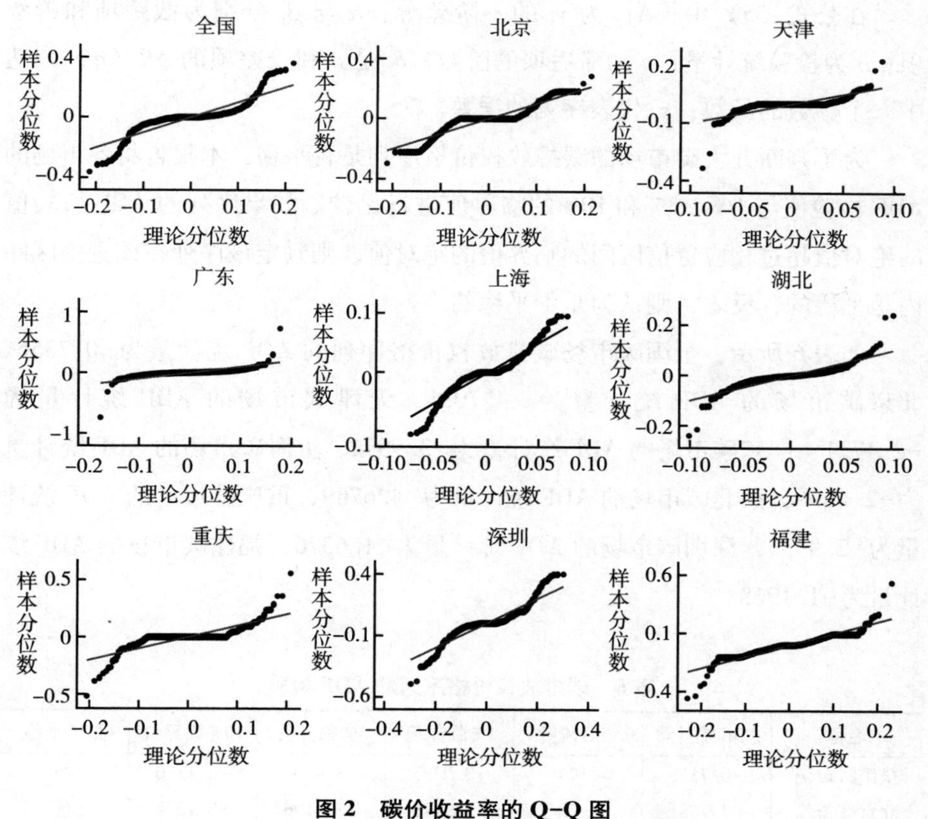

图 2 碳价收益率的 Q-Q 图

3. 以 ADF 检验判断碳市场的有效性

在使用许多包含时间序列的模型时，都要求时间序列保持平稳。因此在研究碳排放权价格序列时，首先需要进行平稳性检验。ADF 检验，也叫作单位根检验，是一种常用且严格的统计检验方法。

ADF 检验（Augmented Dickey-Fuller test）是 DF 检验（Dickey-Fuller test）的增广版。ADF 检验的核心目的是判断序列中是否存在单位根：如果序列是平稳的，则认为不存在单位根；反之，若序列中存在单位根，则表明序列不平稳。其检验模型如公式（5）所示：

$$\Delta y_t = \alpha + \beta_t + (\rho - 1) y_{t-z} + \sum_{j=1}^{n} \delta_j \Delta y_{t-1} + \varepsilon_t \tag{5}$$

在公式（5）中，Δy_t 为 y_t 的一阶差分；α 与 β_t 分别为截距项和趋势项；ρ 为检验统计量；n 为滞后项的阶数；δ_j 是 ρ 和误差项的 AR（n）表达中 n 个参数的函数；ε_t 代表序列的误差。

为了判断九大碳市场的碳排放权价格序列是否平稳，本报告将各市场的 ADF 检验值与 1%、5%和 10%的临界值进行比较。如果序列的 ADF 检验值的绝对值超过相应置信区间的临界值的绝对值，则判定该序列在该置信区间内是平稳的；反之，则认为是不平稳的。

如表 6 所示，全国碳市场碳排放权价格序列的 ADF 统计量为-0.7356，北京碳市场的 ADF 统计量为-4.7081，天津碳市场的 ADF 统计量为-2.4721，广东碳市场的 ADF 统计量为-3.9571，上海碳市场的 ADF 统计量为-2.4696，湖北碳市场的 ADF 统计量为-4.6769，重庆碳市场的 ADF 统计量为-2.9935，深圳碳市场的 ADF 统计量为-1.6376，福建碳市场的 ADF 统计量为-1.1968。

表 6　碳排放权价格序列的 ADF 检验

名称	ADF 统计量	滞后阶数	1%临界值	5%临界值	10%临界值	是否平稳
全国碳市场	-0.7356	17	-3.9783	-3.4200	-3.1326	否
北京碳市场	-4.7081	—	-3.9776	-3.4196	-3.1324	是
天津碳市场	-2.4721	11	-3.9781	-3.4198	-3.1325	否
广东碳市场	-3.9571	5	-3.9778	-3.4197	-3.1325	是
上海碳市场	-2.4696	6	-3.9779	-3.4197	-3.1325	否

续表

名称	ADF 统计量	滞后阶数	1%临界值	5%临界值	10%临界值	是否平稳
湖北碳市场	-4. 6769	3	3. 9778	-3. 4197	-3. 1325	是
重庆碳市场	-2. 9935	1	3. 9777	-3. 4196	-3. 1324	否
深圳碳市场	-1. 6376	4	3. 9778	-3. 4197	-3. 1325	否
福建碳市场	-1. 1968	11	3. 9781	-3. 4198	-3. 1325	否

资料来源：根据各碳市场每日价格计算所得。

以“全国碳市场”为例，ADF 统计量是-0. 7356，这个市场在 1%、5%、10%的显著性水平下的临界值分别是-3. 9783、-3. 4200 和-3. 1326。由于 ADF 统计量的绝对值低于所有临界值的绝对值，因此得出结论“否”，即认为该序列是非平稳的。相对地，对于“北京碳市场”，其 ADF 统计量是-4. 7081，其统计量的绝对值高于所有临界值的绝对值，因此得出结论“是”，即认为该序列是平稳的。在 9 个碳市场中，北京、广东和湖北的碳排放权价格序列被证实为平稳的，即这些市场的价格变化拒绝了随机游走的原假设。这表明在北京、广东和湖北碳市场中，碳排放权的价格变化不遵循随机游走模型。相反，天津、上海、重庆、深圳、福建以及全国碳市场的价格序列未能拒绝存在单位根的原假设，表明这些市场的价格序列是非平稳的，并且价格变动具有随机游走的性质，这反映了市场信息的有效性。因此，这些市场的时间序列数据都被归类为一阶单整，表明它们已经达到了弱式市场有效性的水平。然而，北京、广东和湖北碳市场的结果不同，它们的价格序列可以拒绝随机游走的原假设，这表明这些市场尚未达到弱式有效的状态。

为了进一步验证和深入了解这些碳市场的随机游走特征及其市场有效性，在进行单位根检验之后，使用方差比率检验进行验证。方差比率检验是一种假设条件更为宽松的统计方法。通过这种方法，可以更全面地评估中国各碳市场的价格序列特性及其对市场信息的反应，从而对市场的有效性做出更准确的判断。

4. 方差比率检验

鉴于各碳市场价格序列未能满足单位根检验所要求的“价格序列遵循正态分布”的前提条件，因此，基于单位根检验得出的结论，即天津、上海、重庆、深圳、福建和全国碳市场已达到弱式有效，而北京、广东和湖北碳市场尚未实现弱式有效应被视为初步结论。考虑到这一点，我们采用方差比率检验来评价市场有效性将更为适宜。方差比率检验不要求样本数据符合正态分布，并且能够适应数据的异方差性，使其成为分析碳市场价格序列行为及评估市场有效性的更加稳健的工具。

方差比率检验方法，由 Lo 和 Mackinlay 提出，是一种用于评估金融市场效率的工具。这种方法主要用于检验样本序列是否具有随机游走特性，从而对市场的弱式有效性进行判断。其核心原理基于随机游走理论，即如果一个样本序列遵循随机游走，那么该序列的增量方差应与时间间隔呈线性关系。具体来说，序列在 k 期的方差应当是其在 1 期的方差的 k 倍。

方差比率检验（Variance Ratios，VR）的假设前提相对宽松，主要要求是价格变动的增量之间不相关。$VR(q)$ 表示滞后 q 阶的方差比率，具体计算方法如公式（6）所示：

$$VR(q) = \frac{Var[r_{t(q)}]}{q \times Var(r_t)} \tag{6}$$

其中，$r_{t(q)} = r_{t-q+1} + \cdots + r_t$，$r_t = P_t - P_{t-1}$ 其中 $P_t = \log P_t$。在统计学上标准的 Z 统计量 $Z(q)$ 和 $Z^*(q)$ 决定是否拒绝原假设，其计算方法如公式（7）至公式（11）所示：

$$Z(q) = \frac{VR(q) - 1}{[\Phi(q)]^{\frac{1}{2}}} \tag{7}$$

$$\Phi(q) = \frac{2(2q-2)(q-1)}{2q(nq)} \tag{8}$$

$$Z^*(q) = \frac{VR(q) - 1}{[\Phi^*(q)]^{\frac{1}{2}}} \tag{9}$$

$$\Phi^*(q) = \sum_{j=1}^{q-2} \frac{2(q-j)}{q}\delta(j) \tag{10}$$

$$\delta(j) = \frac{\sum_{t=j+2}^{nq+1}(P_t - P_{t-1} - \mu)^2(P_{t-j} - P_{t-j-1} - \mu)^2}{\left[\sum_{t=2}^{nq+1}(P_t - P_{t-1} - \mu)^2\right]^2} \tag{11}$$

利用方差比率公式，本报告对9个碳市场的方差以及考虑异方差性调整后的方差进行了计算，计算结果详列于表7中。

表7　碳价收益率序列的VR检验

名称	$Z(q)$	$Z^*(q)$	方差比率
全国碳市场	0.59(0.54)[0]	0.32(0.65)[0]	1.071
北京碳市场	3.44(0)[1]	2.38(0.02)[1]	1.290
天津碳市场	-1.16(0.25)[0]	-1.01(0.31)[0]	0.352
广东碳市场	2.99(0)[1]	2.31(0.02)[1]	1.933
上海碳市场	-0.39(0.70)[0]	-0.28(0.78)[0]	0.809
湖北碳市场	-2.60(0.01)[1]	-1.59(0.08)[1]	0.322
重庆碳市场	4.72(0)[1]	3.34(0)[1]	1.742
深圳碳市场	4.34(0)[1]	3.2(0)[1]	2.071
福建碳市场	-1.67(0.09)[1]	-1.27(0.21)[0]	0.284

注：(　) 内数据为概率值；[0] 表示接受随机游走假设；[1] 表示拒绝随机游走假设。
资料来源：根据各碳市场每日价格计算所得。

在方差比率检验框架下，$Z^*(q)$ 是异方差调整后的Z统计量，其后的括号内数值指的是对应的概率值。$Z(q)$ 与 $Z^*(q)$ 这两个统计量都遵循均值为0、标准差为1的正态分布。这种方法通过比较统计量与其临界值的关系，来决定接受还是拒绝有关市场价格序列遵循随机游走模式的假设，从而对市场效率性进行评估。

以广东碳市场为例，进行异方差调整之前，碳价收益率的Z统计量超过了临界值范围，这意味着随机游走的假设被否定，即使在对数据进行异方差调整之后，Z统计量依然超出了临界值。因此，广东碳市场的结果表明其拒绝了随机游走的原假设，并且尚未达到市场的弱式有效。

对于天津碳市场的碳价收益率序列，其 Z 统计量并未超过设定的临界值，这意味着随机游走的假设不能被否定。即便在对数据进行异方差调整之后，Z 统计量仍然没有超过临界值，因此随机游走假设依然成立。这一结果表明天津碳市场已实现弱式有效，即市场价格已经充分反映了所有可获得的信息。

通过方差比率检验方法对碳排放权交易市场有效性的检验，可以得出结论：天津、上海、福建以及全国碳市场已经达到了弱式有效，而北京、深圳、重庆、广东和湖北碳市场尚未达到这一标准。这意味着在天津、上海、福建以及全国碳市场，市场价格能够充分反映所有可获得的信息，而北京、深圳、重庆、广东和湖北碳市场则在某种程度上信息反映不充分，市场效率有待提高。

四　主要结论

（一）不同碳市场展现出显著的交易价格和波动性差异

这些差异既反映了各市场的成熟度和稳定性，也揭示了市场面临的挑战和发展潜力。一些市场如上海显示出较高的稳定性，这可能归因于成熟的交易机制和健全的监管制度；而像北京和广东等其他市场则表现出较大的价格波动，这可能由于市场参与者有限、缺乏有效的市场引导机制或政策不确定性高。这种波动性不仅影响价格，也对市场参与者的信心和投资意愿产生影响，表明有必要通过加强监管、优化交易机制、提高透明度和政策引导来促进市场的健康发展。

（二）中国部分碳市场已达到弱式有效

天津、上海、福建以及全国碳市场表现出较高的市场效率，如交易量的稳步增长、价格的适度波动以及市场信息的透明度高。然而，北京、深圳、重庆、广东和湖北的碳市场效率相对较低，这可能由市场参与度不足、信息不对称、政策支持不足以及监管框架不完善等因素导致。尽管国家层面采取了多项措施提高市场效率，但地方市场效率的差异性凸显了地区特征和市场成熟度差异。中国在实现全面高效、透明且稳定的碳市场方面仍有待努力，未来需要更多的政策支持、技术创新和市场参与者的共同努力，加强监管框架、提升市场透明度以及增强市场参与者的信心将是实现这一目标的关键。

（三）现有监管框架在确保市场统一性和效率方面存在差异

各地市场在交易规模、价格波动、参与者行为等方面的差异，反映了地区间监管政策、经济发展水平、市场成熟度等方面的不均衡。地区间的这种不均衡性可能导致碳排放权交易机制在全国范围内的实施效果受限。全国碳市场、广东碳市场、上海碳市场因为监管政策更加完善，从而在碳市场交易中表现更为活跃和稳定。相反，天津碳市场和重庆碳市场由于缺乏有效的监管和市场参与者的不成熟，市场活动缓慢、交易不活跃。这种区域间的不一致不仅影响了资源配置的效率，也可能阻碍了碳市场在促进低碳发展和减少温室气体排放方面潜力的释放。

五　政策建议

（一）建立健全碳排放统计核算体系

首先，需要在国家层面建立统一的碳排放数据管理平台，这一平台应集成来自全国各地区和各行业的碳排放数据，实现数据的标准化和统一管理。其次，应用先进的技术手段进行碳排放监测。这包括利用卫星遥感技术对大气中的二氧化碳进行监测，以及在关键排放源点安装自动化监测设备，从而提升监测的范围和准确度。最后，建立第三方审核机制，由独立的环境审核机构定期对企业的排放数据进行核查和验证，以增强数据的公信力。

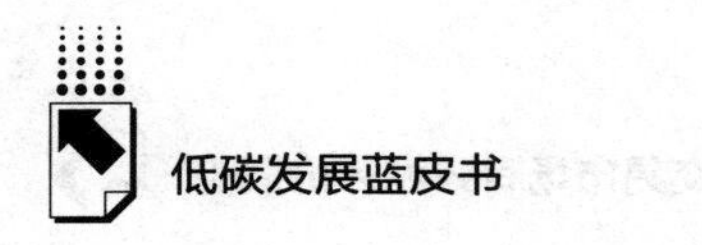

（二）强化全国和地方碳市场的有效衔接

首先，制定一套全国性的碳市场规则，包括配额分配、交易程序、价格形成机制等，以减少地方市场间的操作差异，实现全国市场的统一。其次，建立一个全国性的信息交流和协调平台，促进地方市场之间的经验交流，共享市场运作的最佳实践，以提升各地市场的运作效率。最后，探索建立地方市场与国家市场间的链接机制，比如允许地方市场的碳配额在国家市场中流通，以增加市场的灵活性和吸引更多参与者。

（三）建立健全碳市场的法规制度和监管框架

首先，制定一系列全面的市场准入和交易规则，明确市场参与者的权利和义务，确保市场的有序运作。其次，建立一个全方位的市场监管体系，包括实时监控市场交易情况、检测和打击市场操纵行为、建立有效的违规惩罚机制等，以维护市场的公正和透明。最后，定期对市场法规进行评估和修订，以应对市场发展带来的新挑战，确保法律法规始终与市场实际相适应。

（四）创新交易机制和工具

首先，引入多种交易品种和工具，如碳排放权期货、期权等衍生品，为市场参与者提供多样化的风险管理工具，提升市场的吸引力。其次，探索和开发多样化的交易方式，包括在线拍卖、场外交易等，以满足不同类型市场参与者的需求，提高市场的灵活性。最后，鼓励金融机构和投资者参与碳市场，开发与碳市场相关的金融产品，如碳排放权信贷、碳资产管理等，提升市场的资金流动性和投资活力。

参考文献

李学、刘建民、靳云汇：《中国证券市场有效性的游程检验》，《统计研究》2001 年第12期。

刘维奇、史金凤：《我国证券市场有效性的 Wild Bootstrap 方差比检验》，《统计研究》2006年第11期。

吕靖烨、曹铭、李朋林：《中国碳排放权交易市场有效性的实证分析》，《生态经济》2019年第7期。

马跃、冯连勇：《中国试点碳排放权交易市场有效性分析》，《运筹与管理》2022年第8期。

王倩、王硕：《中国碳排放权交易市场的有效性研究》，《社会科学辑刊》2014年第6期。

杨敏、朱淑珍、厉无畏：《基于结构突变点的欧盟及中国碳市场有效性研究》，《工业技术经济》2020年第7期。

俞乔：《市场有效、周期异常与股价波动——对上海、深圳股票市场的实证分析》，《经济研究》1994年第9期。

赵磊、陈果：《我国股票市场的有效性分析》，《山西财经大学学报》2012年第S4期。

Daskalakis, G., Markellos, R. N., "Are the European Carbon Markets Efficient," *Review of Futures Markets*, 2008, 17 (2).

Ibikunle, G., Gregoriou, A., Hoepner, A. G. F., et al., "Liquidity and Market Efficiency in the World's Largest Carbon Market," *The British Accounting Review*, 2016, 48 (4).

Makovský, P., "Modern Approaches to Efficient Market Hypothesis of FOREX-the Central European Case," *Procedia Economics and Finance*, 2014, 14.

Montagnoli, A., Vries, F. P. D., "Carbon Trading Thickness and Market Efficiency," *Energy Economics*, 2010, 32 (6).

Seifert, J., Uhrig-homburg, M., Wagner, M., "Dynamic Behavior of CO_2 Spot Prices," *Journal of Environmental Economics and Management*, 2008, 56 (2).

Sensoy, A., Tabak, B. M., "Time-varying Long Term Memory in the European Union Stock Markets", *Physica A: Statistical Mechanics and Its Applications*, 2015, 436: 147-158.

Sukpitak, J., Hengpunya, V., "Efficiency of Thai Stock Markets: Detrended Fluctuation Analysis", *Physica A: Statistical Mechanics and Its Applications*, 2016, 458: 204-209.

B.4
中国碳排放权交易市场综合评价指数报告

许 伟　宋 策*

摘　要：　考虑到全国碳排放权交易市场在第二履约期展现出的新特征和发展动态，本报告旨在深入分析和评估这些变化对市场整体发展水平的影响。本报告基于熵权-TOPSIS 方法，对中国碳排放权交易市场进行了全面的综合评价。研究发现，中国试点碳市场在综合发展水平上存在显著差异，部分碳市场如湖北和广东在市场活跃度和市场管理方面表现优异。此外，虽然市场价值总体呈现上升趋势，但市场活跃度提升有限，显示市场参与者对价格波动的反应不足。本报告还指出，各个碳市场在市场波动性方面存在明显的差异，这可能源于市场规模、参与者结构和地区经济特点的不同。报告强调，为了促进市场的均衡发展，需要考虑地区特性，制定更有针对性的措施。报告的发现和建议将为中国碳市场的优化和未来发展提供有价值的指导。

关键词：　碳排放权交易市场　综合评价指标体系　熵权-TOPSIS

一　引言

政府主导下的碳市场通过设定总排放量并将碳排放权视为有价资产，赋予其一定的稀缺性，以促进排放主体在市场上买卖碳配额。此策略旨在宏观上降低温室气体排放并推动经济持续发展，同时鼓励在企业层面上积极开展

---

* 许伟，济南市工程咨询院能源咨询师，主要研究方向为低碳经济、企业能源管理、区域节能与能效诊断；宋策，山东财经大学中国国际低碳学院讲师，主要研究方向为能源转型、环境政策、低碳经济。

节能减排技术的研发和应用，促进生产过程的绿色转型。碳市场的定价机制不仅能有效降低减排成本，还提高了操作的灵活性和效率，已被多个国家采纳，中国在这一领域也积累了丰富的经验。

自2013年6月首个碳排放权交易市场（简称“碳市场”）在深圳启动以来，中国已经在北京、广东、湖北等省市建立了碳排放权交易试点项目，这些市场涵盖了电力、供热、水泥、交通及钢铁等关键行业。在随后10年的发展过程中，这些试点地区累计交易额达到了152.63亿元，表明了市场的活跃程度和扩展潜力。尽管这些试点市场在制度框架、配额分配以及履约机制上各不相同，但它们的实践为全国碳市场的规划和实施提供了重要的参考和经验，为后续的政策制定和市场运作奠定了基础。这些差异化的实践和成果对于理解各种策略在不同环境下的适用性与效果具有重要价值。

2021年7月16日，全国碳排放权交易市场正式启动。全国碳市场引入了碳排放配额（CEA）的现货交易模式，包括挂牌协议交易和大宗交易两种形式，并实施了基于排放强度的总量控制策略。初始阶段，共有2162家电力行业企业被纳入该交易系统，覆盖碳排放总量接近45亿吨。[①] 随着市场的逐步成熟和完善，钢铁、石化以及建材等关键行业也预计将被陆续纳入全国碳市场。此外，各地碳市场将继续其运作，与全国碳市场共同促进我国在温室气体减排、能源结构优化以及低碳金融服务领域的进步，为实现国家提出的“双碳”目标提供有力支持。尽管如此，当前我国碳市场的发展仍面临一些挑战和问题，亟须通过进一步的策略调整和制度创新加以解决。

我国碳市场的活跃度较低。第二个履约期较第一个履约期配额有所收紧，且经过了第一个履约期后，交易主体对碳交易有了进一步的认识，参与碳交易的意愿有所提升，截至2023年10月，全国碳市场累计成交量为3.83亿吨，总成交额为206.64亿元，成交均价为53.95元/吨，碳配额价格最高

① 《上线一年，全国碳市场成绩亮眼、未来可期》，中国新闻网，2022年8月16日，https://m.chinanews.com/wap/detail/chs/zw/9828148.shtml。

达 82.79 元/吨，较第一个履约期有较大提升。[①] 然而，观察 2022 年全国碳市场的换手率，数据显示仅为 2%~3%，这一比例不仅低于国内多数碳交易试点市场的表现，也显著落后于欧盟碳市场的活跃水平。这表明，在第二个履约期，全国碳市场仍然面临市场活跃度较低的情况，市场交易主体依旧存在“惜售”心理，导致参与度较低，市场活跃度还有很大的提升空间。

我国碳市场仍然存在明显的“潮汐现象”，无论从全国碳市场还是碳交易试点市场全年交易情况来看，一旦临近履约期，交易量即激增，全国碳市场 2022 年碳交易集中在 1 月、11 月和 12 月，3 个月交易量达全年交易量的 81%，碳交易试点市场也普遍存在此类问题。受履约驱动特征的影响，在大多数交易周期内，全国碳市场表现出活跃度较低和流动性不足的问题。这种模式在交易高峰期则进一步放大了市场的不确定性，并造成价格扭曲，增加了投资者在市场决策过程中面临的挑战。此种现象凸显了在当前机制下，市场对于履约压力的敏感性可能导致资源配置效率的下降，并对市场稳定性构成威胁。

观察全国碳市场的交易结构，其在行业覆盖、产品多样性以及参与主体方面显现出一定的局限性，亟待拓展与深化。尤其在行业覆盖方面，目前市场主要集中于电力行业，与北京、上海等地区的试点市场相比，其涵盖的行业范围较为狭窄，迫切需要将更多行业纳入碳市场的调控框架之中。同时，就产品类型而言，当前碳市场以现货交易为主，而诸如碳远期、碳期货、碳掉期等金融衍生产品的开发与应用尚显不足，未能充分发挥碳市场在金融创新方面的潜力，从而限制了碳市场作为金融工具的功能和作用的发挥。2023 年 10 月 19 日，生态环境部正式公布《温室气体自愿减排交易管理办法（试行）》，标志着国家核证自愿减排量（CCER）重启，但 CEER 大幅进入碳市场还需一定时间。在交易主体的种类上，全国碳市场目前仅面向纳入市场的企业，个人投资者和投资机构还无法进入交易，一方面降低了市场的投机性，另一方面也降低了市场交易结构的多元化。

---

① 《量价齐飞！10 月全国碳价再破纪录》，“能源 Time” 百家号，2023 年 11 月 1 日，https://baijiahao.baidu.com/s?id=1781345215401188114&wfr=spider&for=pc。

就交易模式而言，目前我国碳市场主要采用大规模交易，这一方式占整体交易额的绝大部分，超过了80%。这种交易通常在特定的履约团体内部或通过企业间的直接谈判完成，导致交易过程缺乏必要的透明度。因此，最终确定的交易价格往往不能真实反映碳减排的成本。大宗交易占比过重会使得市场中碳配额价格有效性降低，也不利于碳市场活跃度的提升，但随着未来覆盖行业的增加，集团化企业比重可能会下降，挂牌协议交易比重会逐渐上升。

综上所述，虽然我国碳市场在近几年取得了一定的进步，但仍处在初级建设阶段，在市场活跃度、交易集中度、市场交易结构、交易种类等方面存在明显不足。因此围绕我国碳市场现状构建碳市场综合评价指标体系，持续对我国碳市场进行评价，找出短板和问题，并进一步提出对应的解决措施，对我国碳市场健康发展和实现“双碳”目标具有重大意义。本报告旨在立足现有研究成果，采取宏观视角深入分析我国碳市场的发展目标与现实运作状况，进而建立一套全面的评估指标体系，用以持续监测和评价中国碳排放权交易市场的变化与进展。

二　国内外相关研究介绍

温室气体排放的经济负面效应构成了对碳排放问题理解的理论基石，即个别经济行为者的排放活动对其他主体造成了未经补偿的负面影响。面对这一问题，经济学界通常采取两种解决策略：一是通过征收庇古税这样的直接经济手段来增加排放者的成本，促使其减少排放；二是依据科斯定理引入产权和市场交易机制，通过市场手段寻求解决之道。正是基于科斯定理的思想，碳交易市场得以建立。美国经济学家罗纳德·科斯（Ronald Coase）指出，公共资源或自然资源产权不明确是导致公地悲剧和外部性问题的根本原因。明确产权并降低交易成本，使得市场参与者可以通过交易优化资源配置，达成帕累托改进。因此，通过确立明确的温室气体排放权，并降低交易成本，参与者可以利用碳排放权的交易来优化能源结构和生产工艺，进而促进企业的清洁生产和节能减排。科斯定理为解决温室气体排放问题提供了一个新的视角，即通过建立产权清晰的碳市场来应对挑战。1997年，《京都议定书》的签署为碳市场的形成奠定了基础，2002年英国碳排放权交易体系的启动以及2005年欧盟碳排放权交易体系的建立，则分别标志着全球碳市场的萌芽和快速发展，后者更成为全球最大的温室气体排放权交易体系，并对全球其他国家碳市场的建设和发展产生了深远影响。随着全球碳市场的不断成熟，关于中国碳市场的研究日益增多，形成了一系列评估碳市场发展的研究成果。

定性研究在解析碳市场的复杂性和动态性上扮演着至关重要的角色。这种研究方法特别适用于深入理解政策制定的内在逻辑、市场机制的设计原则以及市场参与者的行为模式。在全球碳排放权交易市场逐渐成熟的过程中，定性研究为我们提供了一个多维度的视角，使我们能够更全面地理解市场背后的政策推动力和市场行为动因。关于碳市场综合评价的定性研究涉及对市场的多方面深入分析。这类研究重点关注市场的政策背景、结构布局、参与者行为以及这些因素之间的相互作用。通过这种全面的分析，定性研究揭示了市场的运作机制和其对环境、经济、社会的综合影响。首先，政策背景的分析关注于碳市场政策的制定过程和法律框架。这涵盖了政策的起源、目标、实施策略以及预期和实际效果的比较。例如，研究政策如何促进了减排目标的实现，或是政策在实施过程中遇到的挑战和调整。通过深入理解政策背景，研究能够提供关于如何优化政策制定和执行的见解。其次，市场结构的分析涉及市场的组织方式、运作机制和关键特性。这包括对市场规模、配额分配机制、交易规则以及市场参与者的类型和角色的考察。深入分析市场结构有助于理解市场效率和功能性，以及如何通过结构调整来优化市场表现。在参与主体行为的分析中，研究聚焦于不同市场参与者（例如政府、企业和投资者）的决策过程、动因和行为模式。这些分析揭示了参与者如何影响市场动态，包括它们对政策变化的响应、市场风险的管理以及减排措施的实施。理解参与者行为对于预测市场走向和指导政策制定至关重要。再次，定性研究还着重于市场效率和公平性问题。这方面的研究探讨了如何在减少温室气体排放的同时，促进经济增长和社会公正。例如，研究如何确保市场机制不仅有效减排，也考虑到经济和社会的可持续发展。最后，市场机制的设计和改进也是定性研究的一个重要方面。这包括对配额分配方法、价格形成机制以及市场稳定性措施（例如价格上下限、市场干预机制等）的详细分析。通过这些分析，定性研究为市场机制的优化提供了重要的洞见。

量化评估碳市场的核心任务是建立一套有效的评价指标体系并选择合适的评价方法。目前，对我国全国碳市场的量化综合评价研究相对较少，大多数相关研究侧重于探讨中国的碳试点市场和欧盟的碳市场。在构建评价指标体系方面，学界普遍倾向于采用分层的评价指标框架，这一框架一般围绕市场的运行效率、交易活跃度、参与主体的广泛性以及市场的流动性等关键因素展开。这些指标可进一步分解为包括总交易量、交易总额、平均交易价格以及单日交易量等更为具体的指标。在此基础上，融入专家问卷调查结果，评价体系扩展至环境收益、市场金融特征、政策支持、基础设施完善度以及交易平台的服务效率等多个维度，形成了一系列更为详尽的基础指标。实际市场数据的应用也在研究中扮演了重要角色，例如将市场规模、市场结构和市场效率作为一级指标，并在此基础上进一步划分多个二级指标。部分学者将研究视角分为内部动因、外部条件与交互要素三大维度，覆盖了市场规模与运行效能、质量评估，以及宏观环境、政策导向、配额配置与体系构建等诸多方面。这些评价体系在综合考虑环境、经济和社会三重准则的基础上，为碳市场发展水平的评估提供了全面且深入的视角。总体来看，这些评价体系通过融合多个维度的指标，为碳市场的绩效评估提供了科学而系统的方法论，极大地促进了对碳市场综合发展水平的全面理解和评估。

在构建碳市场的评价体系之后，挑选恰当的评价方法对于精准衡量碳市场综合发展水平尤为关键。相关研究涵盖了复杂指标的权重确定和综合评价模型的运用，目的在于准确评估各个碳市场的整体发展水平。在中国碳市场的研究领域内，部分学者采用变异系数法以计算指标权重，并结合 TOPSIS 法进行综合评价。这种方法揭示了北京碳市场在试点市场中的相对优势，尽管如此，由于市场流动性不足，其发展水平仍显不足。其他部分研究采用因子分析法与层次分析法来为指标赋予权重并进行评估，结果表明中国碳交易

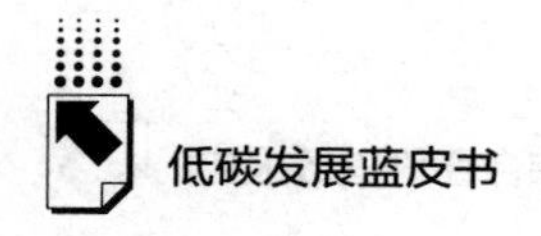

试点市场仍然处于发展的早期阶段，其主要特征为交易量有限与表面上的活跃状态。进一步地，一些学者从对比分析的视角出发，对所有指标数据进行标准化处理，进而确定各指标的权重，并据此对试点市场进行评价。这种方法得出的结论是深圳和北京试点市场在综合发展水平上较为领先，而天津和重庆试点市场则相对落后。特别值得一提的是，熵权-TOPSIS 模型在此领域的应用展现了其显著的实用价值。该方法首先应用熵权法进行指标的客观权重分配，随后运用 TOPSIS 法测量碳市场的综合发展水平。相较传统方法，该方法能够有效地区分各指标在评价体系中的重要性，确保评价结果的科学性和客观性。此外，通过综合考虑多个维度的指标，该方法能够全面反映碳市场的绩效，包括环境效益、经济效益和社会影响等。

综合来看，众多学者已从定性和定量的不同视角对碳市场的综合发展水平进行了全面评价。这些研究广泛覆盖了从理论概念到实证分析的各个方面，为理解和评估碳市场的复杂性提供了重要的洞见。然而，需要强调的是，对碳市场进行全面评估时，必须考虑到市场当前所处的发展阶段。忽略市场的具体成长阶段进行评估，会影响评估结果的科学性和准确性。至今，中国的全国碳排放权交易市场已成功完成两个履约期。与首个履约期相比，第二个履约期在制度框架、监管结构、配额分配及履约规定等多个方面展现出了明显的进步和调整。同时，重点排放单位在碳资产管理方面的意识也有了显著提升。这些变化使得 2022~2023 年的中国碳排放权交易体系展现出新的特征。基于此，本报告在《中国碳排放权交易市场综合评价报告（2021~2022）》的基础上，将重点对第二履约期的发展变化进行深入分析，目的在于为市场参与者、政策制定者及学术界提供更为有效和实用的洞察，以推动中国碳市场的持续改进和高效发展。

三　碳市场综合评价指标体系设计

尽管对碳市场的评价研究相对成熟，但鉴于评价主体的特性、评估的时间跨度以及数据的可获得性各不相同，目前尚未建立起一个统一的、标准化的综合评价指标体系。本报告认为，一个效能显著的碳市场应当展现出如下几个关键特征：市场的涵盖范围广泛，交易量显著；碳配额的价格能够有效反映市场的供求关系及减排的成本，从而促进企业实施减排措施；市场活跃度高且不过度集中，交易主体总体上有较高的交易意愿；市场较为稳定，可以有效应对交易风险。基于此，本报告结合已有研究、我国碳交易试点市场和全国碳市场的特点，构建了碳市场综合评价指标体系，并选择相应数据进行处理，继而采用熵值-TOPSIS 方法进行评价。

（一）碳市场综合评价指标体系构建与数据选取

本报告构建了包括交易规模、交易结构、市场价值、市场活跃度、市场波动性五个维度的碳市场综合评价指标体系，在五个维度即一级指标下，进一步设计了 10 个二级指标，用以通过碳交易市场数据对指标进行定量描述（见表 1）。

表 1　碳市场综合评价指标

一级指标	二级指标	单位	符号	定义
交易规模	交易量	万吨	+	本月总体成交量
	交易额	万元	+	本月总体成交额
交易结构	交易结构	无	+	本月总交易量占全年总交易量的比重
市场价值	碳配额价格	元/吨	+	本月的平均碳价格
市场活跃度	市场换手率	无	+	本月成交的碳配额量占总碳配额量的比例
	交易集中度	无	-	月内日成交量前 20% 的总和占本月总成交量的比例
	有效交易日占比	无	+	本月实际交易天数占总交易天数的比例
市场波动性	成交价差	元	-	本月的最高成交价与最低成交价之差
	价格波动幅度	无	-	日收盘价的标准差除以本月日均收盘价
	交易量分散度	无	-	日交易量的标准差除以本月日均交易量

交易规模是判断碳交易市场成熟度的关键标准，其中，一个市场能支撑较大的交易规模通常意味着其发展水平较高。这一规模主要由交易的数量和

总额构成，即在特定评估期间内，二级市场现货交易的总量和总金额。交易的数量和金额越大，表明市场的交易规模越广泛。

交易结构则反映了履约期间对碳市场活动的影响，显示了市场发展的多样性。通过比较某月的交易量占全年总交易量的比重来衡量交易结构，这一比重的增加表明在该月市场参与者对碳市场的参与度较高。

市场价值是评估当前市场发展水平的另一项重要指标，它不仅涉及市场的规模和稳定性，还包括其未来增长的可能性。鉴于我国碳市场的交易标的物相对单一，以碳配额为主，因此选择碳配额价格作为衡量市场价值的主要指标。通过考察碳配额的月均价格来确定市场价值，碳配额价格的提高代表市场价值的增加。

市场活跃度反映了参与者在碳市场中交易活动的频繁程度，高活跃度表明较强的交易意向和市场的有效性。本报告通过三个二级指标来衡量市场活跃度：市场换手率、交易集中度以及有效交易日占比。市场换手率是指在所评估时期内，成交的碳配额量占总配额量的比例，换手率高则意味着市场较为活跃；交易集中度是通过计算月内日成交量前20%的总交易量与整月总成交量的比值来衡量的，较高的交易集中度通常暗示较低的市场参与度和活跃度；而有效交易日占比则是进行交易的天数与整月交易天数的比值，此比值越高，表明市场活跃度越高。

市场波动性是碳市场稳定性的反映，通常认为市场波动性较高意味着较低的稳定性、较弱的风险应对能力和较低的市场成熟度。在本报告中，我们通过三个二级指标来评估市场的波动性：成交价差、价格波动幅度和交易量分散度。成交价差是通过计算评估期内最高成交价格与最低成交价格之间的差额来衡量的，该差额越大，市场波动性越强；价格波动幅度是以评估期内日收盘价格的标准差与日均收盘价格的比率来衡量的，该比率越大，表明价格波动性越强；而交易量分散度则是通过计算评估期内日交易量的标准差与日均交易量的比率来确定的，该比率越高，说明市场在交易量上的波动性越强。

自 2013 年深圳碳交易市场启动以来，中国已陆续建立了 8 个地方性碳交易试点。随着2021年全国碳排放权交易市场的启动，我国目前拥有包括全国市场在内的9个碳排放权交易平台，它们均在各自的官方网站上实时更新交易信息。为了对中国的地方碳交易试点及全国碳市场进行全面评估，本报告将这9个市场全部包括在评价范畴内，选取了2022年1月1日至2023年12月31日，共484个交易日的数据进行分析，数据源自各地方试点市场的官网以及上海环境能源交易所的官方网站。

（二）中国碳市场综合评价方法

目前针对市场综合评价的方法众多，它们大体上可以划分为两大类：一类是具有一定主观性的方法如层次分析法和模糊综合评价法，这些方法通过主观判断来赋予不同因素以权重；另一类是更加客观的方法，如因子分析法和主成分分析法，它们通过数据驱动的方式确定各因素的权重。尽管主观赋权方法能够根据评价对象的具体特征来调整权重，但其主观性较强，结果难以进行后续验证，因此本报告未采用此类方法。而像因子分析法和主成分分析法这样的客观赋权方法虽然基于数据提取共性，形成新的综合指标，但鉴于本报告旨在对各级指标进行详细讨论，并非仅对最终结果做分析，因此这些方法也未被选用。

熵值-TOPSIS方法是一种被广泛应用的客观权重综合评价技术，通过熵值法确定各指标的权重，反映其在评价体系中的相对重要性。同时，TOPSIS（技术对最优最劣解距离的排序方法）通过计算评价对象与理想解的距离来对其进行评分，从而量化地分析不同对象的发展水平。熵值-TOPSIS法的主要优点在于其能够减少主观判断的影响，并且可以对碳市场评价体系中的不同层级指标进行精确的定量分析，这一方法特别适合构建碳市场的综合评价体系。

1. 数据的无量纲化处理

在开展碳市场发展水平的综合评估前，首要步骤是对指标数据进行无量纲化处理。设定原始数据矩阵 $X=\{x_{ij}\}_{m\times n}$，其中x_{ij}代表第 i 个碳市场在第 j 项指标上的表现，m 为碳市场总数，涵盖8个地方性碳交易试点及1个全国性碳市场（共9个），n 为评估指标的总数。

鉴于这些指标可能因单位或量级不同而无法直接比较，故需对原始矩阵 X 中的数据进行无量纲化处理，转化为无量纲数据矩阵$X^* = \{x_{ij}^*\}_{m\times n}$，以确保评估过程中各指标数据的一致性和可比性。

对正向指标，即指标数值越高表示碳市场表现越佳的情形，采用公式（1）无量纲化方法处理。

$$x_{ij}^* = \frac{x_{ij} - \min x_j}{\max x_j - \min x_j} \tag{1}$$

而对负向指标，即指标数值越低显示碳市场性能越优的情况，采用公式（2）的无量纲化方法进行处理。

$$x_{ij}^* = \frac{\max x_j - x_{ij}}{\max x_j - \min x_j} \tag{2}$$

在这两种情形下，x_{ij}^* 表示第 i 碳市场在第 j 项评价指标上经无量纲化处理后的数值。

2. 权重矩阵的确定

在权重分配方面，传统方法如专家评分法存在一定的主观性，因此本报告选择采用熵值法进行权重赋值。该方法依据数据的差异性原则，通过分析各碳交易试点市场的实际数据来确定最合适的权重，从而最大限度减少了主观判断对评价结果的影响，确保了评价的客观性和可靠性。第一，对各碳市场的评价指标数据进行归一化处理，并根据公式（3）形成标准化矩阵 $Z = \{z_{ij}\}_{m\times n}$。

$$z_{ij} = x_{ij} / \sum_{i=1}^{m} x_{ij} \tag{3}$$

第二，根据公式（4）计算各指标的信息熵e_j。

$$e_j = \frac{1}{\ln m} \sum_{i=1}^{m} z_{ij} \ln z_{ij} \tag{4}$$

第三，根据公式（5）确定每个评价指标的权重系数。

$$w_j = \frac{1 - e_j}{\sum_{j=1}^{n} e_j} \tag{5}$$

第四，利用这些权重根据公式（6）构建出碳市场综合评价的加权标准化矩阵 Y，为全面评价各碳市场提供了量化的基础。

$$Y = w_j \times x_{ij}^* = \{y_{ij}\}_{m \times n} \tag{6}$$

3. 熵权-TOPSIS 评价方法

在应用熵权-TOPSIS 评价方法的过程中，首先利用加权后的规范化矩阵来界定正负理想解。其中，正理想解$y_j^+ = \max(y_{ij})$由各指标最优值组成，负理想解$y_j^- = \min(y_{ij})$则包含各指标的最劣值。接着，根据公式（7）和公式（8）计算每个碳交易试点市场相对于这些理想解的欧氏距离，以此来评估它们的表现。

$$d_i^+ = \sqrt{\sum_{j=1}^{n} (y_j^+ - y_{ij})^2} \tag{7}$$

$$d_i^- = \sqrt{\sum_{j=1}^{n} (y_j^- - y_{ij})^2} \tag{8}$$

具体而言，对于每个市场，其与正理想解的距离表示其与最佳可能状态的偏离程度，与负理想解的距离则反映其与最差可能状态的差异程度。

基于这些距离，可以根据公式（9）计算出每个市场的综合评价得分S_i。

$$S_i = \frac{d_i^-}{d_i^- + d_i^+} \tag{9}$$

该得分在 0~1 变化，得分越高表明市场的综合表现越接近理想状态，因而具有更高的参考价值。

四　中国碳排放权交易市场综合评价结果分析

采用熵权-TOPSIS 方法，本报告综合评估了 2022 年 1 月至 2023 年 12 月期间，包括全国碳市场及 8 个地方碳交易试点在内的中国碳市场。评价维度涵盖了交易规模、交易结构、市场价值、市场活跃度及市场波动性 5 个方面。所得的各市场综合评分范围为 0~1 分，分数越高，表示碳市场的整体表现越佳。在交易未发生的月份，相应的评分标记为“NA”。详细的评分结果列于表 2 中。

表 2　中国碳市场综合评价得分情况

单位：分

时间	全国	北京	天津	广东	上海	湖北	重庆	深圳	福建
2022 年 1 月	0.425	0.413	0.387	0.405	0.388	0.435	0.395	0.349	0.339
2022 年 2 月	0.390	0.382	NA	0.423	0.403	0.434	0.429	0.286	0.373
2022 年 3 月	0.418	0.367	0.391	0.400	0.372	0.457	0.409	0.326	0.365
2022 年 4 月	0.428	0.378	NA	0.407	0.408	0.435	0.445	0.338	0.319
2022 年 5 月	0.428	0.371	NA	0.479	0.391	0.434	0.379	0.315	0.416
2022 年 6 月	0.418	0.427	0.411	0.442	0.431	0.448	0.367	0.373	0.410
2022 年 7 月	0.418	0.433	0.460	0.436	0.409	0.426	0.397	0.387	0.377
2022 年 8 月	0.398	0.416	0.407	0.445	0.400	0.415	0.379	0.524	0.389
2022 年 9 月	0.413	0.392	0.393	0.445	0.377	0.441	0.336	0.405	0.402
2022 年 10 月	0.399	0.497	0.443	0.435	0.402	0.455	0.415	0.390	0.432
2022 年 11 月	0.410	0.504	0.411	0.412	0.418	0.450	0.383	0.371	0.408
2022 年 12 月	0.418	0.404	0.439	0.439	0.474	0.487	0.368	0.414	0.456
2023 年 1 月	0.400	0.476	0.432	0.444	0.412	0.427	NA	0.356	0.400
2023 年 2 月	0.402	0.384	0.451	0.433	0.425	0.429	0.446	0.387	0.424
2023 年 3 月	0.386	0.419	0.408	0.459	0.423	0.418	0.420	0.394	0.379
2023 年 4 月	0.383	0.393	0.441	0.430	0.431	0.425	0.381	0.425	0.368
2023 年 5 月	0.421	0.384	0.436	0.426	0.464	0.439	0.423	0.422	0.427
2023 年 6 月	0.404	0.306	0.408	0.444	0.439	0.434	0.379	0.441	0.404
2023 年 7 月	0.406	0.423	0.404	0.446	0.430	0.452	0.404	0.445	0.422
2023 年 8 月	0.395	0.439	0.378	0.395	0.443	0.467	0.396	0.453	0.413
2023 年 9 月	0.506	0.478	NA	0.426	0.452	0.454	NA	0.441	0.415
2023 年 10 月	0.630	0.503	0.381	0.416	0.415	0.409	0.369	0.387	0.423
2023 年 11 月	0.535	0.436	0.424	0.427	0.463	0.445	0.402	0.392	0.446
2023 年 12 月	0.467	0.348	0.431	0.449	0.402	0.506	0.395	0.430	0.426

资料来源：根据各碳市场每月交易数据计算。

相较于第一个履约期，第二个履约期内全国碳市场综合评价得分波动幅度降低，大部分月份得分相对平稳。2022 年 1 月到 2023 年 7 月，综合评价得分在 0. 380 分与 0. 430 分之间波动，虽然 2022 年的 1 月、11 月、12 月几个月份交易规模和交易结构较其他月份较高，但市场价值、市场波动性等得分较低，导致整体综合评价得分未有明显提高。在这一阶段，碳配额月均价格稳定在 52~59 元，波动幅度较小。2023 年 8 月，由于履约驱动影响，全国碳市场交易规模、交易结构和市场价值得分迅速提高，碳配额月均价格达到了 63. 52 元，但当月交易集中度、交易量分散度较高，导致总体得分较同年 7 月下降了 0. 011 分。2023 年 9 月，交易量、交易额、交易结构和碳配额价格进一步提升，同时市场活跃度和市场波动性得分也快速上升，综合评价得分达到了 0. 506 分，超过了之前所有月份得分，碳配额月均价格达到 65. 74 元。2023 年 10 月，交易规模、交易结构、市场活跃度达到了最高值，此月交易额占 2023 年全年交易额的 45. 37%，交易量占全年交易量的 45. 00%，碳配额月均价格继续攀升达到了 69. 01 元，综合评价得分为第二个履约期内最高，达 0. 630 分。2023 年 11~12 月，虽然碳配额月均价格继续上扬并突破 70 元，12 月达到了评价范围内最高碳价 73. 16 元，但交易量和交易额不断下降，12 月交易额已不如同年度 9 月水平。整体来看，全国碳市场 2022 年与 2023 年两年度总体运行较为平稳，虽然依然有较为明显的履约驱动情况，但相对于 2021 年 12 月交易额和交易量占全年比重接近 70. 00%，已有明显向好态势。两年间，碳配额价格整体呈上升态势，由 2022 年 1 月的 52. 26 元震动上扬至 2023 年 12 月的 73. 16 元，碳配额价格的不断上升不仅体现了全国碳市场价值的提升，也可以更有效地通过市场机制倒逼企业实现减碳发展。市场活跃度问题依然是目前制约全国碳市场发展的主要问题，第二个履约期内，除 2023 年末外，其他交易时间交易量较小，且交易主体交易意愿较低，但随着市场交易主体进一步提高市场认知、未来更多行业的纳入和碳配额的进一步收紧，碳市场的活跃度将得到进一步的提升，总体发展水平也会不断提高。

从 8 个碳交易试点市场来看，各试点市场的得分和变化趋势各异。试点市场都不同程度地受到履约驱动影响，在当年的履约截止时间段，交易量、交易额、交易占比都较高，综合评价得分也相对较高，但总体来说试点市场交易情况较为平稳。表 3 为 2022~2023 年各市场履约截止时间。

表 3　2022~2023 年各市场履约截止时间

年份	广东	上海	深圳	天津	重庆	福建	北京
2022	8 月	12 月	8 月	8 月	1 月	—	11 月
2023	7 月	11 月	8 月	6 月	12 月	1 月	10 月

资料来源：根据各试点碳市场所属生态环境主管部门相关数据整理。

分市场来看，湖北碳市场综合表现最优，评价范围的 24 个月中，湖北碳市场有 8 个月在各试点市场中排名第一，湖北碳市场活跃度和市场波动性得分最高，这不仅说明湖北碳市场交易主体的交易意愿较强，而且交易更为分散，市场风险更低。广东碳市场拥有最高的交易总额，碳配额月均价格位居全部市场的第二，虽然受到一定履约驱动因素的影响，在 2022 年 8 月和 2023 年 7 月交易较为集中，但在其余月份也保持了较高的市场活跃度。北京碳市场拥有最高的碳配额价格，2022~2023 年，月均碳配额价格达到了 110.5 元，由于履约效应影响明显，在集中交易时间段，综合评价得分迅速上升，评价范围的 24 个月中，北京碳市场有 5 个月在各试点市场中排名第一，但总体交易规模较小、交易波动性得分最低，导致总体得分在 8 个碳交易试点市场中居于中游水平。上海碳市场与天津碳市场各方面较为均衡，上海碳市场总体交易量较小、总体市场换手率较低，天津碳市场有效交易日占比最低、碳配额价格较低，两市场综合得分均居于中游水平。福建碳市场发展迅速，评价范围内，福建碳市场拥有最高的交易总量，交易总额仅次于广东碳市场，且市场活跃度和市场波动性均为中游水平，但碳配额价格最低，月均价格仅为 26.8 元，远低于其他市场，导致市场总体得分居于 8 个试点市场下游。深圳碳市场除市场换手率外，其他要素表现不佳，重庆碳市场交易规模最小，两市场总体得分均处于 8 个试点市场下游。

在分析各项指标的评估结果时，鉴于指标之间存在正负向的区别，为了便于比较，所有一级指标的评分均调整为正向，即分数越高，其示范意义越显著。交易规模的一级指标评分结果如表 4 所示。在评估的 24 个月，得益于其庞大的市场体量，全国碳市场在其中 16 个月的交易规模评分最高，尤其是 2023 年 8~12 月，由于履约清算活动的影响，全国碳市场的交易规模显著提升，明显高于试点市场，2023 年 10 月的交易规模评分更是高达 0.976 分。然而，与第一履约期相比，部分试点市场如广东和福建等在少数月份的得分超过了全国碳市场，分别有 4 个月和 2 个月的评分居首位。从交易总量来看，全国碳市场在第二履约期的交易总量达到 2.58 亿吨，而 8 个试点市场的总交易量仅为 0.95 亿吨，全国碳市场的规模优势十分明显。

表 4　交易规模评价得分情况

单位：分

时间	全国	北京	天津	广东	上海	湖北	重庆	深圳	福建
2022 年 1 月	0.733	0.020	0.009	0.132	0.008	0.032	0.085	0.017	0.013
2022 年 2 月	0.170	0.007	NA	0.065	0.008	0.037	0.067	0.008	0.015
2022 年 3 月	0.076	0.010	0.010	0.122	0.032	0.033	0.031	0.019	0.079
2022 年 4 月	0.148	0.009	NA	0.093	0.011	0.045	0.062	0.009	0.027
2022 年 5 月	0.226	0.010	NA	0.267	0.009	0.039	0.050	0.017	0.080
2022 年 6 月	0.083	0.033	0.032	0.189	0.011	0.033	0.009	0.038	0.022
2022 年 7 月	0.115	0.012	0.201	0.134	0.009	0.027	0.007	0.025	0.035
2022 年 8 月	0.060	0.024	0.095	0.256	0.008	0.026	0.007	0.272	0.047
2022 年 9 月	0.009	0.012	0.014	0.111	0.008	0.020	0.009	0.034	0.019
2022 年 10 月	0.099	0.066	0.014	0.053	0.015	0.024	0.007	0.022	0.048
2022 年 11 月	0.703	0.114	0.009	0.139	0.022	0.020	0.007	0.017	0.046
2022 年 12 月	0.993	0.016	0.108	0.152	0.115	0.275	0.007	0.065	0.184
2023 年 1 月	0.032	0.008	0.040	0.030	0.008	0.035	NA	0.026	0.098
2023 年 2 月	0.186	0.009	0.055	0.064	0.008	0.016	0.007	0.017	0.009
2023 年 3 月	0.129	0.007	0.116	0.032	0.009	0.015	0.008	0.022	0.072
2023 年 4 月	0.106	0.014	0.043	0.053	0.016	0.012	0.007	0.018	0.148
2023 年 5 月	0.126	0.008	0.066	0.115	0.025	0.027	0.061	0.060	0.107
2023 年 6 月	0.225	0.015	0.090	0.182	0.018	0.030	0.008	0.017	0.082
2023 年 7 月	0.294	0.015	0.012	0.254	0.022	0.042	0.008	0.076	0.082
2023 年 8 月	0.704	0.018	0.009	0.050	0.021	0.052	0.013	0.096	0.165

续表

时间	全国	北京	天津	广东	上海	湖北	重庆	深圳	福建
2023 年 9 月	0. 928	0. 042	NA	0. 034	0. 012	0. 054	NA	0. 011	0. 065
2023 年 10 月	0. 976	0. 091	0. 007	0. 029	0. 029	0. 019	0. 008	0. 019	0. 039
2023 年 11 月	0. 875	0. 013	0. 007	0. 065	0. 113	0. 033	0. 016	0. 007	0. 227
2023 年 12 月	0. 867	0. 011	0. 037	0. 259	0. 011	0. 431	0. 016	0. 089	0. 312

资料来源：根据各碳市场每月交易数据计算。

各碳市场的交易结构评价得分情况如表 5 所示。交易结构得分与交易规模得分有一定联系，从单个市场得分来看，也体现了履约驱动的影响。分市场来看，全国碳市场在 2023 年 9～11 月得分较高，也在这几个月高于大部分碳市场得分，2023 年 10 月的 0. 955 分为交易结构最高得分，体现了当月全国碳市场良好的交易规模与活跃度。重庆碳市场和天津碳市场在评价范围内的 24 个月中，交易结构得分分别占据了 6 个和 4 个当月最高得分，这主要因为两市场的有效交易日较少，且交易集中在少数几个月，导致交易结构得分明显高于其他月份，也高于各市场当月得分。北京碳市场在集中交易的几个月得分也相对较高，但只有 2022 年 6 月、10 月和 11 月三个月得到了当月第一名，在 2022 年 11 月之后，得分迅速降低，2023 年末有一定回升但未再达到领先得分。广东碳市场得分较为平均，评价范围内最高分仅为 0. 272 分，全年共有两次得分占各市场第一名。上海和深圳碳市场相似，2022 年交易基本集中在一个月份，导致该月得分均超过 0. 800 分，并取得该月第一名，但其他时间得分相对较低，2023 年，两市场交易结构得分较为平均，没有取得非常高的得分，但深圳碳市场在 2023 年 8 月取得了 0. 273 分，由于当月其余各市场得分较低，深圳碳市场取得了当月第一名。湖北碳市场在评价时间范围内的交易活动大都发生在年末，2022 年 12 月得分为 0. 582 分，但由于上海碳市场得分更高只居第二位，2023 年 12 月得分为 0. 840 分，位居当月第一名。福建碳市场在 2022 年交易相对分散，各月交易结构得分较为均衡，2023 年交易主要集中在 11 月和 12 月，其中 12 月得分为 0. 466 分，另外 2023 年 1 月福建碳市场得分为 0. 135 分，也为本月各碳市场最高得分。

表 5　交易结构评价得分情况

单位：分

时间	全国	北京	天津	广东	上海	湖北	重庆	深圳	福建
2022 年 1 月	0. 101	0. 108	0. 015	0. 143	0. 014	0. 066	0. 609	0. 053	0. 019
2022 年 2 月	0. 027	0. 010	NA	0. 062	0. 015	0. 068	0. 480	0. 010	0. 022
2022 年 3 月	0. 017	0. 034	0. 017	0. 126	0. 200	0. 064	0. 182	0. 074	0. 124
2022 年 4 月	0. 025	0. 021	NA	0. 112	0. 038	0. 090	0. 407	0. 018	0. 040
2022 年 5 月	0. 033	0. 035	NA	0. 253	0. 020	0. 077	0. 356	0. 056	0. 126
2022 年 6 月	0. 018	0. 206	0. 092	0. 181	0. 032	0. 062	0. 017	0. 121	0. 031
2022 年 7 月	0. 021	0. 045	0. 611	0. 128	0. 023	0. 051	0. 010	0. 073	0. 051
2022 年 8 月	0. 015	0. 130	0. 273	0. 243	0. 014	0. 050	0. 010	0. 867	0. 067
2022 年 9 月	0. 010	0. 044	0. 029	0. 108	0. 017	0. 035	0. 022	0. 096	0. 025
2022 年 10 月	0. 020	0. 384	0. 029	0. 053	0. 069	0. 044	0. 010	0. 056	0. 065
2022 年 11 月	0. 084	0. 624	0. 014	0. 134	0. 119	0. 036	0. 010	0. 040	0. 061
2022 年 12 月	0. 276	0. 059	0. 339	0. 150	0. 805	0. 582	0. 010	0. 190	0. 248
2023 年 1 月	0. 012	0. 011	0. 115	0. 032	0. 011	0. 068	NA	0. 067	0. 135
2023 年 2 月	0. 029	0. 028	0. 165	0. 064	0. 011	0. 027	0. 010	0. 041	0. 012
2023 年 3 月	0. 023	0. 010	0. 373	0. 032	0. 020	0. 025	0. 011	0. 056	0. 099
2023 年 4 月	0. 020	0. 063	0. 123	0. 052	0. 073	0. 019	0. 010	0. 041	0. 240
2023 年 5 月	0. 022	0. 012	0. 196	0. 108	0. 136	0. 051	0. 416	0. 162	0. 139
2023 年 6 月	0. 033	0. 064	0. 263	0. 171	0. 082	0. 057	0. 012	0. 035	0. 112
2023 年 7 月	0. 040	0. 055	0. 023	0. 240	0. 117	0. 081	0. 016	0. 206	0. 107
2023 年 8 月	0. 079	0. 071	0. 015	0. 051	0. 103	0. 103	0. 053	0. 273	0. 213
2023 年 9 月	0. 371	0. 221	NA	0. 036	0. 041	0. 106	NA	0. 020	0. 084
2023 年 10 月	0. 955	0. 541	0. 010	0. 032	0. 161	0. 034	0. 010	0. 045	0. 052
2023 年 11 月	0. 421	0. 046	0. 010	0. 070	0. 620	0. 065	0. 082	0. 010	0. 314
2023 年 12 月	0. 212	0. 031	0. 103	0. 272	0. 033	0. 840	0. 069	0. 243	0. 466

资料来源：根据各碳市场每月交易数据计算。

各碳市场的市场价值评价得分情况如表 6 所示。评价期间，由于北京碳市场碳配额价格最高，该市场的市场价值得分优势明显，共有 19 个月得分最高，2023 年 1 月达到了 0. 970 分，远高于其他各市场。除北京碳市场外，广东碳市场市场价值得分也较高，有 5 个月超越了北京碳市场。全国碳市场市场价值得分处于中上游水平，与上海碳市场得分基本相当。湖北碳市场市场价值得分基本处于中游水平，评价范围内，市场价值得分并无明显提升。除湖北碳市场外，其他各市场碳配额价格总体上处于上升态势，市场价值得分也随之提高。

表 6　市场价值评价得分情况

单位：分

时间	全国	北京	天津	广东	上海	湖北	重庆	深圳	福建
2022 年 1 月	0. 360	0. 498	0. 171	0. 429	0. 286	0. 279	0. 201	0. 080	0. 066
2022 年 2 月	0. 400	0. 416	NA	0. 585	0. 295	0. 378	0. 212	0. 019	0. 069
2022 年 3 月	0. 390	0. 352	0. 172	0. 479	0. 354	0. 322	0. 268	0. 010	0. 098
2022 年 4 月	0. 394	0. 429	NA	0. 337	0. 416	0. 318	0. 265	0. 034	0. 100
2022 年 5 月	0. 393	0. 416	NA	0. 558	0. 426	0. 315	0. 179	0. 058	0. 102
2022 年 6 月	0. 401	0. 579	0. 198	0. 552	0. 435	0. 330	0. 275	0. 247	0. 151
2022 年 7 月	0. 408	0. 598	0. 239	0. 565	0. 426	0. 330	0. 251	0. 256	0. 142
2022 年 8 月	0. 388	0. 626	0. 255	0. 560	0. 425	0. 311	0. 319	0. 326	0. 159
2022 年 9 月	0. 408	0. 678	0. 241	0. 540	0. 389	0. 324	0. 235	0. 338	0. 172
2022 年 10 月	0. 376	0. 796	0. 247	0. 533	0. 377	0. 342	0. 215	0. 345	0. 183
2022 年 11 月	0. 382	0. 947	0. 245	0. 553	0. 383	0. 338	0. 203	0. 357	0. 208
2022 年 12 月	0. 384	0. 895	0. 201	0. 521	0. 391	0. 316	0. 234	0. 359	0. 204
2023 年 1 月	0. 385	0. 970	0. 202	0. 531	0. 388	0. 330	NA	0. 383	0. 184
2023 年 2 月	0. 388	0. 443	0. 200	0. 530	0. 400	0. 334	0. 212	0. 358	0. 189
2023 年 3 月	0. 363	0. 630	0. 189	0. 576	0. 393	0. 322	0. 211	0. 345	0. 183
2023 年 4 月	0. 363	0. 517	0. 211	0. 572	0. 410	0. 315	0. 199	0. 393	0. 093
2023 年 5 月	0. 391	0. 851	0. 213	0. 578	0. 421	0. 319	0. 233	0. 415	0. 230
2023 年 6 月	0. 373	0. 662	0. 242	0. 578	0. 424	0. 318	0. 177	0. 445	0. 190
2023 年 7 月	0. 380	0. 789	0. 236	0. 562	0. 425	0. 339	0. 171	0. 424	0. 228
2023 年 8 月	0. 443	0. 836	0. 206	0. 534	0. 426	0. 338	0. 190	0. 399	0. 232
2023 年 9 月	0. 459	0. 810	NA	0. 508	0. 444	0. 335	NA	0. 416	0. 238
2023 年 10 月	0. 483	0. 775	0. 233	0. 466	0. 458	0. 305	0. 206	0. 381	0. 217
2023 年 11 月	0. 503	0. 750	0. 233	0. 448	0. 503	0. 291	0. 159	0. 404	0. 190
2023 年 12 月	0. 513	0. 664	0. 221	0. 456	0. 487	0. 265	0. 308	0. 429	0. 155

资料来源：根据各碳市场每月交易数据计算。

各碳市场的市场活跃度评价得分情况如表 7 所示。全国碳市场的活跃度较碳交易试点市场有明显劣势，主要原因在于市场换手率较低、交易集中度较高，评价范围内仅在 2023 年 9～12 月活跃度较高，但未能取得这几个月的当月最高分，从趋势上看，全国碳市场在 2022 年和 2023 年初保持震荡下行趋势，随后进入上涨态势，在年底达到评价范围内的最高得分区间。分市场来看，湖北碳市场是交易最为活跃的市场，不仅平均分最高，且有 9 个月为当月市场活跃度的最高得分。除湖北碳市场外，天津碳市场活跃度得分也较为理想，主要源于市场换手率较高、交易集中度较低，天津碳市场有 3 个月占据当月市场活跃度最高得分。深圳碳市场在 2022 年 8 月取得市场活跃度的最高得分 0.991 分，这与当月深圳市场高达 11.88%的市场换手率有关，但由于总体活跃度较低，平均得分不够理想。北京碳市场活跃度较为均衡，交易集中度较低，但市场换手率和有效交易日占比居各市场中游水平，总体得分低于湖北碳市场。重庆碳市场在市场活跃度方面相较于其他维度表现较好，有 7 个月达到了 0.400 分以上。福建、广东和上海碳市场在活跃度方面得分一般，除有效交易日占比外，市场换手率和交易集中度表现不佳。

表 7　市场活跃度评价得分情况

单位：分

时间	全国	北京	天津	广东	上海	湖北	重庆	深圳	福建
2022 年 1 月	0.192	0.346	0.358	0.323	0.041	0.442	0.172	0.038	0.252
2022 年 2 月	0.045	0.278	NA	0.381	0.189	0.395	0.403	0.018	0.195
2022 年 3 月	0.120	0.215	0.290	0.216	0.079	0.438	0.280	0.171	0.390
2022 年 4 月	0.183	0.298	NA	0.179	0.135	0.278	0.390	0.168	0.035
2022 年 5 月	0.189	0.307	NA	0.420	0.001	0.337	0.268	0.152	0.317
2022 年 6 月	0.130	0.301	0.319	0.293	0.287	0.378	0.223	0.294	0.248
2022 年 7 月	0.188	0.339	0.421	0.301	0.020	0.323	0.414	0.160	0.184
2022 年 8 月	0.132	0.129	0.122	0.140	0.132	0.133	0.111	0.991	0.136
2022 年 9 月	0.191	0.306	0.230	0.346	0.025	0.400	0.135	0.189	0.321
2022 年 10 月	0.290	0.457	0.450	0.239	0.064	0.440	0.336	0.067	0.405
2022 年 11 月	0.281	0.281	0.414	0.184	0.120	0.431	0.425	0.175	0.170
2022 年 12 月	0.039	0.269	0.415	0.333	0.170	0.462	0.316	0.214	0.416
2023 年 1 月	0.001	0.415	0.408	0.359	0.253	0.287	NA	0.081	0.205
2023 年 2 月	0.071	0.297	0.465	0.324	0.310	0.307	0.409	0.233	0.411
2023 年 3 月	0.008	0.414	0.207	0.411	0.423	0.184	0.414	0.330	0.253

续表

时间	全国	北京	天津	广东	上海	湖北	重庆	深圳	福建
2023 年 4 月	0.020	0.372	0.458	0.274	0.319	0.264	0.234	0.319	0.179
2023 年 5 月	0.193	0.189	0.348	0.303	0.437	0.394	0.360	0.262	0.272
2023 年 6 月	0.318	0.315	0.277	0.290	0.354	0.294	0.285	0.369	0.409
2023 年 7 月	0.338	0.392	0.346	0.247	0.283	0.450	0.406	0.361	0.247
2023 年 8 月	0.184	0.384	0.345	0.068	0.342	0.463	0.329	0.469	0.142
2023 年 9 月	0.434	0.433	NA	0.220	0.448	0.356	NA	0.426	0.412
2023 年 10 月	0.493	0.425	0.200	0.257	0.136	0.212	0.062	0.405	0.499
2023 年 11 月	0.434	0.437	0.166	0.231	0.387	0.497	0.453	0.295	0.460
2023 年 12 月	0.415	0.151	0.407	0.378	0.207	0.479	0.183	0.167	0.375

资料来源：根据各碳市场每月交易数据计算。

各碳市场的市场波动性评价得分情况如表 8 所示。全国碳市场在市场波动性评价得分上处于中游水平，大部分月份得分在 0.550～0.750 分，2023 年 10 月，全国碳市场波动性评价得分为 0.708 分，居各市场第一位。湖北碳市场是市场波动性得分最高的市场，24 个月中有 14 个月居各市场第一位，优势主要体现在价格波动幅度和交易量分散度上，两个维度均大幅优于其余各市场。广东碳市场虽然只有 3 个月为各市场第一名，但总体市场波动性得分仅次于湖北碳市场。天津碳市场和上海碳市场在市场波动性维度表现也相对优异，分别有 3 个月和 2 个月居当月首位。福建碳市场、重庆碳市场和深圳碳市场市场波动性表现不佳，得分较低。北京碳市场由于碳配额价格较高，部分月份价格波动比较剧烈，市场波动性总体表现不理想。

表 8　市场波动性评价得分情况

单位：分

时间	全国	北京	天津	广东	上海	湖北	重庆	深圳	福建
2022 年 1 月	0.718	0.503	0.532	0.481	0.734	0.829	0.443	0.531	0.291
2022 年 2 月	0.644	0.429	NA	0.604	0.740	0.706	0.513	0.156	0.595
2022 年 3 月	0.756	0.392	0.658	0.563	0.453	0.833	0.646	0.328	0.315
2022 年 4 月	0.747	0.365	NA	0.653	0.688	0.809	0.722	0.404	0.281

续表

时间	全国	北京	天津	广东	上海	湖北	重庆	深圳	福建
2022年5月	0.792	0.381	NA	0.854	0.599	0.773	0.302	0.201	0.699
2022年6月	0.754	0.541	0.692	0.745	0.783	0.792	0.501	0.412	0.728
2022年7月	0.735	0.669	0.626	0.729	0.703	0.740	0.447	0.562	0.547
2022年8月	0.634	0.560	0.677	0.771	0.647	0.809	0.618	0.437	0.611
2022年9月	0.718	0.258	0.692	0.770	0.529	0.857	0.311	0.627	0.704
2022年10月	0.584	0.636	0.820	0.791	0.651	0.901	0.723	0.578	0.807
2022年11月	0.593	0.495	0.654	0.621	0.726	0.880	0.401	0.467	0.713
2022年12月	0.492	0.141	0.667	0.657	0.689	0.817	0.452	0.604	0.795
2023年1月	0.720	0.665	0.785	0.797	0.705	0.761	NA	0.399	0.622
2023年2月	0.711	0.443	0.816	0.729	0.754	0.781	0.990	0.547	0.774
2023年3月	0.632	0.462	0.640	0.840	0.602	0.762	0.653	0.517	0.497
2023年4月	0.559	0.317	0.847	0.738	0.761	0.782	0.641	0.720	0.425
2023年5月	0.755	0.301	0.771	0.544	0.830	0.763	0.586	0.650	0.748
2023年6月	0.582	0.010	0.607	0.755	0.773	0.813	0.580	0.784	0.509
2023年7月	0.569	0.440	0.639	0.753	0.748	0.843	0.636	0.716	0.757
2023年8月	0.481	0.551	0.485	0.585	0.801	0.852	0.622	0.648	0.664
2023年9月	0.656	0.710	NA	0.759	0.757	0.884	NA	0.731	0.576
2023年10月	0.708	0.677	0.667	0.688	0.680	0.697	0.636	0.373	0.626
2023年11月	0.751	0.426	0.990	0.755	0.601	0.787	0.471	0.607	0.652
2023年12月	0.623	0.362	0.741	0.701	0.648	0.731	0.618	0.659	0.558

资料来源：根据各碳市场每月交易数据计算。

总体来看，大部分市场的综合得分在2022~2023年有一定的上升，但上升幅度并不高。全国碳市场的综合得分与湖北碳市场和广东碳市场基本处于同一水平，优于其他大部分碳交易试点市场，优势主要体现在交易规模上，凭借巨大体量成为我国的主要碳市场，但市场活跃度的劣势使得全国碳市场综合得分大打折扣，未来提高市场活跃度仍然是全国碳市场建设的要点。提高市场活跃度除了提高现有交易主体的积极性外还应尽快布局纳入更多行业，并合理分配配额，未来随着CCER的重启，交易产品的进一步丰富也有利于市场活跃度的上升。另外，有效降低“潮汐效应”，缓解履约驱动的影响对碳市场的发展具有重要意义，其不仅能够使得交易更加平均，碳价更准确地反映企业真实的减排成本，还能够有效降低市场风险。

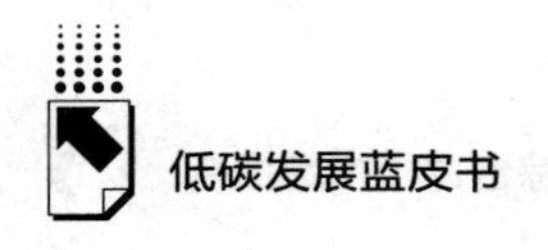

五 主要结论

（一）中国碳试点市场综合发展水平差异较大

中国碳试点市场较大的综合发展水平差异可能主要归因于市场参与度、制度成熟度以及市场监管效率等方面的差异。例如，归因于其明显较大的交易规模和相对稳定的交易价格，全国碳市场在第二履约期的表现总体比较稳定。湖北碳市场和广东碳市场由于较早实施碳交易机制，加之有着较为完善的市场规则和管理体系，在市场活跃度、市场稳定性和制度创新方面表现较好。相反，深圳和重庆等的碳市场由于起步较晚，加之市场规模相对较小、参与主体较为有限，因此在市场效率和参与度方面相对较低。此外，不同市场的政策导向、地方政府的支持力度以及地区经济特性也对各自市场的发展造成了显著影响。这种差异性提示我们，在未来的市场发展策略中需要考虑地区特性，制定更有针对性的措施来促进碳市场的均衡发展。

（二）市场价值的提高对市场活跃度的影响比较有限

尽管 2022~2023 年中国多数碳市场的市场价值总体呈现上升趋势，但这种增长并未有效促进市场活跃度的提升。市场价值的提升主要是由于碳配额价格的上涨，但这并未引发市场参与主体的活跃交易行为。实际上，市场的活跃度受到多种因素的影响，包括市场规则的完善度、市场信息的透明度、参与主体的多样性和成熟度等。当前，市场参与者对价格波动的反应不足，显示出对市场的信心和对碳交易的认识仍有待提高。此外，市场活跃度的低迷也反映了现有市场机制在激励参与者积极交易方面存在不足。因此，提高市场价值的同时，还需加强市场机制的优化和政策创新，以促进市场活跃度的提升。

（三）各个碳市场的市场波动性存在明显差异

研究发现，中国各个碳市场在市场波动性方面表现出明显的不同。例如，湖北碳市场和广东碳市场由于较为成熟的市场机制和较高的市场参与度，其市场波动性相对较低，表现出较强的市场稳定性。相比之下，深圳和重庆等的碳市场由于市场规模较小、参与主体较少以及市场机制不够完善，其市场波动性较大，显示出市场的不稳定性。市场波动性的差异反映了各个市场在供需平衡、信息透明度以及市场监管等方面的不同。较高的市场波动性可能会增加市场的不确定性，影响市场参与者的交易决策，从而影响市场的整体健康发展。因此，针对中国各个碳市场的市场波动性，显然需要采取更为精准的监管策略并优化市场机制，以平衡供需关系，提高市场信息的透明度和可获得性。这不仅能够降低市场的不确定性，还有助于提升市场参与者的信心，促进市场的长期稳健发展。同时，加强市场监管和风险管理机制，以及提高市场参与者的专业能力和风险意识，是确保市场稳定的关键。

参考文献

刘传明、孙喆、张瑾：《中国碳排放权交易试点的碳减排政策效应研究》，《中国人口·资源与环境》2019 年第 11 期。

吕靖烨、曹铭、李朋林：《中国碳排放权交易市场有效性的实证分析》，《生态经济》2019 年第 7 期。

王文军、谢鹏程、李崇梅等：《中国碳排放权交易试点机制的减排有效性评估及影响要素分析》，《中国人口·资源与环境》2018 年第 4 期。

肖玉仙、尹海涛：《我国碳排放权交易试点的运行和效果分析》，《生态经济》2017 年第 5 期。

曾刚、万志宏：《碳排放权交易：理论及应用研究综述》，《金融评论》2010 年第 4 期。

张希良、张达、余润心：《中国特色全国碳市场设计理论与实践》，《管理世界》2021 年第 8 期。

Lee, Y. J., Kim, N. W., Choi, K. H., et al., "Analysis of the Informational Efficiency of the EU Carbon Emission Trading Market: Asymmetric MF-DFA Approach," *Energy*, 2020, 13 (9).

Munnings, C., Morgenstern, R. D., "Assessing the Design of Three Carbon Trading Pilot Programs in China," *Energy Policy*, 2016, 96: 688-699.

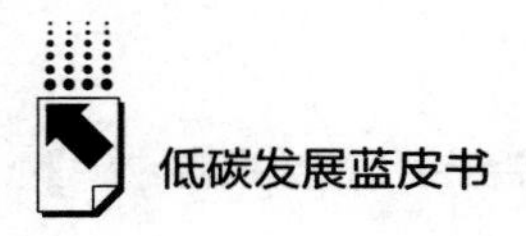

Wittneben, B. B. F., "Exxon is Right: Let Us Re-examine Our Choice for a Cap-and-trade System Over a Carbon Tax," *Energy Policy*, 2009, 37 (6).

Yi, L., Bai, N., "Evaluation on the Effectiveness of China's Pilot Carbon Market Policy," *Journal of Cleaner Production*, 2020, 246: 119039.

Yi, L., Liu, Y., "Study on Serviceability and Efficiency of Seven Pilot Carbon Trading Exchanges in China," *Science of the Total Environment*, 2020, 703: 135465.

Zhang, W., Li, J., Li, G. X., et al., "Emission Reduction Effect and Carbon Market Efficiency of Carbon Emissions Trading Policy in China," *Energy*, 2020, 196: 117117.

Zhao, X. G., Jiang, G. W., Nie, D., et al., "How to Improve the Market Efficiency of Carbon Trading: A Perspective of China," *Renewable and Sustainable Energy Reviews*, 2016, 59: 1229-1245.

Zhou, A. H., Xin, L., Li, J., "Assessing the Impact of the Carbon Market on the Improvement of China's Energy and Carbon Emission Performance," *Energy*, 2022, 258: 124789.

企业篇

B.5

全国碳市场纳管企业总体特征分析

马世群　封　超　尹智超*

摘　要：　厘清全国碳市场纳管企业总体特征是进一步了解全国碳市场运行特点，加速全国碳市场扩容，针对性推动全国碳市场改革，有效完善全国碳市场基础设施与基本制度的重要前提条件。基于此，本报告从全国碳市场纳管企业空间结构、纳管企业性质以及纳管企业履约情况三方面入手，对全国碳市场纳管企业总体分布特征与动态演变、全国碳市场纳管企业区域分布特征及动态演变、试点地区碳市场与全国碳市场纳管企业分布特征、全国碳市场纳管企业性质特征以及全国碳市场各省级行政区纳管企业履约情况进行了深入探究。在此基础上提出了因地制宜、对点施策，完善细化碳市场监管制度和法律法规体系，加强能力建设、提高碳市场参与专业性，推动试点碳市场向全国碳市场过渡等管控对策。

* 马世群，山东财经大学金融学院博士研究生，主要研究方向为绿色金融、国际金融；封超，山东财经大学金融学院博士研究生，主要研究方向为绿色金融、货币政策；尹智超，经济学博士，山东财经大学金融学院国际金融系主任，副教授，硕士研究生导师，主要研究方向为国际金融、货币政策。

关键词： 全国碳市场　纳管企业　空间结构　企业性质　履约情况

一　全国碳市场纳管企业空间结构分布特征及演变趋势

（一）全国碳市场纳管企业总体分布特征与动态演变

据各省（市）生态环境厅（局）数据，我国全国碳市场纳管企业总数呈稳步增长状态，由2020年的2062家增长至2021年的2588家，增长幅度为26%，增长速度较快。其中，广东的纳管企业由2020年的8家增长至2021年的126家，增长了近15倍；青海的纳管企业总数由12家增长至66家，增长了4倍有余；重庆和陕西也分别增长了2倍有余。而北京、江西和四川三个省份的纳管企业数量呈现负增长，可见省份与省份之间的纳管企业变化差异较大。2022年，纳管企业数量有所回落，全国纳管企业数量由2588家降至2576家，但整体而言，变化幅度较小。

如图1所示，全国共有31个省级行政区包含碳排放权交易纳管企业。各省级行政区的纳管企业数量分布差异大，从个位数到百位数呈现明显的阶梯状，山东的碳排放权交易纳管企业数量占全国总量的比重达16%，居于榜首，而海南占比仅0.34%，居于末位。纳管企业主要集中在华北和华东地区，其他地区的纳管企业数量较少，区域分布不均。

如图2所示，2021年全国碳排放纳管企业的分布较2020年更为均衡，方差更小。山东的纳管企业数量为327家，较2020年有小幅度增长，仍居榜首。广东的纳管企业数量增幅最大，增长了近15倍，排名从2020年的倒数第二名升至2021年的正数第六名。江西、四川和北京的纳管企业数量有小幅度减少，整体排名变化不大。2021年，西北地区重点排放单位占比超过华北地区，位居第二。整体来看，纳管企业主要集中在华东、华北和西北地区，华南和西南地区分布较少，这和各地的产业结构有关。

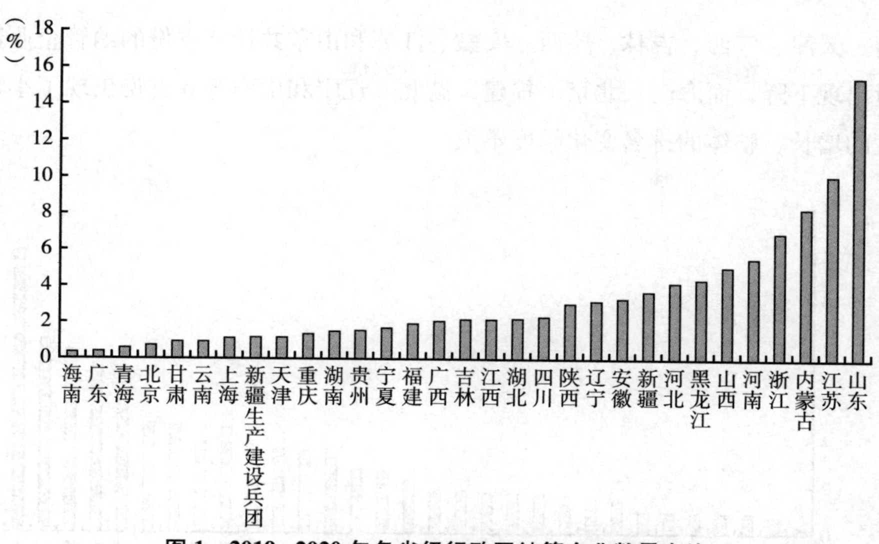

图 1　2019~2020 年各省级行政区纳管企业数量占比

资料来源：根据各省级行政区生态环境厅（局）数据绘制。

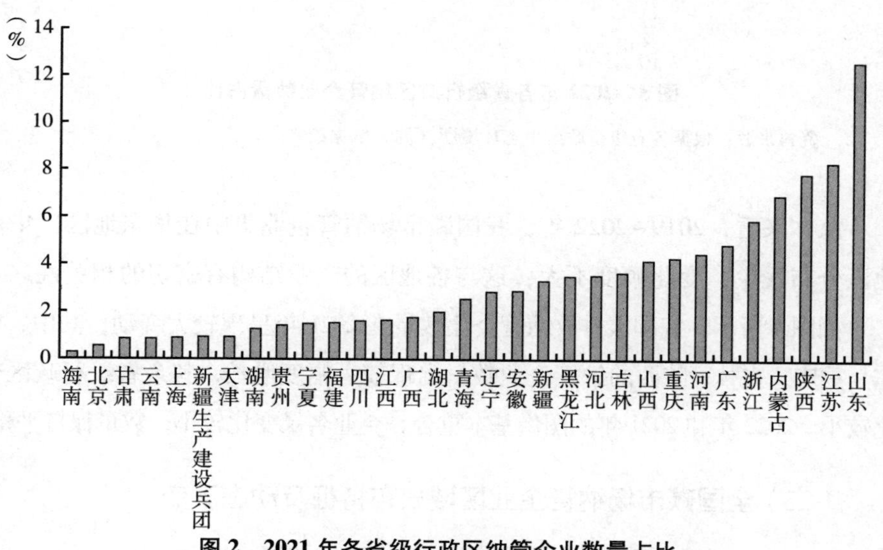

图 2　2021 年各省级行政区纳管企业数量占比

资料来源：根据各省级行政区生态环境厅（局）数据绘制。

如图 3 所示，2022 年全国碳排放纳管企业分布仍呈现明显的阶梯状，各省的数量差异较大。2022 年较 2021 年纳管企业总量有所下滑，广东、云

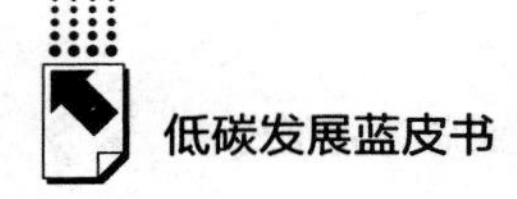

南、天津、广西、吉林、陕西、安徽、江苏和山东共计9省份的纳管企业数量出现下降，而海南、北京、福建、湖北、辽宁和山西等6省份出现了小幅度的增长，整体的排名变化幅度不大。

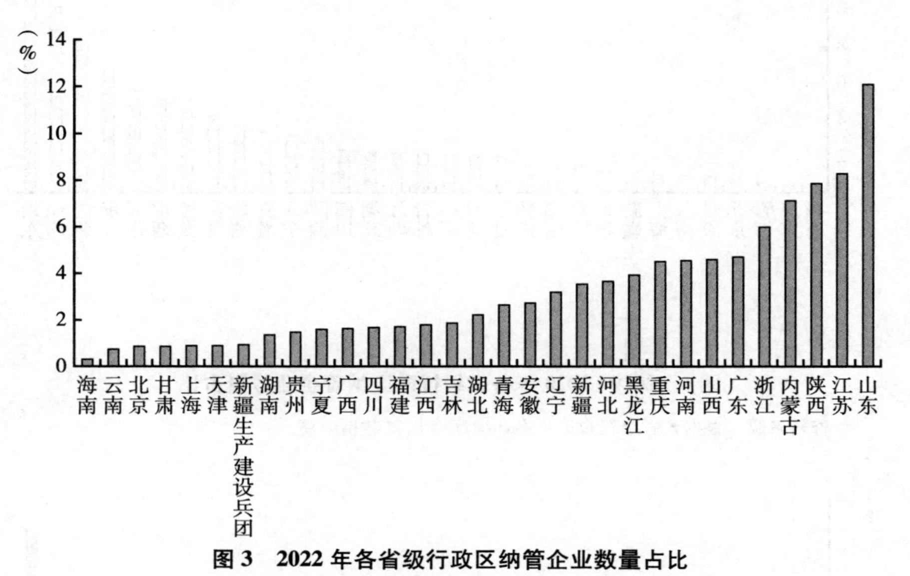

图3　2022年各省级行政区纳管企业数量占比

资料来源：根据各省级行政区生态环境厅（局）数据绘制。

总体来看，2019~2022年，我国碳市场纳管企业集中在华东地区，华南地区分布最少，变化幅度不大，这与各地区的产业结构有密切的相关性。

如图4所示，我国碳排放纳管企业数量在2021年呈现较大变动，其中，广东、重庆、吉林、陕西的纳管企业数量出现较大幅度增长，其余省级行政区变化较小。2022年和2021年的图像基本重合，企业名录变化较小，数量保持平稳。

（二）全国碳市场纳管企业区域分布特征及动态演变

如图5所示，2019~2020年全国重点碳排放单位的区域分布情况呈现明显的差异。由图5可以看出，重点碳排放单位主要位于华东地区与华北地区。其中华东地区重点排放单位最多，共占全国重点排放单位的41%，远超我国其他地区，华北地区重点排放单位占全国的20%，以上两区域共同

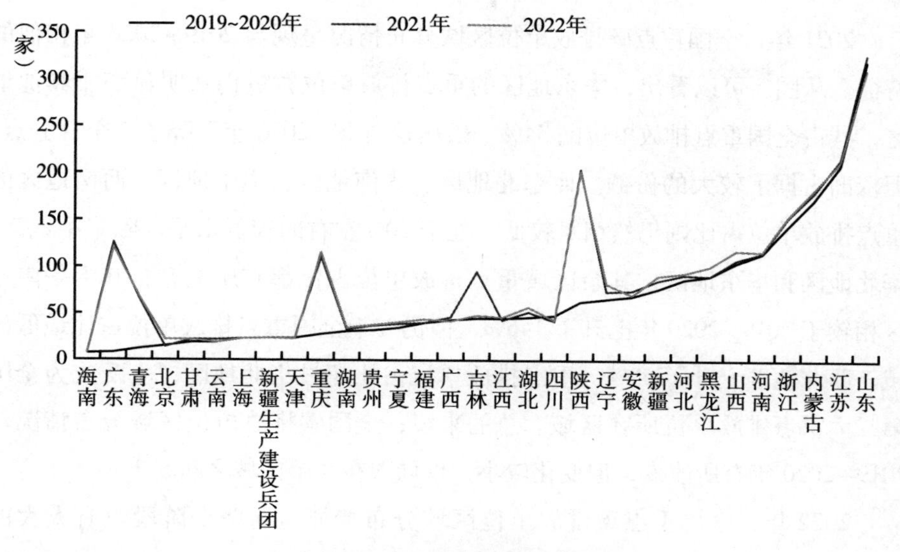

图4　各省级行政区纳管企业数量

资料来源：根据各省级行政区生态环境厅（局）数据绘制。

构成了我国重点排放单位总量的一半以上。东北地区、华南地区、华中地区、西北地区、西南地区重点排放单位相对较少，基本处于10%左右的水平，华南地区重点排放单位仅有2.8%，与其他地区相比处于极少的重点排放单位水平，值得其他地区政府、企业学习如何控制和降低碳排放。

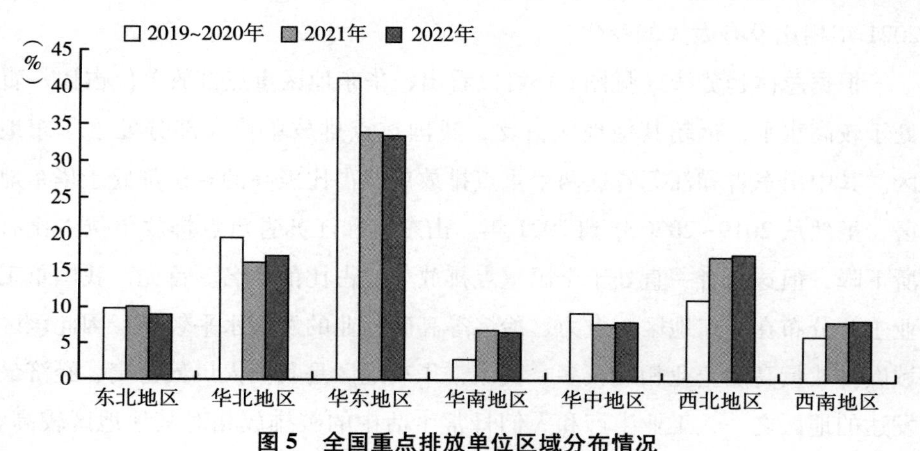

图5　全国重点排放单位区域分布情况

资料来源：根据各省级行政区生态环境厅（局）数据绘制。

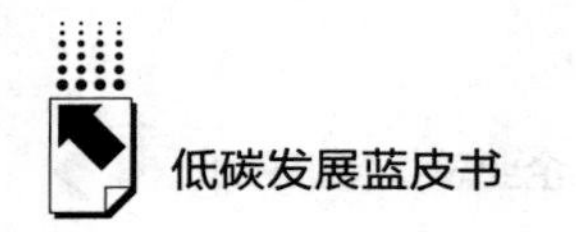

2021年，全国重点碳排放单位区域分布情况呈现与2019~2020年相似的特征。从图5可以看出，华东地区的重点排放单位数量仍然明显高于其他地区，共占全国重点排放单位的34%，虽然较2019~2020年下降了7个百分点，但依旧占据了较大的份额。而东北地区、华南地区、华中地区、西南地区的重点排放单位占比则仍然相对较低，处于10%左右的较低水平。除华中地区、华北地区和华东地区，其余区域重点排放单位占比都有所上升，其中华南地区相较于2019~2020年上升了146%，但仍处于全国重点排放单位占比最低区域。西北地区上升了53%，重点排放单位占比超过华北地区，一跃成为全国第二大重点排放单位所在区域。总的来说，全国碳排放单位区域分布情况较2019~2020年有所改变，但变化较小，仅局限在几个区域之间。

2022年，全国重点碳排放单位区域分布特征与前两个阶段没有太大的变化。从图5可以看出，华东地区的重点排放单位数量仍然明显高于其他地区，共占据全国重点排放单位的33.5%，较2021年有所下降，但幅度很小，依旧占据了我国碳排放重点单位较大的比重。而东北地区、华南地区、华中地区、西南地区的重点排放单位占比则仍然相对较低，处于10%左右的较低水平。与2021年相比，全国各地区的重点排放单位占比变化较小，最大变化幅度不超过1.1%。其中，除华南地区、东北地区和华东地区以外，其余地区皆呈现上升趋势。但总体来说，全国重点碳排放单位区域分布情况与2021年相比没有太大的变化。

根据总体趋势线（见图6）可以看出，华东地区重点排放单位占比一直处于较高水平，远超其他地区占比，我国重点排放单位大部分处于华东地区。其中山东省和江苏省这两个重点排放单位占比极高的省份都处于华东地区，虽然从2019~2020年到2021年，山东省和江苏省重点排放单位占比有所下降，但这两者一直处于全国重点排放单位占比前两名。首先，我国重工业主要分布在华东地区，电力、冶炼等高碳行业的发展水平较高，因此该区域碳排放量高的企业相对较多。其次，华东地区是我国人口最密集、经济最发达的地区之一，工业生产和人们日常生活中的碳排放相对其他地区较高。华南地区、华中地区、东北地区的重点碳排放单位相对较少，可能主要归因于这几个地区的产业结构、能源结构和经济发展水平等因素。这些地区主要的产业结构以轻工业和农业为主，与重工业和高耗能行业相比，其碳排放量相对较低。纺织、服装、电子是轻工业的主要构成部分，这些行业的能源需求量相对较小，技术水平也相对较低，碳排放量也相对较少。在农业方面，这些地区的农业以传统农业为主，虽然化肥和农药的使用是不可避免的，但是其碳排放量与其他行业相比相对较小。此外，相对来说，这些地区的能源结构也较为清洁，例如，华中地区以水电为主，而华南地区和东北地区则以火电为主。东北地区的能源结构包括煤炭、石油、天然气等，相对来说也较为多样化。这种多样化的能源结构使能源供应更加稳定，同时降低了对单一能源的依赖，使得碳排放量进一步降低。这些地区的经济发展水平也相对较为均衡，与华东地区相比没有高度集中在某些城市或地区，因此碳排放量也相对较少。

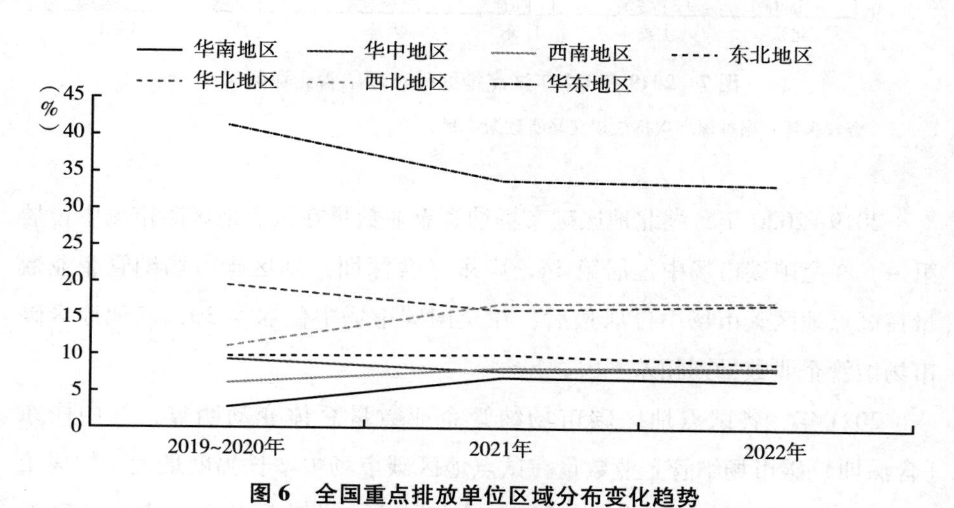

图 6　全国重点排放单位区域分布变化趋势

资料来源：根据各省级行政区生态环境厅（局）数据绘制。

（三）试点地区碳市场与全国碳市场纳管企业分布特征

中国碳市场建设从地方试点开始，碳排放权交易的地方试点工作先后在北京、上海、广东、深圳、天津、重庆、湖北等地开展。此后，全国碳排放交易市场（以下简称“全国碳市场”）于2021年7月16日上线交易，成为全球最大的碳交易市场。全国碳市场的发展趋势受到密切关注。

图7描绘了2019~2022年试点地区碳市场纳管企业数量的动态演变特征，呈现了试点地区碳市场纳管企业数量绝对数的变化情况。

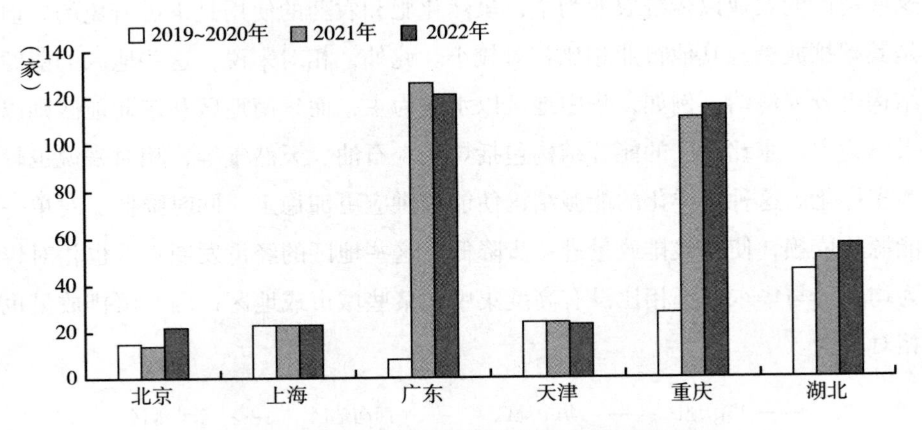

图7　2019~2022年试点地区碳市场纳管企业数量

资料来源：根据深圳碳排放权交易所数据绘制。

2019~2020年，湖北地区碳市场纳管企业数量在试点地区碳市场中位居第一，在全国碳市场中位居第14，广东（含深圳）地区碳市场纳管企业数量在试点地区碳市场中位居最后，在全国碳市场中位居第30，其他地区碳市场纳管企业数量则相差不大。

2021年，各试点地区碳市场纳管企业数量总体变动明显，其中广东（含深圳）碳市场纳管企业数量在试点地区碳市场中增长幅度最大，位居第1，在全国碳市场中位居第6，重庆碳市场纳管企业数量及涨幅均位居第2，其他地区碳市场纳管企业数量变动较为平稳，其中北京地区碳市场纳管企业数量在试点地区碳市场中位居最后，在全国碳市场中位居第30。总体而言，试点地区碳市场纳管企业数量呈现增长趋势。

2022年，各试点地区碳市场纳管企业数量相较于2021年变动平稳，未出现较大幅度变动。其中广东（含深圳）碳市场纳管企业数量在试点地区碳市场中位居第 1，在全国碳市场中位居第 6，重庆碳市场纳管企业数量位居第 2，在全国碳市场中位居第 9。

图 8 描绘了 2019～2022 年各试点地区碳市场纳管企业数量占全国纳管企业总数的比例的动态演变特征，呈现了试点地区碳市场纳管企业数量相对数的变化情况。

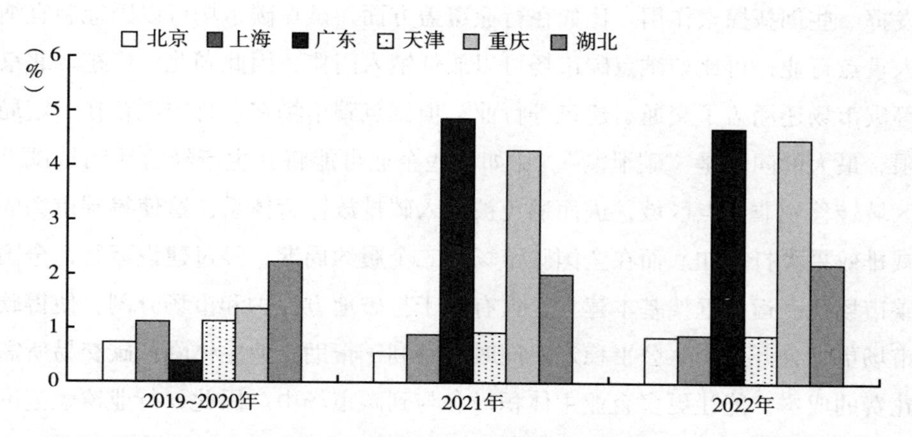

图 8　2019～2022 年各试点地区碳市场纳管企业数量占全国纳管企业总数的比例

资料来源：根据深圳碳排放权交易所数据绘制。

北京碳市场纳管企业数量在全国纳管企业数量中所占比例的变动情况与绝对数变化一致，具体表现为 2021 年相较 2019～2020 年下降，2022 年较 2021 年有所上升，且值大于 2019～2020 年；上海碳市场纳管企业数量并无变动，但 2019～2020 年纳管企业数量占比较 2021 年与 2022 年高，表明全国碳市场总体发展程度不断提升，企业涵盖范围也在不断扩大；广东（含深圳）碳市场纳管企业数量在全国纳管企业数量中所占比例的变动情况与绝对数变化一致，2021 年相较 2019～2020 年大幅上升，2022 年较 2021 年略有下降；天津碳市场纳管企业数量无明显变动，但纳管企业数量占比总体呈现下降趋势；湖北碳市场纳管企业数量呈现小幅上升趋势，但就纳管企业数量占比而言，2021 年较 2019～2020 年下降，2022 年较 2021 年上升，且占比值小于 2019～2020 年；重庆碳市场纳管企业数量在全国纳管企业数量中所占

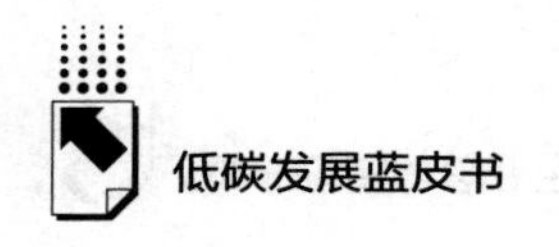

比例的变动情况与绝对数变化一致，呈现逐年上升趋势。

由上述分析可以明显看出一个发展趋势，即试点地区碳市场正逐步向全国碳市场过渡。可能的原因主要有两方面：一方面是试点碳市场作用发挥存在局限性，另一方面则是全国碳市场优势不断显现。在全国碳市场第一个履约周期，行业覆盖范围有限，最初仅覆盖发电行业，届时试点碳市场还可以发挥一些创新探索作用。比如在行业覆盖方面，试点碳市场可以因地制宜纳入重点行业；再比如试点碳市场可以放低纳入门槛，因此湖北、广东、北京等碳市场还涵盖了交通、建筑等行业。但试点碳市场在运行中也存在一定局限，最大的问题是“碳泄漏”。比如一些企业可能将其生产经营活动从试点区域转移到非试点区域，进而避免被纳入碳排放监管体系，这使得碳市场的减排效果大打折扣。而在全国碳市场第二个履约周期，经过建设运行，全国碳市场统一运行框架基本建立，这有利于打破地方保护和市场分割，使得碳市场更加公开透明、公平稳定。同时也有利于帮助企业主体降低碳交易所需花费的成本，能让更多企业主体积极参与到碳市场中。因此，行业覆盖范围不断扩大，碳市场交易主体的丰富度不断提升。

总体来看，中国的碳金融市场还处于初级阶段，未来要进一步推动地方碳市场向全国碳市场过渡。需要继续探索配额分配方法、核算报告方法、扩围实施路径、核查要点等，不断完善我国碳排放权交易市场运行机制，逐步扩大碳市场行业覆盖范围，促使碳排放权能够充分地在区域与行业间流动，从而更好地发挥价格机制配置要素和资源的基础性作用。

二　全国碳市场纳管企业性质特征分析

随着全国碳市场交易的启动与有序运作，碳市场纳管企业的企业性质表现为以发电行业为主体，其他行业逐步纳入的基本特征。长期以来，我国发电行业以消耗化石燃料的火力发电为主，其生产过程中产生的大量二氧化碳是我国温室气体的重要源头，据估计 2018 年发电行业碳排放量占全国能源体系总排放量的 41%，发电行业成为以全国碳市场控制温室气体排放、推动“双碳”目标如期达成的关键。2019~2020年，全国碳市场以发电行业为首批启动行业，囊括两千余家重点排放单位，覆盖29个省级行政区，山东、江苏作为煤电装机大省在第一个履约期中纳管企业数量明显高于其他省级行政区，相较之下，其他省级行政区纳管企业数量分布相对接近，可见山东、江苏两省是以发电行业为关键领域落实降碳减排工作的重点控排地区。2019~2020年各省级行政区纳管企业数量如图9所示。

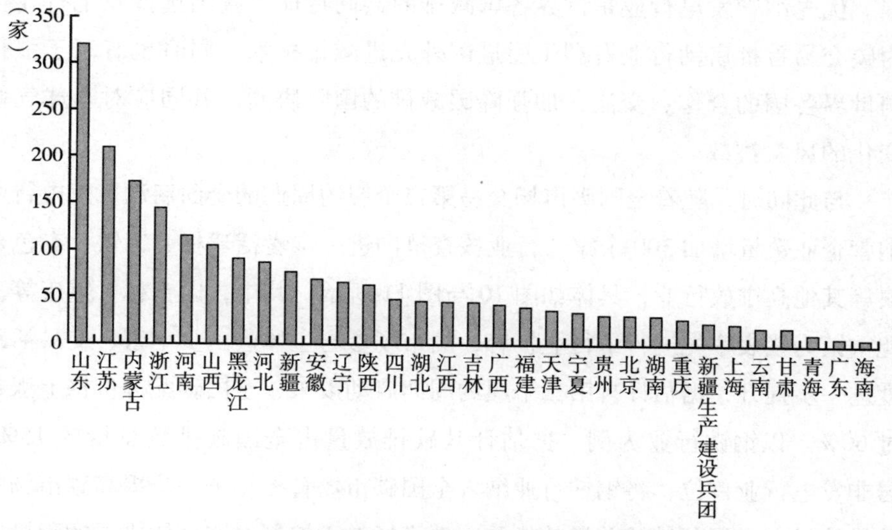

图9 2019~2020年各省级行政区纳管企业数量

资料来源：根据各省级行政区生态环境厅（局）数据绘制。

优先选择发电行业作为碳市场交易的纳管行业，能够有效打通各关键环节的疑难点，推动全国碳配额定价机制的形成，促进“双碳”目标如期实现，具有重大的理论和现实意义。首先，将发电行业作为首批启动行业能有效落实强度控制的减排思路，大力推动碳达峰阶段性目标的实现。第一个履约周期纳管企业生产过程中二氧化碳排放水平较高（据估计每年二氧化碳排放量超过40亿吨），直接影响“双碳”目标能否达成，因此凭借碳市场交易的有效调节，纳管企业通过改进生产方式、提高技术水平以降低能源消耗进而减少二氧化碳排放量，这将进一步提高全行业、全社会的减排意识和减排能力，充分发挥碳市场控制温室气体排放的积极作用。其次，考虑到排放数据的获取是开展碳市场交易的前提，发电行业凭借其自动化程度相对较高、产品门类相对集中、管理制度成熟健全的行业特点，能够充分保障排放数据的获取、管理与核实，有利于配额分配工作的顺利开展，也有利于减排成果的实时监测以及减排方案的动态调整。最后，首先将发电行业纳入碳市场交易能够推动降碳减排国际合作的有效开展。优先纳管发电行业是世界各国减排的共同特征，我国选择发电行业作为碳交易首批启动行业有利于引进国外先进减排技术，同时也有利于强化与世界各国的合作、交流，加强降碳减排的国际协同，共同应对全球气候变化的风险挑战。

与此同时，随着全国碳市场交易第二个履约周期的全面启动，发电行业纳管企业数量增加 300 余家，行业核查范围进一步囊括建材、钢铁、有色金属等其他高排放行业，具体如图 10 与图 11 所示。其中，以吉林、重庆等工业重镇为代表率先进行了行业扩容，碳市场参与主体进一步丰富、交易活跃度进一步提升，据估计自第二个履约周期启动以来，全国碳配额价格上涨超过 60%。以钢铁行业为例，据估计其碳排放量占全国碳排放总量的 15%，居非发电行业首位，将钢铁行业纳入全国碳市场管控将进一步提高碳市场覆盖排放量占全国碳排放总量的比重，碳市场对于控制温室气体排放的积极作用将更为明显。逐步将各高排放行业纳入全国碳市场，一方面体现了利用碳成本倒逼企业通过改变生产方式、提高技术水平以降碳减排的低碳转型理念，另一方面也体现了在全国碳市场实际运作过程中稳中求进的渐进式发展思路。

全国碳市场是我国落实“双碳”目标、展现大国责任与大国担当的重要场所。随着前两个履约周期的顺利完结，全国碳市场未来仍具有广阔的发展空间。市场参与主体有待增加，尽管目前行业核查范围除发电行业外进一步囊括了其他高排放行业，如石化、钢铁、造纸等，但大多数省份实际情况表现为除发电行业以外的高排放行业纳管数量仍然有限，参与行业仍然相对单一，市场扩容不普遍，而成熟有效的碳市场需要丰富的交易门类和交易方

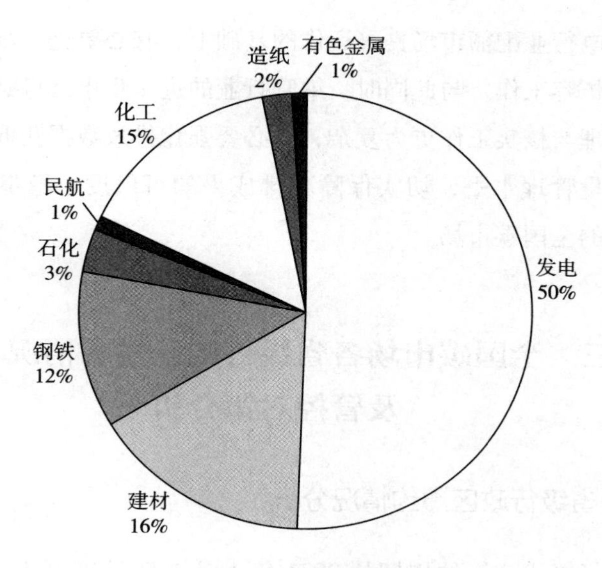

图 10　吉林产业结构

资料来源：根据吉林省生态环境厅数据绘制。

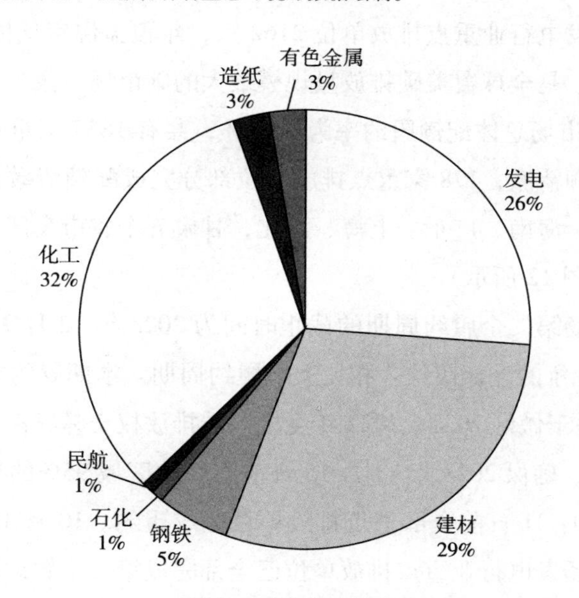

图 11　重庆产业结构

资料来源：根据重庆市生态环境局数据绘制。

式，因此在发电行业配额市场良好运作的基础上，有必要进一步加强对其他高排放行业的扩容工作。与此同时，纳管行业的进一步丰富势必使得排放数据的获取、管理与核实工作更为复杂，有必要强化排放数据获取的监管，提高排放数据质量管理水平，切实保障减排成果的可信度，稳步构建公开透明、监管有力的全国碳市场。

三　全国碳市场各省级行政区履约情况及管控对策分析

（一）各省级行政区履约情况分析

全国碳市场第一个履约周期从 2021 年 1 月 1 日至 2021 年 12 月 31 日。《全国碳排放权交易市场第一个履约周期报告》显示，全国碳市场第一个履约周期共纳入发电行业重点排放单位 2162 家，年覆盖温室气体排放量约 45 亿吨二氧化碳，是全球覆盖碳排放量规模最大的碳市场。截至 2021 年 12 月 31 日，全国碳市场总体配额履约率为 99.5%，共有 1833 家重点排放单位按时足额完成配额清缴，178 家重点排放单位部分完成配额清缴。从各地区履约完成情况看，海南、广东、上海、湖北、甘肃五个省市全部按时足额完成配额清缴（如图 12 所示）。

全球碳市场第二个履约周期的截止时间为 2023 年 12 月 31 日，要完成 2021 年和 2022 年的配额履约。相比上一履约周期，本期履约时间提前了一个月左右。《关于做好 2021、2022 年度全国碳排放权交易配额分配相关工作的通知》提出，确保 2023 年 11 月 15 日前本行政区域 95%的重点排放单位完成履约，12 月 31 日前全部重点排放单位完成履约。10 月 18 日，上海被纳入全国碳市场发电行业重点排放单位已全部完成第二个履约周期的配额清缴工作。紧接着，10 月 23 日，海南完成全国碳市场第二个履约周期的配额清缴工作；11 月 7 日，青海全部完成全国碳市场第二个履约周期的配额清缴工作。截至 2023 年 11 月 15 日，全国碳市场第二个履约周期的履约完成

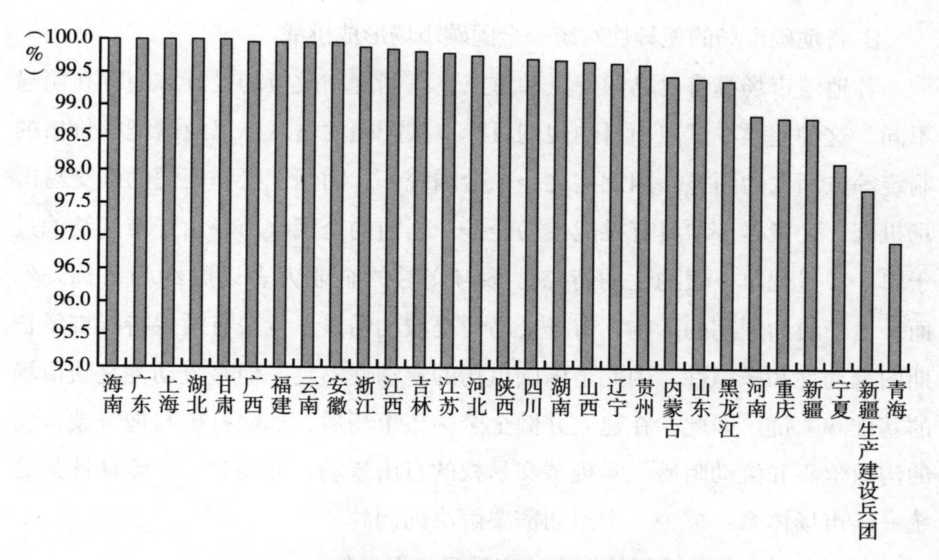

图 12　第一个履约周期各地区配额清缴完成情况

资料来源：生态环境部发布的《全国碳排放权交易市场第一个履约周期报告》。

率已超 95%。相比第一个履约期，全国碳市场第二个履约周期的配额清缴工作有所提前。

（二）全国碳市场存在的问题

1. 市场结构较为单一

整体来看，全国碳市场还是一个比较统一的市场，第一，纳入的行业相对集中，主要涉及单一领域，目前仅涵盖发电行业，无法获得额外的行业间利益优势，碳市场的潜在竞争力不足。第二，参与者是单一的，不包括机构投资者和个人投资者，目前只允许控制发行的企业参与交易。第三，所交易的商业产品单一。

目前，碳配额衍生交易尚未涉及，与之相关的碳配额质押、抵押贷款、回购、保管、碳融资和其他融资类碳金融产品也尚未涉足，交易的品种只有配额和 CCER。这意味着当前碳排放权并不具备投资属性，这在一定程度上抑制了市场流动性的形成，导致全国碳市场交易活动量持续走低。

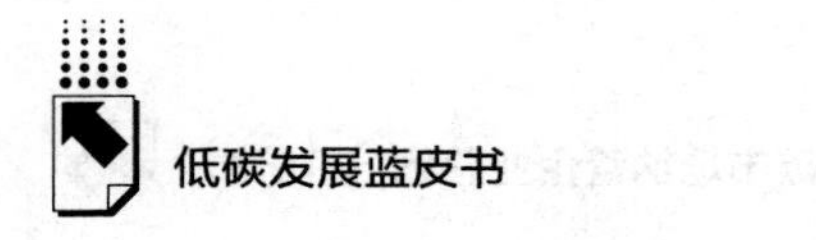

2. 各地碳市场的差异性对统一全国碳市场形成挑战

各地碳市场都有自己的特点和重点，在制度和政策的设计方面存在明显不同。这种差异在试点项目的规则目标、碳配额的增减，以及碳配额价格的制定等方面尤为明显。因此构建一个全国统一、明确、操作简便的碳交易市场机制，无疑是一项具有挑战性的任务。当前的全国碳市场由于市场结构过于单一，呈现单一履约性的特点，参与交易的企业大多以履约为目标。然而，由于履约周期的影响，市场交易情况波动明显，无法有效保持碳市场长期的流动性和平稳性，因此全国碳市场的流动性不足。但是流动性是碳市场的基础和关键。因此，在建立并健全全国碳市场后，如何打破与地方碳市场的沟通阻碍和流动阻碍，实现碳交易权的自由流动，并构建一个流动性强的统一碳市场体系，成为一个迫切需要解决的问题。

3. 碳金融市场体系亟待健全，产品服务相对单一

在国际碳金融市场上，已经出现了与碳足迹相关的贷款、债券等金融工具，而我国碳市场仍处于初级阶段，目前的碳交易产品主要围绕碳排放权展开，主要包括碳回购、碳排放权质押（包括 CCER 质押和碳配额）、贷款、碳基金、碳信托和碳配额远期商品额等，而衍生品市场并未被纳入考虑范围，这在一定程度上限制了碳金融中介市场和各类服务机构的成长。此外，我国试点碳金融产品的交易和使用活动较不活跃。因此，建立一个完整的服务链条并形成一个健全的碳金融服务体系仍面临挑战。

（三）全国碳市场纳管企业管控对策分析

1. 因地制宜，对点施策

从发展角度看，碳市场的试验项目为建立一个统一的全国碳市场提供了丰富的经验，并为建立一个统一的全国碳市场奠定了坚实的基础。但是，这也造成了市场的碎片化和不均衡发展。另外，碳市场试点项目在各部门要求的行业覆盖范围、配额分配、公司履约情况、政策法规等方面都有很大不同，为国家碳市场的设计和建设提供了多种标准。

鉴于全国各地的碳市场与试点碳市场之间存在显著差异，其纳管企业分

布在全国各地，而这些地区在经济发展模式和资源利用方面也有所不同，因此，根据实际情况制定相应的策略是非常必要的。全国碳市场的构建基于从高层到基层的全方位规划和机制设计，从而推动形成统一碳交易市场，促进资源的有序流动、需求动力的整合。在研究区域碳市场的道路中，我们从基层出发，充分利用各区域的资源和条件，特别是地区的比较优势，以满足区域发展的需求，并努力克服区域性和环节性的障碍。

2. 完善细化碳市场监管制度和法律法规体系

碳市场是基于碳排放数据的政策市场。碳排放数据的真实、准确、完整是碳市场信誉的基础，数量众多的纳管企业及规模巨大的碳配额总量对审查机构提出了更高要求。2021 年，生态环境部就《碳排放权交易管理暂行条例（草案修改稿）》公开征求意见，此举旨在加快出台碳排放权交易市场相关法律，从法律层面明确全国碳市场建设和运行过程中的重大事项，并针对排放企业、检验检测机构等相关企业或机构构建监督管理制度，确保碳排放数据的真实准确，提高管理效能。此外，通过制定可行的处罚手段，有效保障碳市场的顺利运行。

3. 加强能力建设，提高碳市场参与专业性

为了使企业在碳市场中发挥更大的作用，需要提高企业的积极性与专业性。随着碳市场的发展，越来越多的企业被纳入其中，首先，对第三方核查机构的需求会逐渐增多，这需要建立完善的第三方核查机制来确保核查的准确性和公正性。其次，碳市场的壮大也会使得不同行业交融及整合，这需要加强碳市场及跨行业的相关技能培训。最后，鉴于不同行业之间的显著差异，行业协会和大型企业在政策法规和配额分配方案制定中的重要性不容忽视，应激发这些利益相关方的参与度与活跃度，以提高政策的可执行性。同时，各行业的专业优势应得到充分挖掘和利用，以此为行业提供更具针对性的能力建设活动。

4. 推动试点市场向全国碳市场过渡

我国的碳市场暂时处于初级阶段，因此其后续的发展目标是推动试点市场向全国碳市场过渡。基于现阶段碳市场所覆盖的行业较为单一化，可以在

行业覆盖方面，基于对各地方的综合考虑纳入一些重点行业，并且制定一定的政策进行扶持。因此，政府需要继续探索配额分配方法、核算报告方法、核查要点、扩围实施路径等，不断完善我国碳排放权交易市场运行机制，逐步扩大碳市场行业覆盖范围，促进碳排放权在区域与行业间充分流动，充分发挥价格机制配置要素和资源的基础性作用。

华东地区的碳排放量占全国碳排放量的34%，远超其他地区，其中江苏、山东两省的排放占大部分。其原因是我国重点排放单位大多集聚于华东地区，其中电力和炼钢行业集聚较多，并且华东地区是我国人口最密集、经济最发达的地区之一，工业生产和人们日常生活中的碳排放相对其他地区较高。因此，华东地区的重点管理和控制是可行的。基于全面考虑，我们可以对全国的重点排放单位进行区域划分，其主要考虑因素包括重点排放单位数量、煤炭来源、煤电生产等多个指标。此外，应进一步分析各区域重点排放单位的分布模式、社会经济发展趋势、产业构成以及城市电力消耗等因素，深入探讨并制定各区域重点排放单位的管理策略。对于山东的北部地区来说，主要的煤炭是气煤和肥煤，因此，确定主要的碳排放来源可以帮助企业更好地控制碳排放。在山东的中东部、江苏、浙江的北部以及安徽的某些地方，当地并没有煤炭的供应。在这一地区，我们应当特别注意煤炭来源地对碳排放的潜在影响。另外，由于社会经济发展水平较高，第二产业在总体经济结构中的占比也相对较大。因此，为了有效降低碳排放水平，推广先进技术和管理经验显得尤为重要。通过强化对区域市级和县级生态环境部门以及重点排放单位人员的集中技术培训，我们可以进一步提升碳排放管理的效率。

参考文献

宋亚植、李银、刘天森等：《控排企业碳市场收益测度与战略选择》，《管理科学》2021年第6期。

王科、李世龙、李思阳等:《中国碳市场回顾与最优行业纳入顺序展望(2023)》,《北京理工大学学报》(社会科学版)2023年第2期。

王科、吕晨:《中国碳市场建设成效与展望(2024)》,《北京理工大学学报》(社会科学版)2024年第2期。

王庆山、李健、刘炳春:《基于信任治理的中国区域碳市场企业违约风险传染阻断策略》,《系统工程理论与实践》2017年第9期。

魏琦、李林静:《碳市场发电企业违约分级累进处罚机制研究》,《中国环境科学》2020年第2期。

魏琦、周红伟、李林静:《不同监管强度下碳排放权交易违约行为的实验研究》,《气候变化研究进展》2020年第3期。

杨越、陈玲、薛澜:《中国蓝碳市场建设的顶层设计与策略选择》,《中国人口·资源与环境》2021年第9期。

易兰、鲁瑶、李朝鹏:《中国试点碳市场监管机制研究与国际经验借鉴》,《中国人口·资源与环境》2016年第12期。

张晗、孟佶贤:《激励约束视角下中国碳市场的碳减排效应》,《资源科学》2022年第9期。

B.6
碳资产管理体系优秀企业案例

张金英　陆春晓*

摘　要： 建立有效的碳资产管理体系已成为企业可持续发展的重要战略。本报告以企业碳资产管理体系优秀企业为研究对象，深入剖析其碳资产管理体系的成功经验，以期为更多企业提供借鉴和启示。中国石化采取综合措施建立碳资产管理体系，包括建立相关规划与制度、完善碳资产管理结构、开展碳足迹核算与评价以及积极参与碳交易等；中国建材建立碳排放管理体系明确各企业的职责和考核标准，并采取积极措施提高碳排放数据管理应对能力，利用现代技术手段搭建数字化碳资产管理平台，不断提升碳资产价值管理能力；华润电力根据全国碳市场建设的最新进展对公司的碳资产管理进行了全面规划，优化内部管理机制，积极参与碳市场和绿电交易，并与其他企业和机构合作创建了合伙基金以共同高效管理碳资产。这些措施有助于提高企业碳市场竞争力，推动整个社会低碳转型进而实现可持续发展。

关键词： 碳资产管理体系　碳市场　中国石化　中国建材　华润电力

气候变化问题日益严峻，全球各国逐步达成共识，共同致力于低碳发展。企业作为全球碳排放的主要来源之一，建立并实施有效的碳资产管理体系已成为其可持续发展的重要战略之一。本报告以企业碳资产管理体系优秀

---

* 张金英，经济学博士，山东财经大学经济学院教师，副教授，硕士研究生导师，主要研究方向为低碳经济理论与政策；陆春晓，山东财经大学经济学院硕士研究生，主要研究方向为低碳经济、劳动经济。

企业为研究对象，深入剖析其背后的碳资产管理策略、管理体系等方面的成功经验，以期为更多企业提供借鉴和启示。

一　中国石化

（一）公司基本情况

中国石化（全称“中国石油化工集团有限公司”）是一家历史悠久、规模庞大的石油化工企业。经过多次重组和改革，中国石化现已成为一家特大型石油石化企业集团。公司总部设在北京，主营业务范围涵盖了石油、天然气、煤炭等多种能源的勘探、开采、储运和销售，以及化工产品的生产、销售、储存和运输。中国石化在替代能源产品的研发、应用和咨询服务等方面也积极布局，致力于推动能源结构的优化和转型升级。①

作为全球最大的炼油公司之一，中国石化在石油炼制过程中排放大量二氧化碳，如何有效减少这些碳排放成为公司亟待解决的问题。中国石化不仅积极参与碳交易完成履约任务，还制订了能效提升计划，严格控制能源消费总量和强度。同时，中国石化深耕 CCUS 领域，同齐鲁石化合作建成我国首个百万吨级 CCUS 项目，该项目于 2021 年 7 月启动，由齐鲁石化负责捕集二氧化碳，胜利油田则利用二氧化碳驱油并封存，每年能够捕集、利用和封存 100 万吨二氧化碳，是当前国内最大的 CCUS 全产业链示范基地和标杆工程。② 该项目的成功实施，对于推动中国 CCUS 规模化发展具有重大示范效应，为我国实现低碳发展提供了重要的支持和借鉴。中国石化作为国内能源行业的领军企业，积极推进碳资产管理与实践，不断完善其碳资产管理体系，实现企业低碳发展，是当之无愧的“中国低碳榜样”。

① 《公司简介》，http：//www.sinopec.com/listco/about_sinopec/our_company/company.shtml。

② 《中国石化发布 2021 可持续发展报告》，http：//www.sinopecgroup.com/group/xwzx/gsyw/20220401/news_20220401_324054712139.shtml。

（二）规范的碳资产管理制度

中国石化对内部碳资产管理十分重视，制定了一系列相关管理文件，包括《中国石化碳交易管理办法》《中国石化碳资产管理办法》《中国石化碳排放信息披露管理办法》《中国石化固定资产投资项目碳排放评价管理办法》《采油井场碳中和实施指南》《加油站碳中和实施及核算指南》《中国石化碳达峰碳中和行动指导意见》等，建立起完善的碳交易制度和碳资产管理体系，通过制度规范企业参与碳市场的各个环节。中国石化以《中国石化 2030 年前碳达峰行动方案》为“双碳”工作主线，制订年度碳达峰工作计划，全面实施碳达峰八大行动，即能源结构优化调整行动、节能降碳减污行动、绿色低碳全员行动、绿色低碳保障能力提升行动、绿色低碳科技创新支撑行动、资源循环高效利用行动、清洁低碳能源供给能力提升行动、炼化产业结构转型升级行动，并围绕行动方案制定 33 项具体配套措施，积极开展减缓与适应气候变化行动，努力减缓气候变化、适应气候变化、提高能源效率、降低碳排放。通过这些措施的实施，中国石化为实现“双碳”目标做出了重要贡献。

（三）层级化的碳资产管理结构

中国石化高度重视气候变化应对工作，以整个公司的战略规划和日常运营为依托，构建了坚实的三层气候治理结构，实现了层级化的碳资产管理。第一层是公司董事会，根据具体任务成立三个组织，战略委员会负责审议并制定相关发展规划、政策和制度以应对气候变化，审计委员会负责对与气候变化和生态环境保护相关的风险进行识别、评估和有效管理与控制，可持续发展委员会则负责对公司应对气候变化的表现进行监督。第二层是公司管理层，成立了全面风险管理执行领导小组。该小组主要负责识别气候变化相关的风险，确保公司准确把握气候变化带来的机遇，并采取有效的措施加以应对。第三层是由公司的总部及所属企业构成的执行层。这一层级的主要任务是制定企业的碳达峰、碳中和目标及相应行动方案，贯彻落实公司关于“双碳”的有关决策和行动计划，负责监测和报告碳排放数据，全面开展碳资产管理工作。这一气候治理结构的建立，确保了公司对应对气候变化的高度重视和有效管理。三层结构分工明确、职责清晰，为公司应对气候变化提供了有力的组织保障，也为其他企业提供了值得借鉴的经验。三层气候治理结构的构成及各层级主要职责如图1所示。

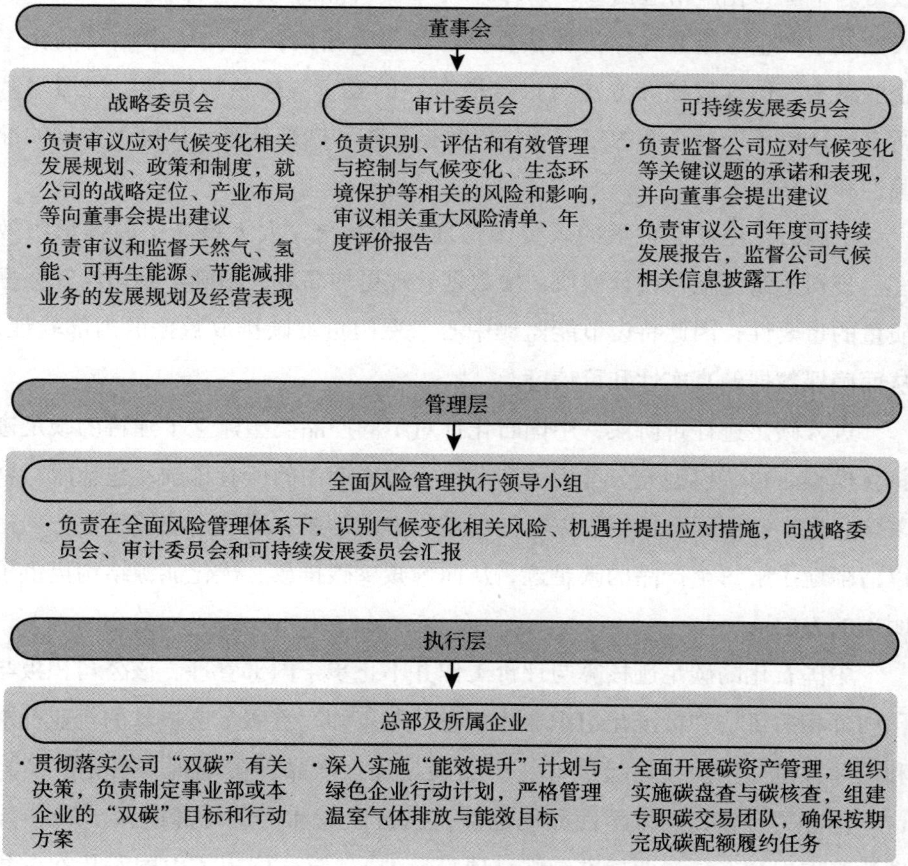

董事会

战略委员会

· 负责审议应对气候变化相关发展规划、政策和制度，就公司的战略定位、产业布局等向董事会提出建议
· 负责审议和监督天然气、氢能、可再生能源、节能减排业务的发展规划及经营表现

审计委员会

· 负责识别、评估和有效管理与控制与气候变化、生态环境保护等相关的风险和影响，审议相关重大风险清单、年度评价报告

可持续发展委员会

· 负责监督公司应对气候变化等关键议题的承诺和表现，并向董事会提出建议
· 负责审议公司年度可持续发展报告，监督公司气候相关信息披露工作

管理层

全面风险管理执行领导小组

· 负责在全面风险管理体系下，识别气候变化相关风险、机遇并提出应对措施，向战略委员会、审计委员会和可持续发展委员会汇报

执行层

总部及所属企业

· 贯彻落实公司“双碳”有关决策，负责制定事业部或本企业的“双碳”目标和行动方案
· 深入实施“能效提升”计划与绿色企业行动计划，严格管理温室气体排放与能效目标
· 全面开展碳资产管理，组织实施碳盘查与碳核查，组建专职碳交易团队，确保按期完成碳配额履约任务

图1　中国石化的气候治理结构

资料来源：《应对气候变化》，http：//www. sinopec. com/listco/csr/kcxfz2023/qhclyxd. shtml。

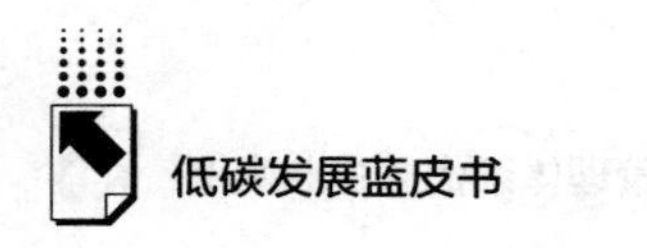

（四）先进的碳资产管理技术

中国石化致力于采用先进的碳资产管理技术，对碳排放量进行准确的监测和评价，为其产品的碳足迹提供科学依据。这一工作首先从公司的各个生产单元开始，要详细核算各生产单元的直接与间接二氧化碳排放量，包含燃气、电力、热力等能源的使用，以及相应的二氧化碳、甲烷等温室气体的排放量。中国石化严格遵循 ISO 14064-1：2006 标准，并认真执行《中国石油天然气生产企业温室气体排放核算方法与报告指南》以及《中国石油化工企业温室气体排放核算方法与报告指南》的温室气体核算标准。公司对其所有生产单元进行全面的年度碳排放数据盘查和内部核查，以确保数据的准确性和可靠性。

中国石化建立起科学的碳资产管理信息系统，大大提高了数据填报效率。公司不断优化其核算模块，使数据处理更加高效、精确。公司深知数据质量的重要性，因此特设节能监测中心，专门负责碳排放数据的内部验证，从而确保数据的真实性和可信度。

进入碳足迹评价阶段，中国石化针对不同产品类型建立了独特的碳足迹核算模型。这些模型充分考虑了产品在生命周期内的所有排放，包括原材料采购、生产制造、运输销售以及使用过程中的排放。通过这些模型，公司得以清晰地了解每个产品的碳足迹，从而为减少碳排放、优化能源结构提供了明确的方向。

中国石化的碳足迹核算与评价工作并不止步于内部管理。该公司积极与国内外相关机构和标准化组织合作，参与制定和完善碳足迹核算的行业标准和国际规范。中国石化起草了《产品碳足迹　产品种类规则　石化产品》，这一标准具有较高的科学性和规范性，已被工业和信息化部纳入《2021 年碳达峰碳中和专项行业标准制修订项目计划》，充分体现了中国石化在碳排放管理方面的行业领导力。

通过这一系列举措，中国石化成功实现了对碳排放的全面监测和精细管理，同时也为其产品的碳足迹提供了公开透明、科学准确的评价。这无疑对于提升企业的环保形象、引导消费者走向更加环保的生活方式都具有重大的意义。

（五）专业的碳资产管理团队

中国石化拥有一支专业且经验丰富的碳资产管理团队，该团队由碳资产管理者、碳减排技术研发人员、碳市场分析师和碳排放权交易专家组成。他们致力于研发和推广低碳技术和碳排放问题解决方案，帮助企业降低碳排放，实现可持续发展。

该团队致力于推动公司积极参与全国碳排放权交易市场，充分发挥其在碳排放管理方面的行业领导地位和实力。团队成员具备深厚的碳资产管理知识和实践经验，熟悉国内外碳市场的发展历程和现状，专注于研究国内外碳排放权交易规则、政策动向以及市场趋势，能够准确理解和把握国际国内碳市场的动态。公司通过合理制订交易计划和策略，规范企业碳配额履约行为，确保所属企业全部按期完成碳配额履约任务，展现了其在碳排放管理方面的卓越能力和坚定承诺。

为确保碳交易计划的高效执行，中国石化开展碳交易集中管理。专职碳交易团队充分发挥专业能力优势，全面统筹控排企业碳配额盈缺情况，确保企业在全国碳排放权交易市场中稳健前行。通过深入分析和精准判断，碳交易团队能够准确掌握所属企业的碳配额盈亏状况，紧密结合企业实际情况，制订出既符合政策要求又能将企业利益最大化的碳交易计划和策略，不仅关注短期收益，更注重长期可持续发展。

截至 2021 年末，23 家中国石化下属企业在全国碳交易市场上的碳交易量有 456 万吨，100%完成碳配额履约任务，① 这一成绩充分体现了中国石化在碳交易和碳排放管理方面的领先地位和实力。2022 年，中国石化参加全国碳交易市场和试点地区碳市场交易的企业分别有 15 家和 19 家②，碳交易

① 《中国石化发布 2021 可持续发展报告》，http：//www. sinopecgroup. com/group/xwzx/gsyw/20220401/news_20220401_324054712139. shtml。

② 《中国石化 2023 年客户服务报告》，http：//www. sinopec. com/listco/csr/kcxfz2023/jdwsqtpf. shtml。

量为271万吨，碳交易额为21998万元[①]，这一数据再次证明了中国石化在碳交易和碳排放管理方面的卓越表现和影响力。

中国石化专业的碳资产管理团队通过科学制订碳交易计划和策略，优化企业碳配额管理，提高碳交易效率和收益，为中国石化的碳排放管理树立了行业标杆。

（六）经验总结

中国石化在碳资产管理规划与制度建设、治理结构、碳足迹核算与评价以及碳交易等方面采取了一系列综合措施。公司制定了一系列文件规范企业参与碳市场的各个环节，建立起完善的碳资产管理体系和碳交易制度。通过职责分明的层级治理结构，确保应对气候变化的各项职责得到有效落实。精准的碳足迹核算与评价工作致力于衡量生产过程中的温室气体排放量，为产品的碳足迹提供科学依据。专业的碳资产管理团队全力为参与全国碳交易市场的企业制订科学有效的交易计划和策略，确保企业全部按期完成履约任务。这些措施的实施不仅提高了碳资产管理效率，增强了公司的气候变化管理与应对能力，还为整个行业的可持续发展做出了积极贡献。

二　中国建材

（一）公司基本情况

中国建材（全称“中国建材股份有限公司”）是一家在建筑材料领域具有领先地位的企业，2006年3月在香港联交所上市，经过多年的发展形成三大主业，包括基础建材、新材料和工程技术服务。中国建材一直致力于

---

① 《2022社会责任报告》，http://www.sinopecgroup.com/group/Resource/Pdf/ResponsibilityReport2022.pdf。

提供高质量的建筑材料，并不断进行技术创新和产品升级，在水泥、商品混凝土、玻璃纤维、电子布、石膏板、轻钢龙骨和风电叶片等生产领域全球领先。同时，中国建材还拥有强大的技术实力和经验丰富的团队，能够为客户提供全方位的技术支持和服务，是全球最大的水泥技术装备工程系统集成服务商之一。①

中国建材以生态优先、绿色低碳为发展的主要方向，并始终倡导“行业利益高于企业利益，企业利益孕育于行业利益之中”等核心价值理念。作为行业的领军者，中国建材以实现共享共赢、共创健康生态为己任，始终积极开展同行业创新及资本合作，不断引领行业向更加健康、可持续的方向发展。

中国建材注重通过科技研发和创新推动生产数字化转型，提高企业核心竞争力，带动产业高质量发展。中国建材正在通过加强内部研发与外部创新的连接，深化创新链和产业链的融合，促进技术转化和产业链整合。同时，集中力量攻克关键技术瓶颈，并利用数字资源改造传统产业，实现智能化、绿色化发展。截至目前，中国建材以其国家级研发平台的强大实力、两化融合贯标企业和高新技术企业的显著优势以及有效专利的丰富储备，展现了其卓越的资源实力与深厚的底蕴。

作为具有全球视野的世界公民，中国建材积极打造与当地发展相结合的合作模式。在全球化布局方面，中国建材加快了脚步并拥有多项海外业务。中国建材在海外累计承包了水泥 EPC 生产线 382 条，玻璃生产线 78 条，智慧管理生产线 60 多条。中国建材是欧洲最大的中资光伏 EPC 总包商，其余热发电和水泥玻璃工程的国际市场占有率均高达 65%，② 在全球范围内展示出卓越的产业实力。中国建材打造了享誉全球的 SINOMA 品牌，充分展现了公司在建材领域的领先地位。在“一带一路”建设中，中国建材正在努力打造全新的全球采购、销售、服务和资源利用的模式，贡献其优质建材和先

① 《公司介绍》，http：//www. cnbmltd. com/col/col1174/index. html。

② 《全球布局》，https：//www. cnbm. com. cn/CNBM/000000500030003/index. html；《集团简介》，https：//www. cnbm. com. cn/CNBM/000000010008/。

进的技术与经验，为全人类创造福祉。

随着全球对碳排放问题关注度的不断提高。中国建材通过节能降碳技术改造，在生产线的源头减少产能和产量，扩大节能降碳技术装备的适用范围，带动生产全过程实现减量碳排放。同时，中国建材通过“光伏+”能源工厂等光伏项目的建设推动能源绿色低碳转型。积极开展绿色矿山、生态厂区、碳中和林建设，探索多种碳汇新方式，提升碳汇能力。另外，中国建材加快低碳零碳负碳技术攻关速度，开发 CCUS 项目，提高减碳和固碳的能力。在减碳和固碳的基础上，中国建材积极探索和实践碳资产管理。为了更好地控制碳排放，提高企业绿色发展水平，中国建材制定了一系列碳资产管理措施。

（二）完善的碳排放管理体系

中国建材委托集团内专业的技术服务机构编制了《中国建材股份有限公司碳达峰碳中和工作实施方案》，推动公司在低碳领域实现可持续发展，积极履行企业应对气候变化问题的社会责任。该方案在工作执行方面明确了指导思想、工作原则及六大保障措施。其中，指导思想强调了中国建材股份对“双碳”工作的重视，工作原则确立了科学、合理、可持续的发展理念，六大保障措施则从组织、制度、资金、技术、人才和宣传等方面为方案提供了全面支持。该方案把加强企业碳资产管理列为十大重点任务之一。

为了建立完善的碳排放管理体系，中国建材专门制定了《中国建材股份有限公司碳排放数据管理办法》。该办法明确了各企业的职责划分、考核程序、考核细则及考核结果应用等内容。通过加强企业碳数据排查等相关工作，中国建材致力于准确掌握各企业碳排放数据，为集团各重点控排企业参与全国碳排放权交易市场交易奠定坚实的数据基础。中国建材要求各企业积极就碳排放统计和核查工作进行专业的培训，并构建专用的线上监测分析平台对各类能耗进行监测。这些举措不仅可以提高企业的碳排放管理能力和碳市场发展潜力，还能发挥中央企业在碳减排领域的表率作用。

中国巨石作为中国建材的子公司之一，组织编制了《企业碳足迹计算报告》。这份报告进一步推动了中国建材在碳排放管理方面的实践，提高了各生产企业的责任意识和对碳减排相关知识的认识。

（三）数智赋能的碳资产管理平台

中国建材非常重视数智赋能，利用数字化公共服务平台推动绿色低碳发展。中国建材的骨干企业天津水泥工业设计研究院有限公司（简称“天津水泥院”）非常重视碳减排和碳中和工作，而且具备突出的数字化水平和科研优势。该公司利用自身的优势打造出“双碳”数字化公共服务平台，为建材行业提供了全方位的碳资产管理解决方案。

首先，该平台建立碳足迹算法模型，对建筑工程全生命周期的碳排放进行精细化计算，同时形成多端数据源的匹配关系，对建筑全循环过程各阶段的碳排放进行实时动态监控。这种能力为企业和政府提供了直观、准确的碳排放数据，为后续的碳管理决策提供了重要的信息基础。

其次，天津水泥院为工厂构建了碳排放数字化核算平台，提高了碳排放计算的效率和精度。并且建立了工厂装备产品碳足迹核算平台，为建材装备产品从材料生产到回收处理再循环、再利用的全生命周期各阶段提供精准的碳足迹核算。这些平台的应用，降低了企业和政府的碳管理成本，进一步推动了产品的绿色化。

最后，天津水泥院还构建了区域节能降碳综合服务平台。该平台紧密结合“双碳”和“双控”的政策要求以及企业的节能需求，将企业的节能服务、成果核验、市场交易和目标达成打造为一个有机整体，还形成了节能生态圈，为政府和行业提供了实现“双碳”和“双控”目标的全方位闭环碳管理服务体系。

该平台提高了企业和政府的碳管理效率，降低了碳管理成本，减少了企业碳排放，有利于保护环境、缓解气候变化，具有深远的社会效益与经济效益。

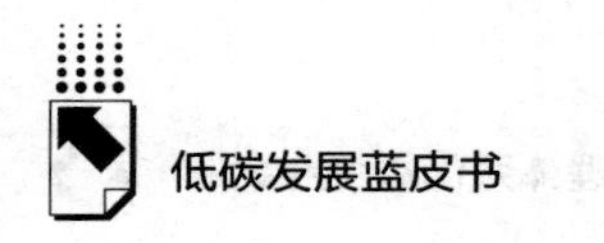

（四）不断提升的碳资产价值管理能力

中国建材不断优化碳资产配置，充分利用价值管理碳债券、碳信用等碳的金融衍生品，开发 CCER 项目，积极参与碳交易，提升碳资产价值管理能力，推动绿色建材的发展。

中国建材一直在积极运用绿色金融工具，2022 年，它们成功发行了总额为 30 亿元的绿色债券，为公司的绿色项目提供了资金支持。此外，有 13 家新天山水泥的子公司也在区域试点碳交易市场参与了碳交易。[①]

中国建材控股的中建材绿色能源有限公司获得了“全国碳市场 2022 年度优秀市场服务及管理实践企业”称号，这充分展示了中国建材在碳市场管理方面的优秀表现和积极态度。中建材绿色能源有限公司计划在 2030 年 12 月 31 日前采购 1000 万吨中国林业集团及其所属公司国林双碳（杭州）的 CCER 及其他机制林业碳汇减排量，并就此于 2023 年签署了一份自愿减排量交易框架协议，[②] 彰显了中国建材在推动绿色发展方面的决心和行动。这是央企间最大的一项林业碳汇交易项目。

（五）经验总结

中国建材在应对气候变化和推动绿色发展方面采取了一系列积极行动，并取得了显著的成果。第一，公司通过建立完善的碳排放管理体系，明确了各企业的职责和考核标准，确保了碳排放数据的准确统计和核查。第二，中国建材积极采取措施提高自身的碳排放数据管理和应对能力。公司加强了对碳数据的管理和排查，通过碳排放数据统计与核查提高了数据的准确性和可靠性，这有助于公司更好地了解自身的碳排放情况，为制定相应的应对措施提供了依据。第三，中国建材还通过搭建线上监测分析平台，实时监测和分

---

① 《2022 年度环境、社会及管治报告》，中国建材股份有限公司，2023 年 4 月 4 日，http：//www. cnbmltd. com/art/2023/4/4/art_1393_77767. html。

② 《央企间最大林业碳汇交易落地》，国务院国有资产监督管理委员会，2023 年 5 月 6 日，http：//www. sasac. gov. cn/n2588025/n2588124/c27849842/content. html。

析各类能耗数据，利用现代技术手段提高了企业运营能力和发展能力。这个平台可以帮助公司及时发现能源浪费问题，降低企业生产和运营成本，提高能源利用效率。同时，通过线上监测分析平台，公司还可以更好地掌握各企业的碳排放情况，为制定更加精准的碳排放管理策略提供了支持。第四，中国建材构建了专业的气候变化风险和机遇数据库，并通过会议交流和问卷调查全面听取各利益相关方对气候变化风险的观点和建议，为制定相应的应对措施提供了依据。同时，在公司的风险管理和应对机制中纳入气候变化风险控制，提高公司整体的风险抵御能力。第五，中国建材积极运用绿色金融工具。通过发行绿色债券等为公司的绿色项目提供资金支持，推动绿色建材的发展。此外，公司还积极参与区域试点碳交易市场活动，推动碳排放权交易市场的发展。这些举措有利于提高公司的环保形象和社会责任感，同时也有利于促进绿色经济的发展。

综上所述，中国建材在碳排放管理、气候风险管理、数智赋能、碳金融和碳交易等方面的积极行动成果显著。这些经验可以为其他企业提供借鉴和启示，在应对气候变化和推动绿色发展方面采取更加积极的行动，从而更好地保护环境，推动可持续发展。

三　华润电力

（一）公司基本情况

华润电力（全称“华润电力控股有限公司”）成立于 2001 年 8 月，2003 年 11 月已在香港联合交易所主板上市。华润电力业务范围遍布全国各省，业务领域涵盖了各种方式的发电、售电、分布式能源、煤炭以及综合能源服务等多个领域。在中国综合能源领域拥有较高的运营效率和显著的社会效益。截至 2022 年，连续 16 年入选“普氏能源资讯全球能源企业 250 强”和《福布斯》发布的“全球上市公司 2000 强”榜单。

在应对气候变化风险方面，以“双碳”任务为驱动，华润电力以更加积极的态度不断推动风电、光伏等清洁能源的发展，可再生能源权益装机容量高达 32.3%。它们不断探索低碳技术，如 CCUS 技术，全年碳捕集量超过 30000 吨。华润电力在零碳园区试点建设中也投入了较多的人力和物力。在碳资产管理方面，华润电力不断探索和累积经验，优化管理模式，积极组织下属企业参与绿电交易和碳市场交易。在 2022 年度全国碳市场优秀企业评比中，华润电力（盘锦）有限公司和华润电力投资有限公司分别获得“优秀交易实践企业”称号和“优秀市场服务及管理实践企业”称号。这些成就彰显了华润电力在应对气候变化风险方面的积极态度和成就。

除此之外，华润电力还关注企业社会责任和可持续发展。它们在全国各地开展了许多社会公益活动，积极参与灾害救援、教育支持、环保行动等。这些活动体现了华润电力的社会责任感和担当。

总之，华润电力控股有限公司是一家在综合能源领域有着较高运营效率和显著社会效益的企业。它们积极推动清洁能源的发展，应对气候变化风险，开展社会公益活动，努力实现可持续发展目标。

（二）建设碳资产管理系统

华润电力积极响应国家号召，编制《碳资产管理办法》，明确了碳资产管理责任和业务流程，确保每个环节都有明确的责任人和操作规范。持续优化内部管理机制，提高碳资产管理的规范化水平。公司不断对现有流程进行审查和改进，持续优化内部碳资产管理机制，确保碳资产管理的规范化水平得到持续提升。

2022 年，华润电力进一步深化了对碳排放数据的管理，推进碳排放数据质量专项治理工作，提高火电厂碳排放数据的准确性和完整性，实施现场排查并即时整改问题的闭环管理方式。这些举措加强了碳排放数据管理的规范性，并且为公司碳减排和碳市场交易等工作提供了可靠的数据支持。

公司非常重视提升员工的碳资产管理能力，定期组织碳资产管理最新理念和方法的专项培训，就碳资产数据管理和年度履约工作等内容进行专题研讨和成果发布，提升相关人员碳资产管理能力。通过培训，员工的碳资产管理专业知识和水平在短期内得以提升，为公司降碳增效和碳市场履约任务的完成贡献了更多的力量。

2022 年，华润电力启动了碳资产管理系统的建设项目。该项目一期工程已经成功实现了排放数据收集以及监测、报告、核查（MRV）和排放报告编制的基础功能，使得公司能够更准确地掌握碳排放情况，继而进行有效的管理和监控，为公司提高碳资产管理效率提供了有力的技术支持。

未来，公司计划继续完善碳资产管理系统的功能。除了进一步完善现有的排放数据收集、MRV 和报告编制功能，实施碳资产信息化管理，还将逐步完善碳资产交易功能，优化业务流程。这有助于提高碳资产管理效率，更好地应对碳市场行情变化和相关政策调整。

（三）积极参与碳市场交易和绿电交易

2021 年 7 月 16 日，华润电力凭借出色的履约能力，在全国碳排放权交易市场正式启动之日受邀参加启动仪式并参与首日交易。在此期间，公司成功达成了 25 万吨配额交易量的交易。公司在 2021 年积极探索 CCER（中国核证自愿减排量）置换履约的方式，顺利完成了 2019~2020 年度的履约清缴工作，并成功采购了 56.76 万吨 CCER 用于履约,[①] 有效降低了履约成本。2022 年，公司成功出售了盈余碳配额 160 万吨，为公司创收 9200 万元。[②]

公司借助绿电交易提高绿色装机占比，推动生产低碳转型。2021 年 6 月 22 日，华润电力在广东电力交易中心与巴斯夫（中国）有限公司签订了 245 万千瓦时的可再生能源交易合同，有效提升了绿色能源附加值，促进了绿色能源消费模式变革。这也是广东省首笔可再生能源交易，推动了广东可再生能源交易相关规则的出台。公司积极参与 2021 年 9 月的全国首次绿电

① 《华润电力控股有限公司可持续发展报告 2021》，https：//www. cr-power. com/duty/kcxfzbg/202204/P020220520574894090164. pdf。

② 《华润电力控股有限公司可持续发展报告 2021》，https：//www. cr-power. com/duty/kcxfzbg/202204/P020220520574894090164. pdf。

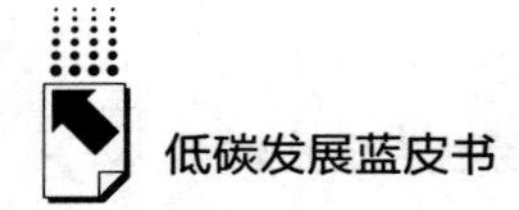

交易，并于11月成功完成全国首笔自主跨省绿电交易。[①] 此外，公司在广东、福建、山东、江苏、宁夏等地积极进行绿电交易，到2022年12月，累计实现了13.5亿千瓦时的绿电交易量。[②] 这些举措不仅有助于公司降低碳排放和能源消耗，也为其创造了额外的收益和实现了良好的社会效益。

（四）加强与国内外企业和机构在碳资产管理方面的合作

2022年，华润电力工程与国家能源内蒙古电力、中广核风电等众多企业和机构联手，共同创建了一个合伙基金。该基金的成立旨在集中各方优势，共同高效地管理碳资产。这些参与的企业和机构具有丰富的碳资产管理专业知识和经验，它们的加入为华润电力提供了难得的学习机会，使得华润电力可以借助此平台，汲取各方在碳资产管理方面的经验，以提升自身的碳资产管理水平。

该合伙基金的运作模式是通过订立合伙协议，将各方的资源及管理人的经验进行整合，以实现高效的碳资产管理。这种模式有利于华润电力快速进军新能源产业，扩大其在新能源产业中的影响力，并优化公司的主营业务结构。

合伙基金的投资策略是优先投资于新能源高端装备制造行业。新能源日益成为全球趋势，该策略无疑可为投资者带来可观的前景。同时，合伙基金的投资策略同样重视与新能源相关的科技创新、项目开发、基础设施建设、能源运维服务以及低碳产业等产业领域。这种多元化的策略有助于分散风险，确保华润电力在各个新能源产业子领域都占据一席之地，可以帮助华润电力实现更为稳健和全面的发展。

通过这个合伙基金，华润电力能够更快速地布局新能源产业，提高其在新能源产业领域的影响力，并优化公司的主营业务结构。同时，这也为华润

---

① 《华润电力控股有限公司可持续发展报告2021》，https：//www.cr-power.com/duty/kcxfzbg/202204/P020220520574894090164.pdf。

② 《华润电力控股有限公司可持续发展报告2022》，https：//www.cr-power.com/duty/kcxfzbg/202304/P020230427685226909778.pdf。

电力在实现“双碳”目标方面提供了强有力的支持，使其在应对气候变化风险方面更具行动力。

（五）经验总结

华润电力根据全国碳市场建设的最新进展，对公司的碳资产管理进行了全面的规划。华润电力制定并发布了《碳资产管理办法》，明确了碳资产管理业务的责任和流程，持续优化内部管理机制，通过高效的碳资产管理来提升公司的经济效益和环保形象。为了更好地管理和监控公司的碳资产，华润电力启动了碳资产管理系统的建设项目，开始建设排放数据收集、MRV、排放报告编制系统。公司将继续完善碳资产信息化管理系统，优化业务流程，提高管理效率。华润电力积极参与全国碳排放权市场交易，也不断积极探索CCER（中国核证自愿减排量）置换履约的方式。华润电力借助绿电交易提高绿色装机占比，推动了生产低碳转型。这些举措不仅有助于公司降低碳排放和能源消耗，也为其创造了额外的收益，使其实现了良好的社会效益。华润电力与多家企业和机构合作创建了合伙基金，共同高效管理碳资产。这些措施有助于提高公司在碳市场和绿电交易中的竞争力，在实现可持续发展目标的同时也有助于推动整个社会的低碳转型和绿色发展。

B.7 中国碳排放权交易市场优秀企业案例

张金英　宗艳民　夏宁武*

摘　要：　本报告研究全国碳排放权交易市场中的优秀企业案例，深入剖析其成功经验，为更多企业提供借鉴和启示。中国大唐多措并举推动减排降碳，并不断提升企业碳资产管理的专业水准和信息化水平，成立大唐碳资产有限公司，建立碳交易中心，开发专业化的碳资产管理信息系统，精准预测配额盈亏。中国石油大力实施节能工程、完善能源标准化管理体系、推进节能降耗减碳专项行动以实现节能减排，同时加大了二氧化碳化工利用程度，提高了碳的利用率，积极布局相关产业发展。信发集团采用先进设备和技术升级电厂，降低煤耗并提高能源效率，实现了每年节约大量标煤和减少碳排放的目标，并致力于发展循环经济，通过打通生产环节内循环，实现资源的高效利用和废弃物的再利用，进一步降低碳排放。这些成功经验表明，企业要跟随环保趋势，重视碳减排，提升碳资产管理水平，前瞻性布局碳市场，积累国际碳排放权交易经验，并发展创新技术和循环经济，从而提高碳市场竞争力和盈利能力。

关键词：　全国碳市场　碳资产　中国大唐　中国石油　信发集团

碳减排是全球各国的共同责任。中国积极推进碳减排工作，建立并逐步

---

* 张金英，经济学博士，山东财经大学经济学院教师，副教授，硕士研究生导师，主要研究方向为低碳经济理论与政策；宗艳民，山东天岳先进科技股份有限公司董事长、总经理，主要从事碳化硅材料领域的研究与产业化工作；夏宁武，山东天岳先进科技股份有限公司董事长助理，主要从事企业数字化、绿色化和低碳化创新发展工作。

完善了全国碳市场。本报告以全国碳市场中的优秀企业案例为研究对象，深入剖析其碳市场卓越成绩背后的战略决策、技术创新、管理体系等方面的成功经验，以期为更多企业提供借鉴和启示。

一　中国大唐

（一）公司基本情况

中国大唐（全称“中国大唐集团有限公司”）是一家规模庞大的中央直属能源企业，成立于2002年。该公司有5家上市公司、42家区域公司和专业公司，业务范围广泛，覆盖了电力、煤炭、煤化工、环保、商贸物流、金融等领域以及一些新兴产业。其所属的5家上市公司在中国乃至国际市场上都有着较高的知名度和影响力。截至2023年，中国大唐已经14次跻身于世界500强企业之列。

作为国内主要的能源供应商，中国大唐在低碳节能减排方面采取了一系列创新措施，以实现绿色发展和“双碳”目标。中国大唐构建能源安全新战略，积极践行“四个革命、一个合作”。到2023年12月，清洁能源发电装机容量占比为46.24%。[①]

2020年，中国大唐进行了初步的碳核查，结果显示二氧化碳排放量接近4亿吨，在电力行业二氧化碳排放中的占比约为9%，需要大幅度减少排放量，这个减排量与全国纺织业、食品加工业和造纸业三个工业行业的减排量相当，甚至堪比整个英国的减排量，因此完成“双碳”目标的压力巨大。[②] 然而，该公司将立足于新发展阶段，通过持续创新和发展，争做“中国最好、世界一流”，努力为全球能源转型和可持续发展做出积极贡献。

---

① 《中国大唐集团有限公司简介》，http：//www.china-cdt.com/dtwz/pFirstForSiteControlAction!pFirst.action？site=dtwz_site&program=gydt_gsjj。

② 黄晓芳：《中国大唐发布碳达峰与碳中和行动纲要》，《经济日报》2021年6月22日。

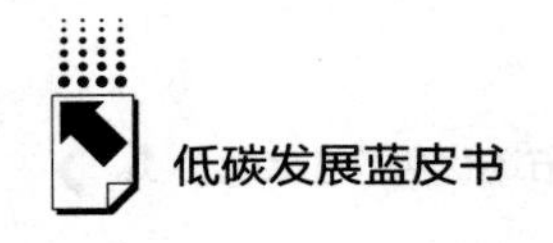

（二）中国大唐在全国碳市场的卓越表现

首先，中国大唐在全国碳市场上整体履约情况良好。在第一个履约周期，中国大唐所属的重点排放单位在全国碳市场首日交易中表现活跃，截至2021年12月14日，已经全部提前完成配额清缴工作，100%完成履约任务。在第二个履约周期，中国大唐所有重点排放单位在2023年11月15日之前又陆续提前完成配额清缴工作。即使面临供电和冬季供暖的艰巨任务，该公司依然坚定地履行了央企的责任，连续两个周期提前完成了履约任务，持续推动了绿色低碳发展。

其次，大唐山西发电有限公司太原第二热电厂碳资产管理能力较强，在全国碳市场交易中表现突出，荣获了“全国碳市场2022年度优秀交易实践企业”称号，这是对该厂在碳资产管理方面的突出表现的肯定。该厂的碳资产管理体系较为完善，制定且成功实施了入炉煤采制化管理制度。同时，它们还积极与具有国家认可资质的科研机构进行合作，提高了燃煤元素碳含量检测数据的科学性和准确性。该厂为了更好地掌握碳排放情况，准确、高效地管理生产碳排放和企业碳配额相关信息，在全国碳市场管理平台进行了月度和年度的信息化存证，这一举措大大优化了碳资产管理工作。除此之外，该厂还加强了燃料“三大项目”的全过程、全流程管理，以确保每一个数据都有据可查。

最后，大唐碳资产有限公司荣获“全国碳市场2022年度优秀市场服务及管理实践企业”。该公司凭借深厚的政府资源、广泛的交易渠道和丰富的专业能力等方面的优势，已经在国内外碳市场中取得了显著的业绩和影响力。

（三）中国大唐碳市场成功的基石

1.积极推进绿色低碳减排

中国大唐作为一个大型能源央企一直积极推进绿色低碳减排。在“十三五”期间，中国大唐采取了一系列措施来提高能源利用效率，优化能源结构，成功地推动可再生能源装机比重提高6.9个百分点，全口径度电减排70克。[①] 为了适应和应对气候变化工作的新形势和新要求，中国大唐争做“绿色低碳、多能互补、高效协同、数字智慧”的世界一流能源供应商，这展示了公司对于未来的积极规划和发展方向。

中国大唐集团有限公司计划通过一系列措施实现净零排放和碳中和的目标。为此，于2021年6月22日发布了《中国大唐集团有限公司碳达峰与碳中和行动纲要》。该行动纲要提出严控煤电项目，控制煤炭产能，退出煤化工产业，同时大力发展非化石能源，提高非化石能源装机占比等。该行动纲要还提出从能源技术创新、能源生产和能源消费三个方面的革命实现重点突破，并制定了一系列具体的工作重点。该行动纲要的实施将有助于推动电力行业的转型升级，促进清洁能源的大规模发展和应用，为实现碳中和目标做出积极贡献。

2. 不断提升企业碳资产管理水平

中国大唐为了提升集团碳资产价值并最大化降低履约成本，正在不断探索增值交易的新路径。它们通过对全国碳市场相关政策的深入解读，充分运用减排工具，借助CCER抵消机制，鼓励有履约任务的公司主动进行碳配额与CCER的置换工作，从而有效地盘活企业的碳资产，降低履约成本。同时，它们提前对集团的潜在减排量资产进行摸排与梳理，做好充分的准备工作，一旦CCER项目重启，它们就能够快速入市。这些措施的实施有助于提高企业碳资产管理水平，也有助于推动中国实现“双碳”目标。

2016年，为了提高碳资产管理专业化水平，集团成立大唐碳资产有限公司。作为国内领先的碳资产管理公司之一，大唐碳资产有限公司在碳资产管理方面有着卓越的表现。该公司开发了专业的碳资产管理信息系统，依托自建的碳交易中心，服务集团全部企业，主要对各企业的二氧化碳排放和减排数据、碳配额和交易数据进行信息化管理，并且能够预测碳市场交易的盈

---

① 《大唐：把握碳交易市场机遇　探寻绿色低碳之路》，碳排放交易网，2022年4月12日，http://www.tanpaifang.com/tanguwen/2022/0412/84792.html。

亏情况。大唐碳资产有限公司拥有广泛的国内外碳市场资源和交易经验，熟悉国内外交易机制、拥有较多上市公司及终端客户资源，已经为纳入全国碳市场的八大行业中的100余家企业和集团提供系统的咨询服务及碳交易管理服务，公司在行业内具有较高的知名度与认可度。公司的资金来源广泛，除了国家财政资金专项拨款的支持，还与各金融机构如券商、商业银行、投资机构等保持着良好的合作关系。公司具备强大的专业能力，利用自身资源和优势，为企业提供碳配额现货和期货交易服务，帮助企业优化碳资产配置，在满足自身履约任务要求的同时，有效规避价格波动风险；为企业提供碳配额与CCER的置换交易服务，实现碳资产的优化组合；为企业提供碳交易经纪业务，帮助企业进行专业且全面的市场分析，提供投资建议。

为了畅通绿色金融通道，中国大唐不断进行碳金融创新，并取得重大突破。大唐七台河电厂于2021年8月成功获得了一笔4000万元的贷款，担保物是该厂持有的碳排放权。[①] 2021年9月，大唐碳资产有限公司与邮储银行合作，开创性地采用中国人民银行征信系统和排放权交易所系统“双质押登记”风控模式，为大唐七台河电厂再次成功办理了2000万元碳配额质押贷款。[②] 这些创新举措不仅为企业提供了新的融资渠道，也为其他企业利用碳资产进行融资提供了借鉴和参考。

3. 前瞻性的碳市场布局

中国大唐在低碳领域具有敏锐的洞察力和前瞻意识，已经在CDM市场耕耘十余载。自2005年起，中国大唐在与法国电力、瑞典能源署和壳牌等国际能源巨头及资深碳市场买家合作的过程中获取了稳定的碳资产收益，并且积累了丰富的国际碳排放权交易经验。近年来，中国大唐在国内区域和全国碳市场建设中积极进取，深度参与要素交易平台建设。中国大唐以重点区

① 《大唐碳资产公司：完成首笔全国碳市场碳排放配额担保贷款业务》，“人民资讯”百家号，2021年8月26日，https：//baijiahao.baidu.com/s?id=1709123186608170032&wfr=spider&for=pc。

② 《中国大唐：把握碳交易市场机遇　探寻绿色低碳之路》，国际能源网，2022年4月15日，https：//m.in-en.com/article/html/energy-2314810.shtml。

域和关键环节为焦点，在湖北、深圳等地的碳交易试点建设和海南碳排放交易中心建设中发挥了积极作用。同时，中国大唐与重庆携手开展“双碳”战略合作，共同致力于推进西部绿色资源交易所的建设。这些前瞻性的布局彰显了中国大唐在低碳绿色转型中的引领作用。

中国大唐在电力市场、碳排放权交易试点市场、全国碳市场和自愿减排交易市场上均扮演着重要角色，对行业的低碳发展起到了中坚作用。中国大唐通过精细的碳排放量测算，在配额分配测算中发挥了积极作用。同时，中国大唐基于对发电行业实际情况的深入认识，广泛进行市场调查，尝试挖掘和分析碳市场数据，牵头编制《全国碳市场月度调查报告》，帮助同行企业实时掌握碳市场动态。中国大唐在自愿减排方法学的制定方面也做出了积极的贡献，是海上风电 CCER 方法学的重要编制单位。

（四）结语

中国大唐提升能源利用效率，调整能源结构，严格控制煤电装机容量增长，提高可再生能源装机占比，推动减排降碳，并提出《中国大唐集团有限公司碳达峰与碳中和行动纲要》。同时，它们成立碳资产管理公司，不断提高企业碳资产管理水平，进行专业化、信息化的碳资产管理。此外，中国大唐还前瞻性地布局碳市场，与国内外众多机构合作，积极参与重点区域碳排放权交易试点市场建设，聚焦全国碳市场和自愿减排交易市场的关键环节。中国大唐投身国际碳排放权交易十余年，为企业发展提供了稳定的碳资产收益。基于在低碳领域的一系列得力措施，中国大唐为全国碳市场的健康持续发展提供了有力支持，彰显了大型央企的责任担当。

二　中国石油

（一）公司基本情况

中国石油，全称为“中国石油天然气集团有限公司”，我国的骨干国有企业，是全球领先的油气生产商、供应商。它的业务范围广泛，包括国内外的油气勘探开发、炼化与新材料的销售、新能源开发与利用等。中国石油在全球范围内广泛开展油气投资业务，经营范围遍及32个国家和地区，这使它成为一家真正的全球性综合能源企业。截至2022年，它已经在全球50家大石油公司的综合排名中位列前三，同时在《财富》杂志的全球500家大公司中排第四位，这充分展示了它的强大实力和影响力。

目前，全球的石油公司都在努力向低碳、零碳的目标转型，这是绿色低碳企业发展的一个大趋势。中国石油成功在国际碳金融相关领域实现了多个重要的里程碑：签署了全球第一笔LNG碳中和长约、完成了全球天然气行业的首笔绿色贷款提款、在欧洲生物燃料贸易中占据领先地位、完成首单日本碳信用实货交易。这些成就充分展示了中国石油在碳交易和绿色低碳发展方面的引领作用和创新能力。

中国石油积极践行绿色发展理念，以实现“双碳”目标为指引，紧密部署“清洁替代、战略接替、绿色转型”三步走战略，致力于加快低碳发展的步伐。同时，公司大力开发储备林业碳汇项目，重视碳资产管理体系建设，并积极推动中国碳交易体系的建立。在绿色能源、新能源开发和业务产能提升方面，中国石油致力于向清洁低碳能源转型，努力成为综合性能源公司。中国石油通过与其他企业和行业的合作，引导石油化工行业向低碳发展方向转型。

（二）中国石油在全国碳市场的卓越表现

2021年7月16日，中国石油国际事业公司代理中国石油四家下属企业（中国石油集团电能有限公司和独山子石化分公司、乌鲁木齐石化分公司、锦州石化分公司）参与了全国碳市场的首日交易，并挂出了首个买单，此举为中国石油获得了“全国碳市场首日交易集团证书”。至2022年7月16日，集团累计采购600万吨碳排放配额，是率先完成第一周期履约任务的国有大型企业之一。①

① 《中国石油完成碳市场交易履约任务》，中国石油新闻中心，2022年7月26日，http：//news. cnpc. com. cn/system/2022/07/26/030074975. shtml。

2022 年，中国石油国际事业公司荣获了“全国碳市场优秀服务及管理实践证书”，充分展示了其在碳市场管理和服务方面的突出贡献。独山子石化分公司和中国石油集团电能有限公司荣获了“全国碳市场优秀交易实践证书”。[①] 这些荣誉不仅是对企业和公司在碳交易和管理方面的肯定，也是对其在推动绿色低碳发展方面的鼓励。

（三）中国石油碳市场成功的基石

1. 减碳

为了从源头减少碳排放并积极布局绿色低碳转型发展，中国石油大力实施节能工程，不断提高能效和能源利用水平，降低能耗，并不断革新节能减排技术。

中国石油独山子石化分公司持续完善能源标准化管理体系，深入开展节能减排技术攻关研究。该公司运用炼化能效、水效评估技术，针对高能耗设备，积极采用节能工艺和设备，降低能源消耗和损失，提高能源利用效率，减少能源消耗量。

乌鲁木齐石化分公司重点推进节能降耗减碳专项行动，邀请专家进行碳排放核算及交易知识培训。该公司制定了《乌石化碳排放试运行管理规范》，为确保碳排放数据得到有效管理，对之进行分组控制，将碳排放指标纳入各基层单位的业绩考核中。该公司制定了《乌石化碳减排行动方案》，构建了一个全方位的碳排放管控架构，该架构主要包含碳减排措施的制定和实施、碳核算和核查制度的设立、碳交易机制的构建以及碳资产管理策略的制定。

锦州石化分公司对碳减排工作给予了高度关注，并采取了严格管理、考核、监督措施以确保减排工作的有效性。从 2020 年开始，该公司实施了 110 项节能降耗项目，大力淘汰高耗能设备，并广泛采用热供料、直供料等方式以降低能源消耗。通过这些措施的实施，以及新技术的推广应用、技术

① 《中石油率先拿下这笔大“交易”!》，澎湃网，2022 年 7 月 22 日，https：//www.thepaper.cn/newsDetail_forward_19134910。

改造和管理创新，公司累计节约能源成本2521万元。此外，锦州石化分公司还积极推动温室气体减排项目建设，成效突出，主要体现在公司大量减少了污染物排放数量，成功地实现了“增产不增污、增产反降污”。同时，公司加强与国内外企业合作，引进先进技术和管理经验，进一步提高了能效，减少了碳排放。

2. 用碳

中国石油努力提高碳的利用率，积极推动绿色低碳转型。它们将二氧化碳视为一种资源，用于生产有利用价值和市场发展前景的化学品和材料，而不是排放入大气中。长庆油田第五采油厂试验区通过注入液态二氧化碳，成功增加了3万吨石油产量，并且减少了2万立方米的产水量。通过此举封存了近万亩阔叶林一年吸收的二氧化碳量。[①] 大庆石化对二氧化碳进行干燥脱水后处理，将其用作油田驱油剂，提高油田油井最终采收率，同时助力集团完成二氧化碳减排任务。

3. 捕碳和埋碳

中国石油积极开发CCUS技术，为此投入大量科研资金和人力，突破了CCUS全产业链关键技术。它们致力于提高二氧化碳埋存的规模，全力建设百万吨级示范工程，完成了国内最大规模碳输送、最大规模碳埋存方案，把“零碳”和“负碳”产业做大做强，为推动绿色低碳转型提供了强有力的支撑。

4. 替碳

首先，中国石油致力于实施对传统化石能源的清洁替代策略。中国石油正在积极探索地热和光热替代油气的生产方式，以及利用清洁电力替代煤电的方式，提高氢能制取和绿电的使用规模。这不仅有助于持续提高电气化水平，而且符合全球能源绿色低碳转型的大势所趋。

其次，中国石油致力于建设新型能源体系。在这一过程中，中国石油在

① 《二氧化碳“变废为宝”　长庆油田CCUS技术“碳”寻绿色发展新路径》，“新华社”百家号，2023年9月15日，https://baijiahao.baidu.com/s?id=1777108402868930469&wfr=spider&for=pc。

持续加大油气勘探开发规模的同时，也逐步提高天然气业务的比重。数据显示，2022 年，中国石油在国内市场的天然气销量达到了 2178. 1 亿立方米，这一数字相较煤炭销量而言，相当于实现了 2. 82 亿吨二氧化碳的减排量。[①] 公司正在融合发展风光气电，目前，中国石油已建成光伏装机超过百万千瓦，大庆油田的星火水面光伏项目已经成功并网发电。它们同时加快发展地热和氢能。其首支绿氢火炬在北京冬奥赛场上成功“点燃”。此外，全产业链 CCUS 示范项目也在松辽盆地和鄂尔多斯盆地持续推进。在新能源和新材料的产量上，中国石油也实现了持续大幅增长，跑出了石油行业的新速度。

2022 年，中国石油已累计建成 140 万千瓦的风光装机规模，建成 23 座加氢站（综合能源服务站），天然气销售量达到 2178. 1 亿立方米。[②] 以上数据和措施表明，中国石油正在通过实施替碳的一系列得力措施，实现在碳市场上的成功。

5. 市场机制节碳

第一，中国石油精心制定了全面的碳市场策略和完善的制度体系。它们拟定了详尽的碳交易履约方案，基于《关于加强温室气体排放管控工作的指导意见》，就碳交易、碳排放数据的统计与考核和 CCER 项目制定了具体的管理办法，从而构建了“1+3”的制度体系，为集团参与各类碳市场交易提供了制度保障。

第二，中国石油联合天津产权交易中心有限公司出资建立了天津排放权交易所，这是中国首家综合性排放权交易所。天津排放权交易所通过提供交易平台，促进了碳排放权的有效配置和流通。这不仅推动了碳市场的发展，也有助于提高企业的碳减排意识和积极性。天津排放权交易所积极引导企业参与碳交易，通过提供培训、咨询等服务，帮助企业了解碳市场和相关政策，并为企业提供碳排放权交易的机会。这有助于增加企业的碳减排动力，进而

---

① 《2022 年度报告》，https：//www. cnpc. com. cn/cnpc/ndbg/202307/279e1229925343db8181a17c223c33b5/files/7ee5a5fea9ef4b1a8233cf19b7695790. pdf。

② 《“三步走”实现绿色升级　中国石油推动清洁能源替代》，“中国经营报”百家号，2023 年 9 月 21 日，https：//baijiahao. baidu. com/s?id = 1777638578262218123&wfr = spider&for = pc。

推动整个社会的低碳发展。天津排放权交易所建立了规范的碳排放权交易规则和监管机制，确保了碳交易的透明度和公正性。这有助于消除企业的疑虑，提高其参与碳交易的信心，也有利于政府对碳排放权的监管。天津排放权交易所还积极推动低碳技术研发和应用。通过与科研机构、高校等合作，天津排放权交易所为企业提供低碳技术和问题解决方案，帮助企业实现更高效的碳减排。天津排放权交易所积极与国际碳排放权交易机构开展合作与交流，分享经验和最佳实践，共同推动全球碳市场的发展。这有助于引入国际先进的碳交易理念和经验，提升我国碳市场的国际影响力。总之，天津排放权交易所在碳市场上发挥了重要作用，也为中国石油在碳市场上的卓越表现奠定了基础。

第三，中国石油建立了专门的温室气体核查核算中心，可以更加精确地掌握自身碳排放数据及其变化趋势，为促进中国石油内部的绿色低碳转型提供数据支撑。这一举措符合全球应对气候变化的趋势，体现了中国石油对环境保护和可持续发展的承诺。随着全球碳交易市场的不断发展，具备准确的温室气体核查和核算能力将成为企业参与碳交易的必备条件。中国石油设立温室气体核查核算中心后，将更好地适应这一市场趋势，有助于提高中国石油在碳交易市场中的竞争力。

第四，中国石油成立了上游业务碳资产开发技术支持中心。该中心面向所有油气田企业开展多元化的碳资产开发业务，为之提供碳数据核查与评估、碳市场交易策略等多个方面的服务，助力公司在碳市场上取得更多的优势和机遇。该中心不断提升参与自愿减排行动的能力，并且具备了 CCER、CDM、德国 UER、VCS 等碳资产开发能力，这使得公司能够更加灵活地参与国际碳市场交易，拓宽了公司的业务范围和收益渠道。

第五，中国石油国际事业公司组织专业的团队在碳市场交易和相关领域采取了多种措施，为中国石油在国际碳市场中的发展提供了有力支持。中国石油国际事业公司设立绿色投融资实体，创新投融资机制，节约碳履约成本并创造海外炼厂收益。中国石油国际事业公司通过管理合资海外炼厂的碳排放权成本和建立中国碳配额资源池等手段，优化资源配置和风险管理，提高碳交易效率和定价影响力，推动企业可持续发展，提升中国石油的国际碳市场地位。中国石油国际事业公司推动中国石油与国际能源企业合作，引入先进碳交易理念，提高了中国石油积极参与中国碳市场建设和发展的能力。

（四）结语

中国石油在碳减排方面采取了一系列积极措施，包括大力实施节能工程、完善能源标准化管理体系、推进节能降耗减碳专项行动等，以实现绿色低碳转型。同时，中国石油还加大了碳化工产业发展布局，提高了碳的利用率。在碳捕集、碳封存方面，中国石油突破了关键技术，建设了百万吨级示范工程。此外，它们还实施清洁替代、战略接替、绿色转型等策略，扩大绿电规模，适应中国新发展阶段的要求，构建新型能源体系。中国石油还制定了全面的碳市场策略和完善的制度体系，设立了专业团队和温室气体核查核算中心，积极参与天津排放权交易所的建设，与国际能源企业合作，提高自身在国际碳市场中的地位和影响力。这些举措取得了显著的碳减排成效，助力中国石油在全国碳市场上取得突出成就。

三　信发集团

（一）集团基本情况

信发集团成立于1972年，集团总部位于山东省聊城市茌平区。信发集团的生产涉及发电和供热业、有色金属冶炼和压延业、建材行业、化工行业、环保行业和现代农业等，主业是电解铝，是一家多业支撑的多元化企业集团。该集团发展理念明确，形成了热电联产、铝电经营、产业集群、循环利用的发展模式。信发集团坚持以人为本、诚信发展，通过集团内部企业优势互补，大力发展循环经济，严控企业生产成本，成就了打造“东方铝城”的梦想。

信发集团高度重视环保工作。早在2011年，信发集团在提高资源利用效率和保护环境方面就取得了较大的突破，是国家第一批“资源节约型、环境友好型”试点企业之一。十余年来，信发集团多次荣获“全国节能降耗先进单位”“山东省循环经济示范单位”等荣誉称号。[1] 信发集团有 6 家企业被列入“省级重污染天气应急减排 A 级企业”，这是对集团环保工作的高度认可。信发集团积极推进绿色制造业发展，有 5 家企业获批“市级绿色工厂”，1 家企业入围“国家级绿色设计产品”。[2] 信发集团在环保方面的领先地位和创新能力为地区和全国绿色低碳发展做出了积极的贡献。

（二）信发集团在全国碳市场的卓越表现

信发集团不断优化产业结构，发展循环经济，为节能降碳奠定了良好的产业基础，在全国碳市场交易中取得亮眼的成绩。在第一个履约周期，信发集团接收到配额任务后，仅用一天就完成了配额清缴，第一个完成了履约任务，整个周期的碳配额盈余总量为 1759 万吨。据生态环境部的公开信息，截至 2022 年 1 月 7 日，信发集团在全国碳排放市场的交易量高达 1140 万吨，总交易金额 5. 89 亿元，位列全国第一。在全国总交易量和总交易额中的占比分别为 6. 4%和 7. 67%。[3] 在全国碳市场交易 2022 年度优秀企业评比中，信发集团有三家企业获奖，其中茌平信发华宇氧化铝有限公司和聊城信源集团有限公司荣获“优秀交易实践企业”称号，山西信发化工有限公司荣获“交易进步企业”称号。[4]

（三）信发集团碳市场成功的基石

1. 减污降碳与成本节约的技术升级策略

信发集团最主要的低碳措施是采用先进设备，升级电厂技术，取得减污

---

① 《公司简介》，http：//www. xinfagroup. com. cn/AboutXinfa/GongSiJianJie. aspx。

② 《介绍山东圆满完成全国碳排放权交易市场第一个履约周期碳排放配额清缴工作》，山东省生态环境厅网站，2022 年 1 月 18 日，http：//sthj. shandong. gov. cn/hdjl/zxft/syft/sdshj_41499/index. html。

③ 《介绍山东圆满完成全国碳排放权交易市场第一个履约周期碳排放配额清缴工作》，山东省生态环境厅网站，2022 年 1 月 18 日，http：//sthj. shandong. gov. cn/hdjl/zxft/syft/sdshj_41499/index. html。

④ 《上海环境能源交易所全国碳市场 2022 年度获奖名单》，上海环境能源交易所，2023 年 7 月 21 日，https：//www. cneeex. com/c/2023-07-21/494360. shtml。

降碳和节约成本双赢。信发集团先后关闭了 13 台 30 万千瓦以下的燃煤机组，这是对旧生产模式环境污染的积极回应。[①] 为了进一步推动绿色低碳发展，集团还投资 320 亿元，新建九台 660 兆瓦高效超超临界机组，达到了国际领先水平。这些机组的发电煤耗极低，每千瓦时仅耗煤 248 克，年节约标煤 100 多万吨，这大大提高了能源利用率，同时也为碳减排做出了巨大贡献，每年可为集团减排 280 多万吨二氧化碳。[②]

2. 低碳引领的循环经济发展模式

除了通过电厂技术升级来降低煤耗，信发集团还致力于打通生产环节内循环，通过发展循环经济实现低碳发展。新型脱硝剂项目耗费大量电力，为了抵销电力成本，信发集团充分利用生产过程中产生的副产品“高压蒸汽”，使得这项年产 10 万吨的项目实现了生产零成本。它们利用粉煤灰、炉渣、电石渣等 1200 万吨固体废物和回收的蒸汽制作砌块砖、石膏板等新型建材产品，创造出 50 亿元的年收入。仅通过乏汽回收利用的措施，信发集团全年节省了 140 多万吨标煤，不仅降低了煤耗，而且相应减少了 400 多万吨碳排放。[③]

通过构建循环经济发展模式，信发集团打造了能源、有色、化工、环保四大产业链条。虽然信发集团的主要产业基本是高能耗、高排放产业，但是通过不懈的努力与探索，基本实现上一生产环节的废气、废水、废渣成为下一生产环节的原材料，各生产环节和工序科学衔接，环环相扣，完美地将全部废弃物变成有效的资源，为企业带来巨大的经济效益，也使企业顺利实现节能减排和减污降碳的目标，获得了巨大的生态效益。图 1 展示了信发集团循环经济的全产业链。

---

① 《介绍山东圆满完成全国碳排放权交易市场第一个履约周期碳排放配额清缴工作》，山东省生态环境厅网站，2022 年 1 月 18 日，http：//sthj. shandong. gov. cn/hdjl/zxft/syft/sdshj_41499/index. html。

② 《走在前　开新局丨信发集团的“生态账本”：减碳向绿实现产业转型》，齐鲁网，2022 年 8 月 10 日，http：//liaocheng. iqilu. com/lcyaowen/2022/0810/5203885. shtml。

③ 《走在前　开新局丨信发集团的“生态账本”：减碳向绿实现产业转型》，齐鲁网，2022 年 8 月 10 日，http：//liaocheng. iqilu. com/lcyaowen/2022/0810/5203885. shtml。

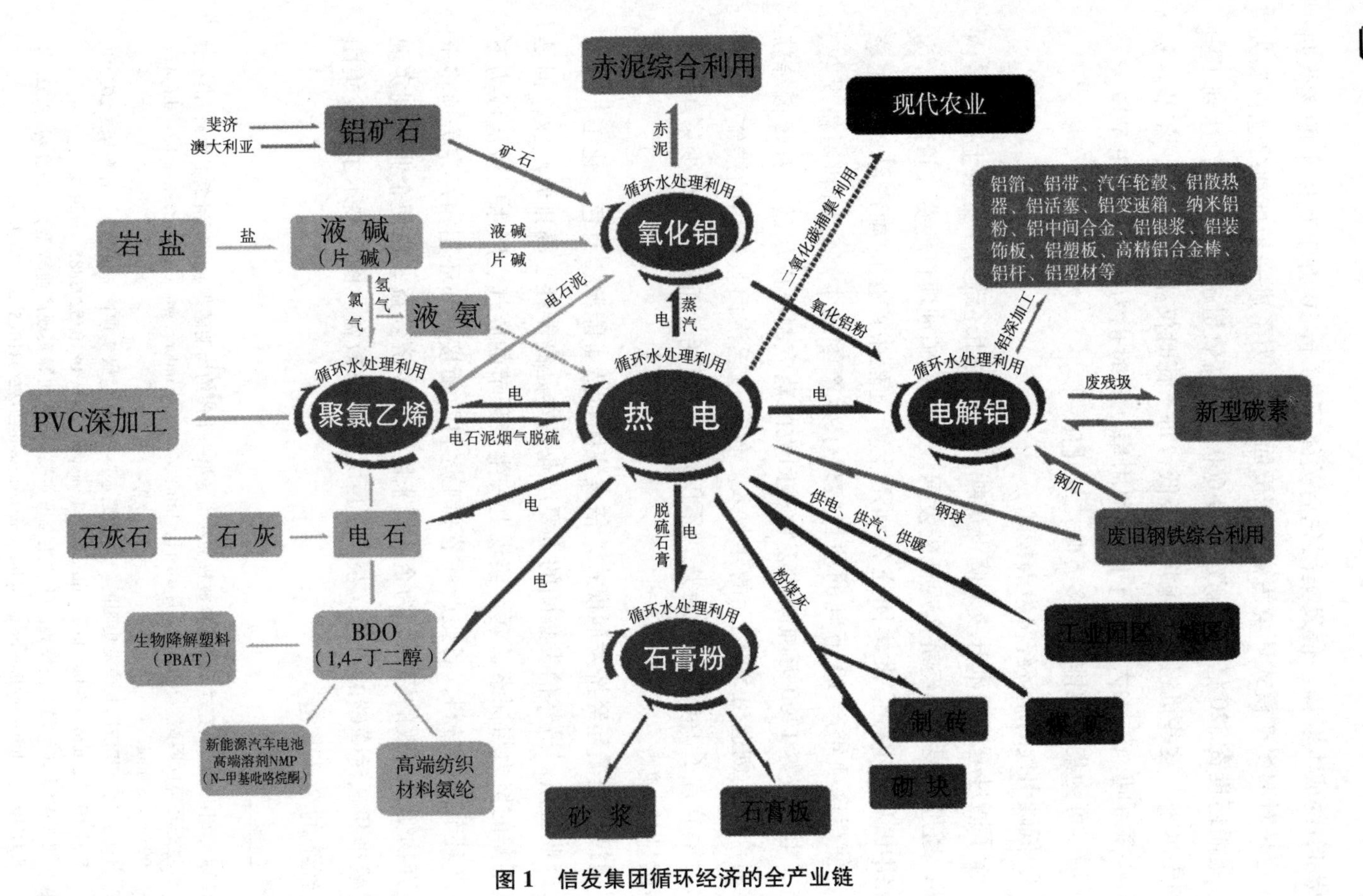

图 1　信发集团循环经济的全产业链

资料来源：信发集团碳资产管理中心。

3. 规范的碳资产管理制度

信发集团密切关注国家低碳政策和产业绿色低碳转型的趋势，于 2016 年成立了碳资产管理小组，派员工外出考察和进行专业学习，培养企业自己的碳资产管理师，摸索出了一套适合信发集团循环产业链的碳资产管理策略。2018 年，信发集团正式成立碳资产管理中心，其主要职责包括指导集团节能降碳工作、统筹集团碳市场交易、负责监测碳排放数据和抽查化验元素碳等。

在碳排放体系方面，信发集团搭建了完善的组织架构和相关管理制度，建立了碳排放考核系统，设立了正规的碳资产管理制度规范。为了提高碳资产管理水平，信发集团采取了多项措施。首先，严格把控购进煤炭质量，提高化验数据准确性。其次，将元素碳自测纳入正规的碳管理制度和体系。此外，为了确保数据的准确性和可靠性，信发集团于 2019 年取得了中国计量认证（CMA）资质。同时，它们还获得了中国合格评定国家认可委员会（CNAS）的认可，能够出具符合国家规定的元素碳含量检测报告。图 2 和图 3 分别是信发集团煤样的留样间和自动采样间。

图 2　信发集团留样间

资料来源：信发集团碳资产管理中心。

图 3　信发集团自动采样间

资料来源：信发集团碳资产管理中心。

通过这些措施的实施，信发集团在碳市场交易中取得了显著的成效。公司的碳资产管理水平得到了提升，为众多企业提供了优质的碳资产管理服务。同时，公司在碳金融创新方面也取得了突破性进展，为绿色低碳经济的发展注入了新的活力。此外，公司的国际合作与交流也取得了积极成果，为国内碳市场与国际市场的接轨做出了贡献。

（四）结语

信发集团在低碳转型中采取的一系列重要措施为其在碳市场上的卓越表现奠定了坚实的基础。首先，该集团采用先进设备和技术升级电厂，降低煤耗并提高能源效率，实现了每年节约大量标煤和减少碳排放的目标。其次，信发集团致力于发展循环经济，通过打通生产环节内循环，实现资源的高效利用和废弃物的再利用，创造出新的经济增长点，同时进一步降低碳排放。最后，信发集团还建立了规范的碳资产管理制度，提高碳资产管理水平，努力推进全国碳市场交易工作，并为其他企业提供优质的碳资产管理服务。这些措施的实施使信发集团在碳市场交易中取得了显著成效，成为低碳引领的循环经济发展模式的典范。

信发集团的实践表明，企业可以通过技术创新、循环经济和碳资产管理等方式，实现节能降碳和减污降碳的目标，并获得可观的经济效益，实现减污降碳和节约成本的双赢。同时，企业也可以通过参与全国碳市场交易等途径，提高碳资产管理水平和碳市场交易效率，实现绿色低碳发展。

国际借鉴篇

B.8
发达经济体碳交易市场运行情况与经验借鉴

孟祥源　佟新宇*

摘　要：　全球气候变化带来的挑战使碳交易市场成为有效应对气候变化的工具之一。本报告分别分析了欧盟碳市场、美国碳市场、日本碳市场和韩国碳市场的典型做法并总结了可借鉴的经验。欧盟碳市场首先采用"分阶段完善碳市场"的渐进式方法，为碳市场的持续改进提供了灵活性和实践基础。其次通过逐步减少免费分配比例、引入有偿拍卖机制以及最终取消免费分配等措施助推动碳市场健康、公平、高效地运作。美国碳市场已充分发挥其区域性优势。其中西部气候倡议（WCI）是跨境、跨区域碳市场，为其他地区开展跨境、跨区域碳市场合作提供了重要的借鉴。日本的碳市场激励制度包括绿色投资和碳金融、政府补贴和税收优惠等。韩国碳市场最具特色的

* 孟祥源，山东财经大学中国国际低碳学院讲师，主要研究方向为低碳经济、可持续发展；佟新宇，山东财经大学中国国际低碳学院低碳经济与管理专业硕士研究生，主要研究方向为绿色经济、数字化转型。

是政府主导的二级市场碳做市机制，为韩国碳市场提供了稳定性和透明度。

关键词： 碳交易市场　欧盟碳市场　美国碳市场　日本碳市场　韩国碳市场

一　碳交易市场的意义和必要性

全球气候变化已成为人类面临的重大挑战，碳交易市场（简称“碳市场”）是应对气候变化的有效工具之一。首先，通过设立碳排放限额和碳交易机制，能够激励企业降低碳排放，推动全球减排目标的实现。其次，碳交易市场可以激励创新和低碳经济发展。碳价格的存在使高碳排放行业面临经济压力，促使其进行技术升级和能源转型，加速低碳技术的研发和应用。同时，碳交易市场也鼓励企业投资绿色产业，推动低碳经济发展，创造更多就业机会和经济增长点。最后，碳交易市场可以强化企业的社会责任。企业通过参与碳市场的交易，提高对自身碳足迹的关注和减排的意愿，进而推动自身转向更为环保和可持续的经营模式。

综上所述，一个国家构建碳交易市场意味着对环境和气候变化问题的重视，具备可持续发展的远见和决心。通过碳交易市场的运作，国家能够引领企业改变能源使用方式，推动低碳经济的发展，促进国际合作，助力可持续发展。

二　欧盟碳市场经验借鉴

欧盟排放交易体系（EU-ETS）成立于 2005 年，是全球成交规模最大、制度最为完善的温室气体排放权交易市场，是欧盟应对气候变化和有效降低温室气体排放的关键工具。欧盟碳市场通过设定温室气体排放上限并逐年降低这一上限，从而推动减排。接下来分别介绍欧盟碳市场的典型做法和可借鉴的经验。

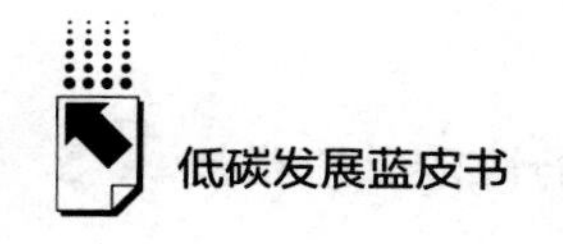

（一）分阶段完善碳市场

1. 典型做法

欧盟将碳交易市场分成四个阶段，并逐步完善碳市场，以推动实现其减排目标（见表1）。每个阶段都根据环境和经济的需求确定了具体的碳排放量目标，并且采取了特定的政策和手段，以保障市场的成功运作。

表1　欧盟碳市场四阶段

	第一阶段：2005~2007年	第二阶段：2008~2012年	第三阶段：2013~2020年	第四阶段：2021~2030年
衡量标准	基于总量	基于总量	基于总量	基于总量
预估方式	历史法	历史法	基准法	基准法
配额分配	绝大部分免费分配，5%通过有偿拍卖	绝大部分免费分配，10%通过有偿拍卖	有偿拍卖机制主导，逐步减少免费分配	有偿拍卖机制主导，少量免费分配，最终取消免费分配
配额交易	EUAs、CERs	EUAs、CERs、ERUs、EUAAs	EUAs、CERs、ERUs、EUAAs、MSR储备	EUAs、CERs、ERUs、EUAAs、MSR储备

2. 经验借鉴

“分阶段完善碳市场”这一做法有助于根据前一阶段的运行情况，及时总结经验，逐步有序完善碳市场。这种渐进式的方法为碳市场的持续改进提供了灵活性和实践基础，有以下几个方面的益处。

首先，经验总结与教训学习。每个阶段结束后，政策制定者和相关利益方能够对碳市场的运行情况进行全面评估和经验总结。通过分析成功的措施和遇到的挑战，可以识别出哪些政策和机制效果显著，哪些方面需要进一步改进。这有助于避免过去的错误，提高碳市场的有效性。

其次，灵活性和适应性。分阶段完善的模式允许政策制定者及时调整碳市场的设计和运行，以适应不断变化的环境和经济条件。这种灵活性有助于应对新的挑战，如技术创新、市场波动或国际合作的变化，确保碳市场制度具备持久的适应性。

最后，社会接受度。逐步完善碳市场避免过快、过于激进的改革，有助于获得更广泛的社会接受度。通过透明地展示改革的效果，社会各界更容易理解碳市场的目标和益处，减少可能引起阻力的因素。

总的来说，碳市场分阶段的做法，通过各阶段的运营情况不断总结经验、调整和改进，有助于更好地完善碳市场，更有效地推动低碳经济转型。

据此，本报告提出“分阶段完善碳市场”可借鉴的经验如下。

第一，设定阶段性碳减排目标。“分阶段完善碳市场”的做法有助于提高市场的透明度和可预测性，推动市场的平稳发展。建议根据国情和行业特点，制定阶段性和长期性的碳减排目标，分阶段逐步提高行业和企业的碳减排要求。

第二，有序扩大碳交易范围。初始阶段可以选择少数行业或企业进行碳交易，以确保系统的平稳启动。随着碳排放基础数据的积累和碳市场的逐步成熟，应及早明确其他可能纳入碳边境调节机制（CBAM）的重点排放行业逐步纳入碳市场的时间表。这样的渐进式扩张策略有助于在全国范围内逐步建立碳市场，为各行业和企业提供更长远的发展规划。逐步实现全国碳市场的发展和扩张，为我国提供更多减排的机会，促使企业逐步过渡到更为环保和低碳的经济模式。同时，交易范围的扩大还包括增加参与企业、地区、金融交易主体等。

第三，建立碳配额分配机制。根据各个阶段的碳减排目标，制定碳配额的分配机制，采用逐渐减少免费配额的方式，鼓励企业更加积极地降低碳排放。欧盟碳配额的分配也从最开始的全部免费到逐步减少，最终取消免费分配。

第四，完善法律法规和规章制度。在分阶段实施过程中，需要针对不同阶段的要求和特点制定相应的法律法规和规章制度，确保市场的顺利运行和监管措施的有效落实。

第五，加强监管和执法力度。建立健全的监管机构和执法体系，加强市场监管，打击违法行为，保证市场交易的公平、公正和透明。

第六，加强宣传和信息披露。在分阶段实施过程中，加强对碳市场的宣传和信息披露，提高企业和公众对碳市场的认知度和参与意识，推动碳减排的广泛实施。

（二）免费分配转向有偿分配

1. 典型做法

欧盟碳市场的配额分配正由“绝大部分免费分配，5%通过有偿拍卖”向“有偿拍卖机制主导，少量免费分配，最终取消免费分配”转变。

目前，我国碳市场配额仍采用免费分配的方式，这有助于减轻企业负担，促使其参与碳市场。2024 年 1 月，《碳排放权交易管理暂行条例》发布，其第九条指出：碳排放配额实行免费分配，并根据国家有关要求逐步推行免费和有偿相结合的分配方式。这表明我国碳市场在规划逐步减少免费配额的比例。

2. 经验借鉴

碳排放权配额从“免费分配转向有偿分配”这一做法的经验借鉴包括以下方面。

其一，逐步减少免费分配比例。欧盟碳市场经历了从绝大部分免费分配逐步减少的过程。一开始，大部分配额通过免费方式分配，但随着市场的发展，逐步减少了免费分配比例。这种逐步减免的方式有助于企业适应碳市场并减轻初始负担。

其二，引入有偿拍卖机制。欧盟碳市场逐渐引入了有偿拍卖机制，将一部分碳配额以拍卖方式进行分配，使市场更加灵活。通过拍卖，可以确保碳配额分配更加公平，并为企业提供参与市场的机会，同时有助于市场价格的形成。

其三，以有偿拍卖机制为主导。随着时间的推移，欧盟碳市场逐渐实现了有偿拍卖机制的主导。这种转变促使市场更为有效地分配碳配额，激励企业采取更多的减排措施，推动低碳技术的发展。

其四，最终取消免费分配。欧盟最终会取消免费分配，转向有偿拍卖的方式。这种做法有助于企业更加积极地进行减排，强化碳市场的定价功能。

（三）完善碳金融体系

1. 典型做法

发达国家碳市场的金融化水平较高，存在多种金融衍生工具，包括碳市场融资工具（碳质押、碳回购、碳托管等）、碳市场交易工具（碳远期、碳期货、碳掉期、碳期权，以及碳资产证券化和指数化的碳交易产品等）和碳保险等。这些工具使市场参与者能够更灵活地应对碳市场的波动，提前制订交易计划，有效管理碳排放成本，从而促使企业更积极地参与减排活动，推动碳市场的健康发展。

目前，中国碳市场的交易主体主要是控排企业，而金融机构的参与度相对较小。碳市场的交易主要以现货形式进行，这使得市场构成较为单一，碳价格形成机制不完善。参考欧盟碳市场的成长路径，在碳市场现货交易的基础上，不断发展以碳排放权为标的物的金融衍生品市场，有助于碳市场的进一步发展。通过引入更多的金融机构和多样化的碳金融衍生品，有助于提升市场的流动性、促进更广泛的市场参与，进而推动碳市场的扩大和完善。

2. 经验借鉴

完善碳金融体系对碳市场发展具有多方面的好处，这包括提高市场流动性和市场效率、吸引更多参与者、降低融资成本以及推动低碳技术创新等方面。完善碳金融体系有助于推动碳市场向更为成熟、高效、创新的方向发展，为实现全球减排目标和应对气候变化提供更为有力的金融支持和市场机制。完善碳金融体系，主要有以下几种做法。

一是扩大碳市场参与主体。吸引更多市场主体共同参与碳市场将有助于碳市场的扩大和完善。首先，制定支持碳市场的明确政策，如完善碳定价机制等。政府可以通过激励和奖励措施，鼓励更多的企业和行业参与碳市场。其次，提高信息透明度。提高碳市场的信息透明度，有助于参与者了解市场的运作机制、价格变动等信息，进而吸引更多的主体参与。

二是开发碳金融衍生品市场。推动碳金融衍生品市场的构建和发展，增强市场的多元性与创新能力。碳金融融资工具可为企业提供短期融资便利。

碳金融交易工具种类众多，可吸引多种类型的市场参与主体。碳保险产品可以为企业分散风险。

三是持续扩大绿色信贷。商业银行应积极扩大绿色信贷。绿色信贷以项目融资为主，为低碳产业项目提供贷款优惠、期限优惠以及审批便利等，有助于扩大低碳项目的开发。

三　美国碳市场经验借鉴

美国碳市场的规模居全球第二位。由于美国各州的法律、经济结构和能源消费结构存在很大差异，为了更好地协调各州之间的碳减排行动、实现国家范围内的碳减排目标，美国分区域进行碳市场建设。美国主要的区域性碳市场包括 RGGI（区域温室气体倡议）、WCI（西部气候倡议）、加州碳市场以及芝加哥气候交易所（CCX）。

（一）美国区域温室气体倡议（RGGI）

1. 典型做法

美国 RGGI（区域温室气体倡议）成立于2009年，是美国第一个区域联合的碳市场，也是全球唯一一个完全有偿分配的碳市场。RGGI 有两个方面的特色设计。

其一，RGGI 区别于其他碳市场的一个特色设计是其碳配额几乎全部采用拍卖的形式进行有偿分配。有偿分配碳配额这一做法有助于平衡公共利益、经济效率和环境可持续性。第一，有偿拍卖的方式有助于市场通过供需关系来决定碳价格。拍卖机制引入了价格发现的机制，使市场能够反映碳减排的实际成本。这有助于碳价格真实、准确地反映碳市场的供需状况。第二，有偿分配可以激发企业和投资者更积极地参与碳市场。通过拍卖，碳配额的获取成本与企业减排成本挂钩，有助于提高企业对减排技术和创新的投入。这种经济激励有助于推动产生更经济高效的减排方案，促进碳市场的健康发展。第三，增加财政收入。通过拍卖碳配额，政府可以获得相应的财政收入。这些收入可以用于支持可再生能源项目、能效改进、碳市场监管和其他环保项目，从而形成一种可持续的资金来源，促进绿色经济的发展。

其二，为进一步优化碳市场的运作，RGGI 分别在 2012 年和 2017 年对其机制进行再审并提出相应改进措施，这些改进措施主要涉及降低碳配额的总上限以及实施动态调整机制等。首先，通过调整碳配额的总上限，碳市场可以更好地反映实际的碳减排需求、确保碳市场的设计与实际减排需求相匹配；可以更好地平衡供需关系、减缓碳价格的剧烈波动。其次，动态调整机制可以使碳市场更加灵活和更能适应变化，增加市场的弹性。该机制可以根据市场状况和实际减排进展，调整碳配额的分配，确保碳市场的运作更为精准和高效。

2. 经验借鉴

RGGI 在碳市场机制再审和制度优化方面可以提供借鉴，包括灵活调整碳配额总量上限、建立动态调整方案等。

（1）机制再审与制度优化

RGGI 通过定期的机制再审以及制度优化，不断根据市场运行情况及时进行制度调整和优化。这种做法有助于根据实际发展情况和市场需求进行灵活调整，进而推动碳市场的完善和进一步发展，并提高碳市场的弹性和效率。

（2）削减碳配额总量上限

RGGI 在碳市场发展的过程中逐步削减了碳配额总量上限，以增强碳市场的定价功能。这种调整有利于促使企业更加积极地提高碳减排能力，推动低碳经济的转型。

（3）动态调整方案

RGGI 制定了动态调整方案，根据市场运行情况进行灵活调整。这种动态调整的做法有助于吸引企业参与碳市场，推动碳市场的发展和进一步完善。

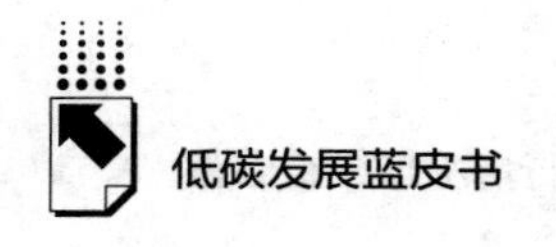

（二）美国西部气候倡议（WCI）

1. 典型做法

西部气候倡议（WCI）成立于2007年2月，是美国第一个跨境碳市场。WCI是美国和加拿大的部分地区签订的联合气候协议，目标是建立跨境、跨区域、跨行业的综合性碳交易市场。跨境、跨区域碳市场的构建面临许多挑战，包括碳市场设计标准不一致、碳定价不一致、减排目标不一致等问题。WCI在碳市场合作方面积累的经验为其他地区开展跨境、跨区域碳市场合作提供了重要的借鉴。

首先，统一碳市场交易机制。其一，加州碳市场和魁北克碳市场建立了碳配额和碳抵消互认和接轨机制，使得两个市场的碳配额可以流通。这种机制可以为市场参与者提供更多的碳交易机会，并确保交易的公平和透明。其二，加州碳市场与魁北克碳市场推出了统一的交易平台，促进碳市场管理的高效协同和信息透明。这使得两个碳市场间的交易变得更加容易和高效，并避免出现“碳泄漏”等问题。

其次，提出可信承诺。加州和魁北克省相继出台了一系列政策法案，持续优化碳交易市场设计，为WCI的发展提供了有力的支持。

2. 经验借鉴

WCI的碳市场合作经验可以为跨境、跨区域碳市场合作提供启示。

（1）碳配额和碳抵消互认和接轨机制

首先，该机制可以提高市场的流动性和各市场主体的参与度。通过建立碳配额和碳抵消的互认和接轨机制，加州和魁北克省扩大了碳市场的规模，提高了市场流动性。其他地区可以考虑采取类似的机制，促进碳市场的互通，为市场参与者提供更多的碳交易机会。其次，该机制有助于降低“碳泄漏”风险。互认和接轨机制有助于避免“碳泄漏”问题，即碳减排措施导致企业向碳排放较低的地区迁移。这种机制可以减少“碳泄漏”的风险，助力全球碳减排目标的实现。

（2）统一的交易平台

首先，统一的交易平台可以提高管理效率。加州和魁北克省采用统一的交易平台，有助于提高碳市场的管理效率。这种统一平台减少了重复的管理工作，提高了管理效率。其他地区可以考虑建立类似的统一平台或者将本地区的碳交易平台不断与其他地区接轨，促进碳市场管理的高效协同。其次，统一的交易平台有助于简化市场操作。统一的交易平台降低了市场参与者的交易成本，有助于吸引更多国际参与主体。

（3）提出可信承诺，持续优化市场设计

加州和魁北克省持续出台政策法案，优化碳交易市场设计。这种经验表明，碳市场建设是一个不断演进的过程，需要持续关注市场状况，及时调整法规和政策，以适应不同阶段的市场需求。

（三）加州碳市场和芝加哥气候交易所（CCX）

1. 典型做法

加州碳市场，官方称为加州碳限额与交易系统（California Cap-and-Trade Program），成立于 2013 年，旨在通过设定碳排放上限并允许配额交易来减少温室气体排放，支持加州实现其气候变化目标。该系统涵盖电力、工业和交通等多个部门，要求参与企业持有足够的碳排放配额来覆盖其排放量，否则将面临罚款。配额的价格受市场供需关系影响，并且政府通过配额拍卖所得的收入通常用于支持各种减排和适应气候变化的项目。加州碳市场通过定期审查和更新来确保其有效性，并与魁北克碳市场有着密切的联系，共同影响全球碳市场和气候政策。

芝加哥气候交易所（CCX）成立于 2000 年，于 2003 年采用会员制开始正式运营，是一个自愿减排碳交易市场。目前，CCX 已经构建了一套相对完善的碳交易产品和工具，覆盖六种温室气体的减排交易。该交易所支持碳信用的现货和期货交易，同时也是美国唯一认可清洁发展机制（CDM）项目的交易系统。

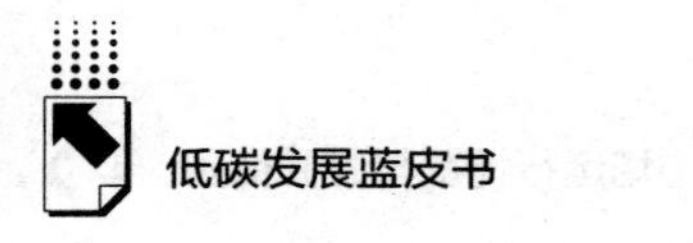

2. 经验借鉴

美国区域性的碳市场是与区域性的法规相结合的，地方政府的减排目标、环保法规等都影响区域碳市场的发展。由于美国各州的法律、经济结构和能源消费结构存在很大差异，为了更好地协调各州之间的碳减排行动和碳交易，实现国家范围内的碳减排目标，美国采用区域化的碳市场建设方案。在区域性碳市场构建方面有如下可借鉴的经验。

（1）完善地方性碳排放和碳交易法律法规

由于各地在碳排放和消费结构等方面的差异性，建立区域性或地方性碳交易市场是比较合理和现实的选择。地方性碳排放和碳交易法律法规需要明确碳排放的量化和统计方法，规定碳配额的配置和交易规则，建立监管机制和处罚机制。特别是要规范碳交易市场运行，控制碳排放，鼓励碳减排行动，营造良好的竞争机制和服务环境，从而推动低碳产业的发展。

（2）引导资源优化配置

建立区域性碳市场，将碳排放权的交易与经济发展相结合，促使资源在东西部地区的经济发展中配置更加优化。较发达地区的企业可以通过购买碳排放配额、从较欠发达地区采购低碳产品或投资低碳项目，推动经济发展的互利共赢。

（3）促进区域间的合作与协调

建立区域性碳市场促进东西部地区之间的合作与协调，实现碳交易的连接与互通。较发达地区可以通过碳市场向较欠发达地区传输低碳技术、经验和资金，支持其在低碳转型上取得进展。

然而，在建立区域性碳市场的过程中需要注意以下几点。一是在全国一体化碳市场建设背景下，地方碳交易法律法规的制定应与全国统一标准相适应和协调；二是尽量减少不同地区、企业和机构之间的碳排放和碳配额等信息不对称，防范碳市场交易的风险；三是建立健全企业减排考核评价机制、追责机制等，以促使企业踊跃参与碳市场。

总之，建立区域性碳市场可以根据区域经济发展不平衡情况，通过资源优化配置、促进合作与协调、支持减排目标和可持续发展，以及提供差异化的政策支持等方面，推动低碳转型和绿色经济发展。

四　日本碳市场经验借鉴

日本东京碳市场成立于2010年，是一个强制性限额交易的碳市场。埼玉县碳市场成立于2011年。2016年，日本东京碳交易市场与埼玉县碳市场连接。日本的碳市场是亚洲最早建立的碳市场之一，其碳市场激励机制发挥了重要的推动作用。

（一）典型做法

日本碳市场激励制度较为完备，对推动低碳经济发展和实现碳减排目标有很大作用。日本实行的激励措施主要有以下两点。

一是绿色投资和碳金融。日本碳市场通过绿色投资和碳金融的激励机制，鼓励企业和金融机构投资和融资低碳项目。例如，日本于2008年提出"环境能源技术创新战略"，具体表现为"创新技术21"，即将21项技术作为创新重点。该战略指导市场参与主体为低碳技术研发和应用提供资金支持。

二是政府补贴和税收优惠。日本政府通过各种政府补贴和税收优惠措施来激励碳市场的发展和碳减排。例如，对于采用低碳技术和清洁能源的企业，政府提供税收减免和项目资助，以促进企业的碳减排工作。

（二）经验借鉴

日本的碳市场通过绿色投资和碳金融、政府补贴和税收优惠等措施，为企业提供经济和政策上的激励来减少碳排放和推动碳市场发展。

一是绿色投资和碳金融助力碳市场的发展。第一，绿色投资和碳金融可以引导资金流向低碳和环保项目，包括可再生能源、能效改进、碳排放减少等领域。第二，碳金融市场的发展可以提高碳市场的流动性和效率。碳金融市场引入了更多的投资者和参与者，有助于提高碳市场的流动性。同时，碳金融市场的扩大和完善有助于碳市场更迅速地响应供需关系，提高碳市场的定价能力。第三，碳金融市场的发展提供了丰富的碳金融衍生品的创新，如碳交易期权、碳信用衍生品等。这有助于吸引更多的主体参与，推动碳市场的发展和完善。

二是政府补贴和税收优惠可以帮助企业进行低碳转型。政府补贴和税收优惠有助于降低碳减排成本。通过政府补贴和税收优惠，企业在采用低碳技术和清洁能源时可以降低其减排成本，推动企业的低碳转型。

五　韩国碳市场经验借鉴

韩国碳市场成立于2015年，是一个全国统一的碳交易市场。韩国碳市场涵盖了电力、钢铁、石化和纸浆等行业，覆盖七种温室气体的减排交易。韩国碳市场最有特色的是政府主导的二级市场碳做市机制。韩国于2019年引入碳做市机制，并逐步增加做市商数量，包括韩国开发银行等20多家金融机构进入二级市场进行碳配额交易。

（一）典型做法

韩国碳市场的二级市场碳做市机制，主要包括以下两个方面。

第一，在韩国碳市场中，政府指定特定的机构或企业作为做市商，而在其他碳市场中，做市商通常由金融机构或金融企业自己选择。韩国政府指定做市商，可以解决碳市场发展初期流动性不足的问题，助力碳市场的扩大和平稳发展。

第二，韩国碳市场的二级市场碳做市机制是由政府主导的。政府在做市商的选择、交易规则的制定以及市场相关信息的发布等方面起着重要作用。

（二）经验借鉴

二级市场碳做市机制有助于提高市场的稳定性、流动性和透明度，进而推动碳市场更为有效地承担减排责任。这种机制在引导企业减排、促进碳市场健康发展方面发挥了积极的作用。

第一，市场流动性提高。政府主导的碳做市机制有助于提高市场的流动性，解决碳市场发展初期流动性不足的问题。第二，价格稳定性增强。政府通过碳做市机制能够维持碳价格的相对稳定。这减缓了市场价格的剧烈波动，为企业提供了更稳定的环境进行长期规划和投资。第三，提高市场参与度。通过提高市场的流动性和稳定性，政府主导的碳做市机制有助于吸引更多的参与者，包括企业和投资者。第四，政府监管加强和透明度提高。政府主导的碳做市机制增强了政府在碳市场中的监管作用，提高了市场的透明度。

六　主要结论

基于以上部分发达国家碳市场发展情况，本报告总结了发达国家在碳市场建立和运行方面可借鉴的做法，具体来讲包括以下几个方面。

（一）渐进式方法的采用（欧盟碳市场）

欧盟碳市场采用了“分阶段完善碳市场”的渐进式方法，前一阶段的经验总结有助于根据实际发展情况及时发现问题、总结经验。这种方法为持续改进碳市场提供了灵活性和实践基础，有助于避免过快的改革可能带来的不稳定性。

（二）有偿拍卖机制的引入（欧盟碳市场、美国区域温室气体倡议）

逐步减少免费分配比例、引入有偿拍卖机制以及最终取消免费分配等措施，有助于市场价格的形成，鼓励企业更积极地参与碳交易并实施减排措施，提高市场竞争力和效率。

（三）碳金融体系的完善（欧盟碳市场、日本碳市场）

完善碳金融体系对碳市场发展有多方面的好处，包括提高市场流动性和

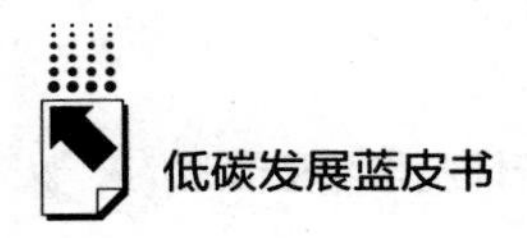

效率、吸引更多参与者、降低融资成本以及推动低碳技术创新等。日本通过碳市场激励制度，采用绿色投资和碳金融、政府补贴和税收优惠等措施，为企业提供了经济和政策上的激励，推动碳市场发展。

（四）区域化碳市场建设的优势（美国碳市场）

美国采用区域化的碳市场建设，充分认识到各州法律、经济结构和能源消费结构的差异，协调各州之间的碳减排行动和碳交易，实现国家范围内的碳减排目标。西部气候倡议（WCI）作为一个跨境、跨区域碳市场，为其他地区提供了建设跨境、跨区域合作的经验。

（五）二级市场碳做市机制（韩国碳市场）

韩国碳市场采用政府主导的二级市场碳做市机制，包括政府指定做市商、政府主导的市场运作、发布市场相关信息以及政府进行调控和监管等。这一机制为市场提供了稳定性和透明度，同时也为市场参与者提供了更多的交易机会和选择。

参考文献

陈骁、张明：《碳排放权交易市场：国际经验、中国特色与政策建议》，《上海金融》2022 年第 9 期。

韩鑫韬：《美国碳交易市场发展的经验及启示》，《中国金融》2010 年第 24 期。

贺城：《借鉴欧美碳交易市场的经验，构建我国碳排放权交易体系》，《金融理论与教学》2017 年第 2 期。

孙文娟、门秀杰、张胜军：《欧盟碳市场发展历程及对中国碳市场建设的启示》，《油气与新能源》2023 年第 2 期。

汤维祺、吴力波、钱浩祺：《从“污染天堂”到绿色增长——区域间高耗能产业转移的调控机制研究》，《经济研究》2016 年第 6 期。

文亚、张弢：《中国与欧盟碳市场建设理念与实践比较研究：历史沿革、差异分析与决策建议》，《中国软科学》2023 年第 5 期。

吴茵茵、齐杰、鲜琴等：《中国碳市场的碳减排效应研究——基于市场机制与行政干预的协同作用视角》，《中国工业经济》2021年第8期。

张希良、张达、余润心：《中国特色全国碳市场设计理论与实践》，《管理世界》2021年第8期。

Bolat, C. K., Soytas, U., Akinoglu, B., et al., "Is There a Macroeconomic Carbon Rebound Effect in EU ETS?" *Energy Economics*, 2023, 125: 106879.

Deng, Z., Li, D., Pang, T., et al., "Effectiveness of Pilot Carbon Emissions Trading Systems in China," *Climate Policy*, 2018, 18 (8).

Joltreau, E., Sommerfeld, K., "Why Does Emissions Trading Under the EU Emissions Trading System (ETS) not Affect Firms' Competitiveness? Empirical Findings from the Literature," *Climate Policy*, 2019, 19 (4).

Teixidó, J., Verde, S. F., Nicolli, F., "The Impact of the EU Emissions Trading System on Low-carbon Technological Change: The Empirical Evidence," *Ecological Economics*, 2019, 164: 106347.

B.9
发展中经济体碳交易市场运行情况与经验借鉴

孟祥源　王　然*

摘　要：　发展中经济体碳交易市场的运行情况和经验借鉴是当前全球气候行动领域的一个重要议题。本报告分别分析了印度碳交易市场、印度尼西亚碳交易市场、马来西亚碳交易市场、泰国碳交易市场、俄罗斯碳交易市场、巴西碳交易市场和南非碳交易市场的典型做法并总结可借鉴的经验。本报告将关注这些发展中经济体的市场设计、政策实施、市场参与者的响应以及市场效果等方面的情况，为其他地区提供借鉴，以促进全球范围内更加可持续和有效的碳交易机制的建立。本报告总结了发展中经济体碳交易市场面临的主要问题，建议借鉴国际上成功碳交易市场的构建框架，以丰富本国碳交易市场构建的制度建设；建议持续推进、完善监管体系，以确保市场的公平、透明和稳定运行；建议加强与国际组织、其他国家的合作，共享经验、技术和资源，促进国际碳交易市场的良性互动。

关键词：　碳交易市场　俄罗斯碳交易市场　南非碳交易市场

* 孟祥源，山东财经大学中国国际低碳学院讲师，主要研究方向为低碳经济、可持续发展；王然，山东财经大学中国国际低碳学院低碳经济与管理专业硕士研究生，主要研究方向为低碳转型与绿色发展。

一　印度碳交易市场

（一）现状

印度积极参与清洁发展机制（CDM），是能够提供 CDM 项目所产生的核证减排量（CER）的主要供给国之一。印度在 2005 年《京都议定书》正式生效前，就已经为 CDM 项目做了准备工作，比如设立一个开发研究 CDM 项目的专门行动小组，并形成一系列政策法规来鼓励、支持企业发展 CDM 项目。2005 年，多种商品交易所（MCX）开始进行碳排放权的期货交易，相继推出 6 种期货。2008 年 4 月，国家商品及衍生品交易所（NCDEX）也继之推出 CER 期货。

2020 年 12 月 27 日，印度能源交易所（IEX）宣布成立国际碳交易所，该国际碳交易所是 IEX 一家全资子公司，将为印度国内新兴的自愿碳市场和国外碳抵消买家提供服务。印度议会于 2022 年通过了《2022 年节能修正案》，该法案为印度碳市场建设提供了法律基础。该法案首次提出建立全国碳市场，集中各个行业的碳和环境信用交易，并计划于 2023 年 7 月开始引进自愿碳减排抵消机制，并于 2024 年开始首个以碳排放强度为基础的履约周期。2023 年 12 月，印度政府宣布了自己的“碳信用交易计划（CCTS）2023”。

CDM 市场设立以来，中国、印度、巴西和韩国一直在供应方面发挥着重要的作用，其供应份额总和已经超过了全球 80%。中国和印度在这四大国家中领先。从国家分布来看，CDM 项目的实施方主要集中在亚太地区的发展中国家，尤其以中国、印度为主。

（二）典型措施

1. CDM 市场

印度政府非常重视 CDM 项目的推进，在组织架构上实现了自上而下的管理体制，并且建立了一个相对完备的体制框架。其特点如下。

其一，CDM 项目从双边转向单边。印度自 2005 年单边项目出现以来，积极推进政府主导的 CDM 单边项目，自上而下的体制特点助力 CDM 项目的迅速发展。印度在新能源、绿色材料等行业积极开发 CDM 项目。其中，项目规模差异较大，大中小型企业均有参与。CDM 项目的环境效益和社会效益日益突出。

其二，高效简洁的审批流程。国家清洁发展机制管理委员会负责 CDM 项目的管理和审批，并通过多项政策扩大 CDM 项目的参与主体规模。该委员会涵盖多个部门，如新能源、电力、科技等。CDM 项目审批力求在 60 天内完成，这种高效的管理和审批体制是印度 CDM 项目数量迅速增长的关键。此外，CDM 咨询和中介服务业也得到迅速发展，为企业提供了重要的服务支持。

2. 印度碳金融衍生品市场

印度引入了碳金融衍生品市场，涉及欧盟碳排放权期货和五种核证减排（CER）期货交易。CER 在印度得到迅速发展，参与 CER 交易的主体包括金融机构、民间组织及国际买家等。此外，CDM 机制的设计使其便于利用现代金融体系的投融资能力，CDM 项目双边或多边的开发得益于此。

（三）经验借鉴

1. 构建并完善 CDM 市场

印度积极促进企业和中介机构参与 CDM 项目，通过建立健全的机构体系和制定高效的审批流程来支持其发展。与此同时，其政府部门也大力支持碳交易市场的发展，相应的咨询和中介服务机构飞速发展。

2. 激励碳交易产品的金融创新

印度的金融机构积极参与 CDM 项目，并为 CDM 项目融资。同时，印度推出了碳交易平台，这是为数不多的发展中国家碳市场。印度引入了包括欧盟碳排放权期货和多种核证减排期货在内的碳金融衍生品，在发展中国家里处于前列。碳金融衍生品市场的不断完善，有助于形成合理、稳定的碳价格，对碳市场的完善发挥积极作用。

3. 促进参与主体多元化

印度的碳交易市场吸引了多元化的参与主体，这不仅丰富了碳融资的来源，还体现了民间对碳市场建设的广泛参与。这种参与主体多样化的表现同时也会促进碳融资来源的多样化，民间力量自下而上地推动碳交易市场的扩大。因此鼓励支持民间力量参与 CDM 项目以及碳减排行动是非常好的举措。

二　印度尼西亚碳交易市场

（一）现状

2023 年 9 月 26 日，印度尼西亚碳交易所（IDX Carbon）正式成立，并由印度尼西亚证券交易所负责运营。IDX Carbon 是印度尼西亚首家碳交易所。金融服务管理局（OJK）于 2023 年 9 月 18 日向 IDX Carbon 授予碳交易运营商营业执照。

根据 OJK 法规 2023 年第 14 号，IDX Carbon 作为碳交易所运营商提供透明、有序、公平和高效的交易系统。除了提高价格透明度外，IDX Carbon 交易还提供了简单易用的交易机制。目前，IDX Carbon 交易机制有四种，即拍卖市场（Auction Market）、常规市场（Regular Market）、协商市场（Negotiated Market）和市场（Marketplace）。IDX Carbon 连接到环境和林业部的国家登记系统——气候变化控制（SRN-PPI），从而更容易管理碳单位的转移并避免重复计算。有义务和承诺自愿减少温室气体排放的公司可以成为 IDX Carbon 的用户并购买可用的碳单位。

OJK 发布了一项规定，概述了印度尼西亚碳交易所的交易规则，也可供市场参与者参考。OJK 在声明中表示，该法规是 OJK 通过减少温室气体排放来协助政府实施气候变化控制举措的一部分。该规定于 2023 年 8 月 2 日生效，规定碳交易运营商必须是印度尼西亚企业，该实体的股份只能由印度尼西亚国民、印度尼西亚法人实体和授权的外国法人实体拥有，上限外国法人实体拥有20%的所有权。

2023年11月24日，印度尼西亚启动了其首个碳捕获、利用和储存（CCUS）项目的建设工程，该项目由能源巨头英国石油公司（BP）运营，该项目将有能力储存18亿吨二氧化碳。据印度尼西亚能源和矿产资源部的数据，目前印度尼西亚有15个碳捕获、利用和储存（CCUS）项目正处于不同准备阶段当中。

（二）典型措施

1. OJK碳交易所法规

（1）碳单位作为证券

根据OJK碳交易所条例，碳单位被归类为证券，应通过碳交易所进行交易。每个碳单位必须首先在国家气候变化登记系统（碳单位登记处）和当地碳交易所管理员处登记。

（2）国际自愿碳交易

不仅针对国内碳单位，OJK碳交易所条例还为在其他国家认证的国际碳单位进入碳交易所提供了机会。尽管国际碳单位不需要在碳单位登记处注册，但如果未在碳单位登记处登记，则必须符合以下要求：由获得国际登记系统提供商认可的主管当局登记、验证和核实；符合在境外碳交易所交易的要求；符合OJK规定的其他要求。

2. CDM项目

印度尼西亚的CDM项目主要集中在能源领域，涉及能源效率、可再生能源、交通运输和电力发电等方面。根据相关文献，印度尼西亚的CDM项目包括利用可再生能源、提高能源效率和改善交通运输等多个方面。

具体项目包括利用生物质能源，如稻壳气化发电项目和微水电发电项目；推广生物燃料，如生物乙醇和生物柴油项目；采用天然气替代柴油，如压缩天然气（CNG）公共交通项目；利用余热煤干燥和利用火电厂脱盐产生盐等项目。这些项目的实施旨在降低温室气体排放，提高能源利用效率，减少对进口石油的依赖。

3. “REDD+”项目

印度尼西亚是世界上最大的碳抵消信用额供应商之一，其“REDD+”项目是全球自愿碳市场中的商业“重量级”项目。“REDD+”项目采用多种方法来获得融资，并且提供一系列活动来实现其保护环境和发展农村的目标。

（三）经验借鉴

1. 多元化融资和地方适应性

印度尼西亚“REDD+”项目的融资方式和活动多样，强调了地方适应性的重要性。发展中国家应考虑实施类似的多元化融资策略，并根据当地环境和社会需求设计项目。

2. 多利益相关者参与

“REDD+”项目强调了多利益相关者参与的重要性。发展中国家在设计和实施碳减排项目时，应该考虑包括地方社区、政府机构、非政府组织和私营部门的广泛参与。

3. 国际碳交易的开放性

OJK 允许国际碳交易主体进入碳交易所，为发展中国家提供了一个开放市场的例子。这种开放性可以促进全球碳市场的整合，增加交易量和流动性，同时也为国内市场参与者提供更多的机会和选择。

三　马来西亚碳交易市场

（一）现状

2023 年 9 月 26 日，马来西亚证券交易所子公司布尔萨碳交易所（BCX）开始交易，该交易所的建立旨在促进碳信用的场外交易。BCX 是一家全球现货交易所，这些碳信用来自具有符合国际标准的可衡量的碳减排项目。

BCX 提供了两种标准化合约。其一，全球基于技术的碳合约（GTC），专注于全球基于技术的减排项目。其二，全球基于自然的碳合约（GNC+），该项目以全球基于自然的温室气体减排项目为特色，并为农业、林业和其他土地利用部门带来共同效益。

BCX 计划在 2024 年第三季度之前提供可再生能源证书（REC），在国家能源转型中发挥关键作用，即促进低碳技术融资并提高 REC 的可用性。

（二）典型措施

马来西亚没有量化的温室气体减排承诺，但自愿参与 CDM 并进行了许多减排项目。自 2002 年成为 CDM 成员以来，马来西亚成功地将许多项目注册为 CDM 项目。

马来西亚的 CDM 项目帮助减少了超过 700 万吨二氧化碳的排放，主要来自可再生能源和能源效率项目。马来西亚的 CDM 项目特点：一是项目类型丰富，包括可再生能源项目、能源效率项目和废物管理项目；二是大部分 CDM 项目与可再生能源相关，如生物质发电、微型水力发电、太阳能发电等；三是马来西亚政府高度支持 CDM 项目，通过税收优惠等政策鼓励企业参与。

（三）经验借鉴

1. 主要问题

首先，参与度低。由于市场新颖和缺乏足够的激励机制，企业参与度不高。其次，企业承诺不足。企业对环境和可持续发展的承诺未能转化为实际行动，导致政府和公众的期望落空。最后，交易量不足。由于市场参与者少，碳信用额的交易量远低于预期，影响市场的活力和吸引力。

由此可见，碳交易市场的顺利运行需要加强合作与沟通，包括加强企业间的合作与沟通，提高企业对环境承诺的认识，增强市场通过验证的信心和加强碳信用额的有效性，以及政府与企业之间建立更有效的合作和监管机制，确保市场的顺利发展和运行。

2. 加强 CDM 项目的实施

CDM 项目为马来西亚带来了先进的技术，促进了可再生能源和能源效率项目的发展。CDM 项目促进了马来西亚可再生能源行业的发展，包括生物质、小型水力发电、太阳能等。但与其他国家相比，项目数量仍有待增加，应继续加强 CDM 项目的实施，尤其关注可再生能源领域，以促进可持续发展和减少温室气体排放。

四　泰国碳交易市场

（一）现状

自 2013 年以来，泰国政府在全国范围推出一项自愿碳抵消计划（泰国碳抵消计划），鼓励公共和私营组织计算碳足迹并购买碳信用以抵消其不可避免的排放。此外，泰国政府推出一项国内自愿的温室气体信用机制（泰国自愿减排计划）。

2015 年，泰国启动自愿排放交易计划（泰国自愿排放交易计划），作为测试和开发国家系统基础设施的试点计划。在 2021 年举行的《联合国气候变化框架公约》第 26 次缔约方会议之前，泰国以各种政府规划的形式引入自愿碳市场。

2022 年 9 月 22 日，泰国工业院联合泰国温室气体管理组织，宣布正式启动泰国碳交易平台（FTIX）。该平台鼓励企业减少碳排放，助力政府应对气候变化。企业通过环境项目实现的温室气体减排量，均可以在平台交易从而抵消排放量。同时，平台还支持可再生能源证书（REC），企业可以将 REC 在平台作为能源商品进行交易。

目前，泰国一些大型私营企业设立自愿排放交易计划（被称为“碳市场俱乐部”），以建立自愿碳交易平台并支持企业减排。2023 年 1 月，泰国工业联合会在其可再生能源和泰国碳交易平台开通碳信用交易平台。该交易平台旨在支持泰国碳市场的发展，使国内出口商能够购买碳信用，减轻进口国遵守碳减排标准的压力。

泰国碳信用额交易在过去3年年均增幅为57.73%，其中2023年总交易量为106368二氧化碳当量，每当量37.66铢。根据TGO发布的数据，截至2023年2月28日，泰国温室气体自愿减排计划（T-VER）项目共计144个。[①]

（二）典型措施

1. 泰国自愿减排计划（T-VER）

这是一个自愿的、基于项目的机制，关注可再生能源、能源效率和林业等多种类型项目的可加性，使用简化的CDM方法论，并依靠国内公司进行验证和验收。

2. 泰国碳排放减量计划（TCOP）

这个计划允许个人或组织通过购买自愿市场中的信用来抵消他们自己的碳足迹。

3. 泰国自愿排放交易系统（T-VETS）

2014年10月，在电力和石化行业推出了试点项目。首个试点“交易期”（2015~2017年）仅涉及11家最大的发电厂和7家大型石化企业。

4. 联合信用机制（JCM）

这是一个基于项目的双边机制，通过这个类似CDM的机制，国家可以获得日本技术支持，将由日本咨询公司生成的碳信用用于实现日本在其NDC下的温室气体减排目标。

5. CDM市场

泰国在2010~2016年共实施了154个CDM项目和7个项目活动。[②] 然而，由于国际排放权价格较低，许多项目在2016年未实际发行信用。尽管CDM在泰国取得了一定成功，但其局限性仍然存在，如项目规模较小。

① 《泰碳信用交易取得进展过去3年年增57%》，商务部网站，2023年3月30日，http://th.mofcom.gov.cn/article/jmxw/202303/20230303400143.shtml。

② Smits, M., “The New (Fragmented) Geography of Carbon Market Mechanisms: Governance Challenges from Thailand and Vietnam,” *Global Environmental Politics*, 2017, 17 (3).

（三）经验借鉴

1. 积极尝试各种碳市场机制

泰国已经在碳市场机制方面进行了积极的实验，包括自愿性的排放交易系统和抵消机制。这表明泰国政府对碳市场机制的重视，并愿意继续探索市场机制的潜力。

2. 私营部门发挥重要作用

尽管最初由于复杂的清洁发展机制审批程序，泰国的私营部门碳减排进展缓慢，但它们成功开发了 154 个 CDM 项目和 7 个活动计划。此外，泰国还有 35 个自愿项目和 57 个金标准项目。[①]

3. 改善碳市场机制需求不足

目前，泰国的碳市场机制面临碳信用需求不足的问题。为了解决这个问题，泰国需要在国内或其他地区寻找碳信用的需求。

4. 加强部门协调

碳市场机制需要与能源、交通、农业和工业等部门相衔接，但在泰国，这些部门往往由封闭的政策网络和既得利益主导，导致碳市场机制发展的碎片化和薄弱。

5. 更多的民间社会组织参与

目前，泰国的碳市场机制主要由政府和私营部门主导，民间社会组织的参与非常有限。然而，民间社会组织的参与有助于碳市场机制的发展和完善。

五　俄罗斯碳交易市场

（一）现状

俄罗斯政府（2020 年 12 月 28 日）通过了萨哈林地区温室气体排放控

① Smits, M., "The New (Fragmented) Geography of Carbon Market Mechanisms: Governance Challenges from Thailand and Vietnam," *Global Environmental Politics*, 2017, 17 (3).

制试点计划路线图。该地区的目标是通过新的商业报告规则、减排和碳抵消项目以及碳信用交易体系，到2025年实现碳中和。

2022年，俄罗斯开始在国内交易所交易碳单位。9月26日，莫斯科交易所（MOEX）旗下的俄罗斯国家商品交易所启动了碳单位交易，初始交易均价为1000卢布（15美元）。尽管目前交易量较低，但体现出了俄罗斯将建立碳交易体系作为其脱碳计划的一部分所做的努力。

（二）典型措施

俄罗斯的CDM项目主要关注减少温室气体排放和提高能源效率。根据《京都议定书》的灵活性机制，俄罗斯已经实施了一系列CDM项目，以减少碳排放和促进可持续发展。以下是俄罗斯CDM项目的一些主要特点。

1. 项目类型

俄罗斯的CDM项目主要集中在能源、工业和交通等领域，包括改进能源效率、促进可再生能源、推广低碳技术和减少污染。

2. 政策支持

俄罗斯政府已经采取了一系列政策措施支持CDM项目的实施，包括设立国家登记处、制定CDM指南和建立碳交易市场。

（三）经验借鉴

1. 积极参与国际碳市场

应积极参与国际碳市场，以减少温室气体排放并实现经济利益。此外，应建立国内碳市场以应对诸如碳税等其他政策工具。这启示其他发展中国家积极关注国际碳市场动向，踊跃参与国际碳市场。

2. 利用现有机制

俄罗斯已经加入了《京都议定书》，因此可以利用现有的灵活实施机制（如联合实施、清洁发展机制和国际排放贸易）来实现减排目标。这启示其他发展中国家，要积极参与现有碳市场机制，更好地参与到碳减排的队伍中。

3. 加强国际合作

应加强与其他国家的合作，以共同应对气候变化。此外，可以借鉴其他国家的成功经验，以促进碳市场的健康发展。这也启示了其他发展中国家应该加强国与国之间的交流与合作，共同促进碳市场的发展。

六　巴西碳交易市场

（一）现状

巴西于2009年12月提出巴西国家气候变化政策（NCCP），并引入国家碳市场概念。之后，通过Verra（巴西最大的认证组织）认证的抵消项目，自愿碳市场（VCM）在巴西持续增长。

2020年，巴西环境部实施了“森林+碳计划”，设立“REDD+”国家委员会，开发项目注册数字平台。2021年，巴西政府通过《2021年国家环境服务付费政策》。

2021年，巴西推出了名为“Vitreo Carbono”的首个碳信用投资基金，旨在支持实现碳中和的目标，为绿色环保领域的企业提供更多的资金来源。该基金的推出促进了资本向绿色低碳领域的流动，通过市场手段促进了产业和能源的绿色转型，同时激励了机构投资者增加绿色债券的投资比例，推动了绿色金融产品和服务的创新。

2022年5月，巴西政府发布第11075/2022号联邦法令，规范国家气候变化政策，迈出建立碳市场的第一步。它概述了碳信用额的定义，引入了随着时间的推移减少排放的部门计划的概念，并创建了国家温室气体减排系统（SINARE），该系统成为中央登记处，还制定了温室气体（GHG）减排部门协议的程序。

巴西参议院环境委员会于2023年10月4日批准一项旨在规范巴西碳市场的法案（第412/2022号法案）。该法案拟建立巴西温室气体排放交易系统（SBCE），这是一个用于交易代表温室气体排放量、减少量或清除量的资产的监管框架。该系统旨在满足巴西国家气候变化政策的规定及其对《联合国气候变化框架公约》的承诺。

自2005年建立清洁发展机制的《京都议定书》实施以来，巴西开发了许多碳信用额项目，产生的CDM信用额位居世界第三。自2019年以来，巴西的自愿碳市场（VCM）迅速增长，在国际自愿碳市场中排名第四位，仅次于美国、印度和中国。

（二）典型措施

巴西的清洁发展机制（CDM）起源于1997年巴西提出的建立清洁发展基金的提案，该提案后来被修改为机制，并被《京都议定书》采纳。

1999年7月7日，巴西创建指定的国家管理机构（NDA）。NDA是巴西参与清洁发展机制的关键。在巴西，跨部门全球气候变化委员会（CIMGC）负责评估CDM项目。

截至2017年4月，巴西共获得了424项CDM项目活动批准，这些项目主要集中在能源领域。[①] CDM项目在巴西分布广泛，主要集中在东南地区（38.1%），其次是南部地区（22.7%）、中西部地区（17.6%）、东北地区（16.5%）和北部地区（5.1%）。巴西在CDM项目活动的数量和预计温室气体减排方面占据了显著地位，与中国和印度并列，成为领先国家。

在CDM项目的审批方面，巴西有一套严格的程序，包括项目设计文档的准备、验证，东道国的批准、注册，监测、验证和认证温室气体减排。CDM管理机构在项目活动的实际减排得到证实后才会发放认证的温室气体减排量（CERs），确保项目产生真实、可衡量且长期的气候变化缓解效益。

（三）经验借鉴

1. 制定严格的审批程序

巴西对CDM项目的审批要求严格，需要经过多个阶段才能获得认证减

① "The Clean Development Mechanism in Brazil," https://repositorio.ipea.gov.br/bitstream/11058/9557/1/The%20Clean%20development%20mechanism%20in%20Brazil.pdf.

排量。这启示我们优化审批流程，降低项目实施的交易成本，更有效地推动CDM项目的发展。

2. 关注地理分布

CDM项目在巴西的地理分布不均衡，主要集中在东南地区、南部地区和中西部地区。这表明需要加强区域间的统筹规划，以实现全国范围内的减排目标。

七　南非碳交易市场

（一）现状

南非约翰内斯堡证券交易所（JSE）于2023年11月9日与全球环境市场基础设施提供商Xpansiv合作，推出自愿碳市场。该市场旨在促进碳抵消项目的创建，帮助企业进行减排工作。这个平台也为本地和外国参与者提供进入市场的途径。

南非已经核准了超过一千个CDM项目，包含风能、太阳能、小型水电以及工业节能和废气发电等多种类型。

（二）典型措施

南非积极开展CDM项目，已经建立多个CDM技术支持中心，以促进本地企业积极参与到国际CDM项目的开发中。

南非的清洁发展机制（CDM）项目具有以下特点。

第一，较长的审批时间框架。南非的CDM项目审批时间相对较长，如果包括初步自愿筛选阶段，需要大约90天的时间。这一时间框架较其他国家更长。

第二，严格的可持续发展标准。南非设定了较为严格的可持续发展标准，包括对项目的环境影响、经济效益和社会效果的综合评估，以确保项目与国家的可持续发展目标相符合。

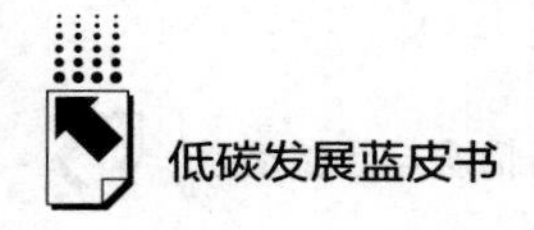

第三，项目批准流程的详细性。南非的 CDM 项目批准流程涉及多个阶段，包括初步筛选、深入评估以及公众意见征询等环节。这个过程旨在确保项目的质量和适应性，但也增加了项目启动的时间和复杂性。

这些特点反映出南非在实施 CDM 项目时的谨慎态度，重视项目的质量和可持续发展效果，虽然这可能导致审批流程的延长和项目启动难度的增加。

（三）经验借鉴

在持续完善碳市场、促进投融资方面，建议和可能的解决措施有以下两个方面。

首先，加速能源转型。优先投资可再生能源项目，如风能、太阳能和水能，以减少对煤炭的依赖。同时，提高能源效率和加强节能措施建设。

其次，积极开发清洁发展机制（CDM）项目。积极促进 CDM 项目的开发，采用谨慎的态度审核 CDM 项目，以确保项目与国家的可持续发展目标相符合。

八　主要结论

基于以上部分发展中国家碳市场的发展情况，总结发展中国家在碳市场建立和运行方面面临的一系列问题，这些问题涉及制度建设、监管体系、技术基础以及国际合作等方面。具体来讲包括以下几个方面。

一是缺乏清晰的法律框架。一些发展中国家在碳市场方面可能缺乏明确的法律框架和政策支持，导致市场运作的不确定性。建议借鉴国际上成功碳市场的构建框架，以丰富本国碳市场的制度建设。

第一，明确法律地位和职责。制定明确的法律文件，明确碳市场的法律地位、职责和目标。确保法规为碳市场提供合法性和稳定性。第二，规定碳市场的基本原则。在法规中规定碳市场的基本原则，如公平、透明、有效和可持续原则。这有助于确保市场的正常运行和吸引参与者。第三，明确碳市场的参与主体。确定碳市场中的参与主体，包括企业、政府、投资者等，以及其在市场中的权利和义务。明确监管体系对这些主体的监督职责。第四，设立碳配额分配机制。在法规中明确碳配额的分配机制，包括如何确定企业的碳排放配额、分配方法和调整机制等。确保分配公平和合理。第五，设定碳定价机制。碳定价机制包括碳市场的交易规则、价格形成机制等，确保碳价格反映市场供需状况，推动实现减排效果。第六，设立碳市场数据披露要求。设立企业和交易平台在碳市场中的相关数据披露要求，以提高市场透明度，帮助监管机构有效监督市场。第七，制定应急预案。制定碳市场的应急预案，明确在市场异常波动或其他紧急情况下的应对措施，以确保市场的稳定运行。第八，定期评估和更新法规。设立法规定期评估和更新机制，以满足碳市场发展的需要和适应市场变化的情况，保持法规的有效性和前瞻性。

二是监管体系不健全。监管体系不健全可能导致市场失灵、不公平竞争以及欺诈行为。建议持续推进、完善监管体系，包括监管机构的设立、监管规则的明确、违规处罚措施的设置等，以确保市场的公平、透明和稳定运行。

第一，建立专门监管机构。设立专门监管机构，负责碳市场的监督、管理和执行。该机构应具有独立性、专业性和透明度，能够有效履行监管职责。第二，设立监管制度。监管制度包括内部审计、监察、投诉处理等，确保监管体系的稳健性和有效性。第三，建立交易监管系统。配备先进的交易监管系统，实时监测碳市场交易活动，防范操纵行为和市场异常波动。

三是技术基础薄弱。在一些发展中国家，技术基础相对薄弱，可能难以满足碳市场所需的数据收集、监测和报告等技术要求。建议引入先进的监测和报告技术，同时提供技术援助和培训，以增强国内技术水平，推动碳市场的发展。克服技术基础薄弱问题需要政府、企业、学术机构和国际社会的共同努力。

第一，开展技术转让和合作。发展中国家可以通过与发达国家建立合作关系，促进技术转让。这可以通过双边和多边协议、国际组织的支持以及与私营部门的合作来实现。技术合作项目可以涉及培训、技术支持和共同研

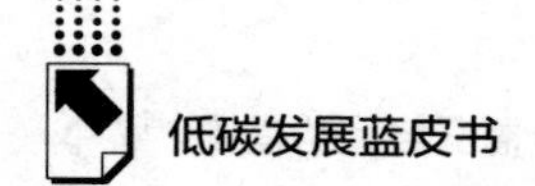

发。第二，鼓励国内创新和研发。鼓励国内创新和研发是提高技术水平的关键。政府可以通过资助研究机构、大学和企业，推动碳市场相关技术的发展。制定激励政策，例如税收减免或创新基金，以鼓励企业进行研发。第三，持续推进人才培训。人才培训是解决技术基础薄弱问题的一种途径。培养工程师、科学家和技术专家，使其具备在碳市场领域发挥作用所需的技能和知识，并填补碳市场发展方面的人才缺口。第四，推动示范项目。支持和推动碳市场示范项目，通过这些项目的实践经验来提高技术水平。成功的示范项目可以吸引更多的投资和关注，有助于推动技术创新。

四是国际合作不足。缺乏与国际机构合作的机制，可能限制发展中国家在碳市场上的影响力和竞争力。建议加强与国际组织、其他国家的合作，共享经验、技术和资源，促进国际碳市场的良性互动。

第一，积极了解国际碳市场机制。发展中国家应积极了解国际碳市场机制，包括欧盟碳市场、区域碳市场等。参与国际碳市场机制，可以获得更多的碳交易机会，并促进本国碳市场的国际接轨。第二，开展双边和多边协议。与其他国家签署双边和多边协议，促进碳市场的跨国合作。这包括共同开发和推广低碳技术、共享碳配额、联合开展减排项目及清洁发展机制（CDM）项目等。第三，推动建立国际碳市场信息共享平台。通过国际碳市场信息共享平台，使各国能够更及时、准确地分享与碳市场相关的信息和数据。这有助于提高市场的透明度，减少信息不对称。

总之，发展中国家可以通过借鉴其他国家成功经验，量身定制符合本国实际情况的碳市场体系，同时积极参与国际合作，共同推动全球碳市场的发展和完善。

参考文献

胡秀莲、李俊峰：《关于建立我国清洁发展机制（CDM）项目运行管理机制的几点建议（一）》，《中国能源》2001 年第 8 期。

雷立钧、荆哲峰：《国际碳交易市场发展对中国的启示》，《中国人口·资源与环境》2011年第4期。

刘凯、刘芬：《CDM机制下我国低碳金融发展模式探究》，《新金融》2010年第8期。

羊志洪、鞠美庭、周怡圃等：《清洁发展机制与中国碳排放交易市场的构建》，《中国人口·资源与环境》2011年第8期。

曾少军：《中埃两国气候变化管理政策比较——以清洁发展机制（CDM）为例》，《中国人口·资源与环境》2009年第3期。

章升东、宋维明、李怒云：《国际碳市场现状与趋势》，《世界林业研究》2005年第5期。

周宏春：《世界碳交易市场的发展与启示》，《中国软科学》2009年第12期。

Lim, X. L., Lam, W. H., "Review on Clean Development Mechanism (CDM) Implementation in Malaysia," *Renewable and Sustainable Energy Reviews*, 2014, 29: 276-285.

Smits, M., "The New (Fragmented) Geography of Carbon Market Mechanisms: Governance Challenges from Thailand and Vietnam," *Global Environmental Politics*, 2017, 17 (3).

Sutter, C., Parreño, J. C., "Does the Current Clean Development Mechanism (CDM) Deliver Its Sustainable Development Claim? An Analysis of Officially Registered CDM Projects," *Climatic Change*, 2007, 84 (1).

Subbarao, S., Lloyd, B., "Can the Clean Development Mechanism (CDM) Deliver?" *Energy Policy*, 2011, 39 (3).

Seres, S., Haites, E., Murphy, K., "Analysis of Technology Transfer in CDM Projects: An Update," *Energy Policy*, 2009, 37 (11).

B.10

国际碳资产管理优秀企业经验借鉴

孟祥源　陈睿哲*

摘　要：　国际优秀碳资产管理企业在碳资产管理方面的优秀经验可为其他企业提供启示，借鉴这些经验可帮助企业更有效地管理碳资产，推动可持续发展，提高竞争力。其中法国电力公司的经验，包括成立综合能源管理中心、加大清洁能源技术投入、积极参与碳交易市场以及探索多元化的环境金融产品。英国石油公司在碳资产管理方面的优秀做法，包括全面的碳排放监测、报告和核查（MRV）体系、集团层面的碳减排交易和碳资产管理支持等。此外，丰田汽车公司在碳资产管理中采用三项关键策略：实施节能减排增收战略、加速电动车研发以优化碳资产管理、发行绿色债券支持新能源项目。南极碳采用全面碳足迹评估，与企业合作制定定制化减排策略，提供碳信用和交易服务，同时引导可持续性投资和创新，全方位支持企业碳资产管理和可持续发展。

关键词：　碳资产管理　法国电力公司　英国石油公司　丰田汽车公司　南极碳

一　碳资产管理

碳资产是指强制碳排放权交易机制或者自愿排放权交易机制下，产生的

* 孟祥源，山东财经大学中国国际低碳学院讲师，主要研究方向为低碳经济、可持续发展；陈睿哲，山东财经大学中国国际低碳学院低碳经济与管理专业硕士研究生，主要研究方向为数字经济、能源转型。

可以直接或间接影响组织温室气体排放的配额排放权、减排信用额及相关活动。为了促进减排工作的实施，碳资产的交易成为关键的环节之一。碳排放配额和减排信用额的市场交易将推动整个社会向低碳发展转型。例如，在碳交易体系下，企业获得由政府分配的排放量配额，这些配额可以被视为碳资产之一。此外，企业通过实施节能技改活动来减少碳排放量，从而增加了其在市场上可以流转交易的排放量配额，增加碳资产的积累。另外，企业还可以投资开发零排放项目或减排项目，并获得相应的减排信用额。这些减排信用额可以申请清洁发展机制（CDM）项目或中国核证自愿减排量（CCER）项目，并在碳交易市场上进行交易或转让。减排信用额也属于碳资产的范畴。

碳资产管理是对碳资产进行全面管理的过程，包括综合管理、技术管理、实物管理和价值管理等多个方面。综合管理是碳资产管理的基础，涵盖规划、制度、流程、培训、咨询和风险管理等内容。技术管理则为碳资源转化为碳资产提供了必要的技术支持，包括减排技术、能效技术以及低碳解决方案的管理。实物管理是价值管理的基础，主要涉及碳盘查、碳综合利用和碳排放等方面的管理。而价值管理主要体现在 CCER 项目开发、碳交易以及碳的金融衍生品，如碳债券和碳信用等的管理，旨在助力碳资产的价值实现。

企业碳资产管理的主要业务包括以下六个方面。一是碳足迹评估。这些企业帮助客户测量其业务活动对环境的影响，特别是在温室气体排放方面。这通常是通过计算碳足迹来实现的，即衡量组织、产品、活动或服务产生的二氧化碳当量排放总量。二是碳减排策略。基于碳足迹评估的结果，这些企业会为客户制定减少温室气体排放的策略。这可能包括能效提升、使用可再生能源、改进生产流程和采用更环保的材料等方法。三是碳信用交易。一些碳资产管理企业参与碳市场，帮助客户购买或出售碳信用。碳信用是指一定量的温室气体减排，企业可以通过减少自身的排放或购买其他组织的减排量来抵消碳排放。四是合规与报告。这些企业还给客户提供符合相关环境法规和政策的报告，例如向政府或其他机构报告温室气体排放数据。五是持续性咨询和教育。为企业提供关于如何实现更可持续经营的咨询服务，以及对员工进行环境意识教育和培训。六是项目投资与开发。参与或协助开发可减少温室气体排放的项目，如再生能源项目、森林保护和植树项目等。

二　碳资产管理优秀企业经验借鉴

（一）法国电力公司

法国电力公司（EDF）是一家成立于1946年的全球领先电力公司，主要业务包括电力的生产、分配和销售。以核能为主的电力生产方式使得EDF在低碳排放方面表现突出，公司积极投资可再生能源，并参与碳市场以管理碳排放，致力于推动能源转型和实现低碳经济目标。作为环境和社会责任的倡导者，EDF不仅在欧洲有广泛业务，还在全球多个国家开展合作，支持清洁能源和社区发展。

1. 典型做法

（1）实施资源分配和需求预测策略，结合碳排放管理优化能源供应

EDF成立了一个专门的能源优化部门，聘请了众多工程师专注于进行客户需求的预测和资源分配。这些工程师负责分析和预测短期至中期的能源需求，并根据这些预测配置相应的资源，如运行机组、长期采购合同和批发资源，以实现供需的平衡。同时，这一部门力求在供应链中实现最优的价格配置。此外，能源优化部门中还设有一个致力于碳策略的专项小组。在它们使用的模型中，发电机组的实时碳排放量和碳市场的动态都是影响发电调度的关键因素。这意味着，碳排放量和市场状况的实时数据不仅被纳入日常运营决策中，还直接影响到整个机组的运行效率和成本控制。通过这样的模型和策略，EDF不仅能更有效地管理能源供应，还能在碳排放方面实现更优的环境表现。

（2）结合内部低碳创新和外部市场交易，有效管理碳资产

将EDF的能源优化和低碳技术创新视为其碳经营活动的“内功”，那么，法国电力公司在碳市场上的商业行为可被视为其“外功”。在欧盟排放

交易体系（European Union Emission Trading System，EU-ETS）建立的早期阶段，法国电力公司主要依赖于在发展中国家实施的清洁发展机制（CDM）项目来获得经过验证的减排量。在这一时期，法国电力公司管理着一个规模达3亿欧元的基金，该基金由EDF的欧洲分支机构建立，专注于开发CDM项目。随着欧洲碳市场的不断扩大和金融产品的不断完善，法国电力公司积极参与市场，通过互换、期货交易和对冲策略等金融操作，成为在欧盟市场中碳配额和认证减排量交易方面的领军者。这些策略不仅提高了EDF在碳市场的竞争力，也体现了其在环境可持续性方面的长远战略和创新能力。

（3）通过严格监管和多元化的市场操作，有效利用碳资产和环境产品

法国电力公司在引入新的交易产品或项目之前，需要进行全面的技术和法律的尽职调查。同时，这些交易活动必须经过公司定期召开的交易审议委员会审批，并受到严格的授权管理。为了确保风险的控制，公司每天进行详尽的风险敞口统计。借助精心的市场操作，法国电力公司成功达到了欧盟排放交易体系对排放配额的要求，并将排放限制转化为具有价值的资产，进而实现高效利益的最大化。此外，除了传统的碳配额和认证减排量交易之外，作为一家具有丰富经验的全球能源公司，EDF积极投身多种环境相关产品的交易。这些产品包括可再生能源证书、生物质能源颗粒和天气衍生品等。EDF通过这些多元化的交易策略，成功规避市场风险，推动低碳能源的稳定发展，并在长期市场竞争中不断提升自身能力。同时，这些创新性的交易策略给EDF公司在可持续发展领域中脱颖而出带来了可能。

2. 经验借鉴

从法国电力公司所能获得的关于碳资产管理的优秀经验如下。

第一，成立综合能源管理中心。建立一个跨部门的能源管理中心，专注于综合能源利用和优化。该中心的角色不仅是预测和满足能源需求，还包括制定长期的能源采购策略和管理运营机制，以实现能源使用的最大效率。这种方法可以减少能源浪费，降低企业的碳足迹。

第二，结合内部低碳创新和外部市场交易，有效管理碳资产。加大清洁能源技术投入，将内部能源优化和低碳技术创新作为内功，将通过外部

市场交易管理碳资产作为外功。积极参与碳交易市场，积极实施互换、期货交易和对冲策略等。

第三，探索多元化的环境金融产品。除了传统的碳交易外，企业还可以探索开发与环境相关的金融产品，如绿色债券、可再生能源投资等。这样的策略不仅可以吸引更多的环境意识投资者，还能为企业的可持续发展提供资金支持。

这些经验和做法展示了法国电力公司在碳资产管理方面的全面战略和创新能力，为其他公司推动能源转型和实现低碳经济目标提供了有益的借鉴。

（二）英国石油公司

BP［其前身公司之一为 British Petroleum（英国石油）］是世界上领先的石油和天然气企业之一，总部位于伦敦，在全球 80 多个国家从事生产和经营活动，其业务领域包括石油、天然气勘探开发，炼油、市场营销和石油化工，润滑油和新能源。BP 在全球拥有一支超过 8 万人的员工队伍，公司的股票在伦敦和纽约证交所挂牌交易。BP 认为公司实现可持续发展的最好办法是关注股东、合作伙伴和社会的长期利益。公司关注对环境的安全管理，致力于将能源安全地运送到世界各地。作为一家跨国公司，BP 在全球各地面临着各地政府碳减排政策的监管，故而 BP 在碳排放控制和碳资产管理方面有着较大需求。

1. 典型做法

（1）企业层面的 MRV 实施：全面监测与报告碳排放

各实体企业均建立了碳排放工作组和管理委员会，涵盖政策、合规、战略、交易等多个部门。这些团队负责监测、报告和核查（MRV）企业的温室气体排放，确保企业遵守区域碳排放规定。MRV 是全年性的活动，要求企业根据关键合规周期制订和审查内部监控计划。有效监测、报告和核查（MRV）在碳排放履约、排放预测和碳交易策略制定中起着关键作用。不同的履约机制对于 MRV 都有特定的要求。在实践中，企业需要制订年度碳排放计划，并对工厂层面的排放量进行实时监测。这些数据经过第三方审核后，再提交给政府进行核查。政府认定合格后，企业提交配额；若超出配额，需市场购买或内部调配。

（2）集团层面的支持服务：提供全球碳减排交易支持

BP 总部为其子公司提供多样化的支持，包括碳减排方案、新技术与合作模式、全球碳交易和安全与操作风险管理。国际供应和交易（IST）部门负责全球碳资产的管理，承担着重要的责任，有助于降低全球碳资产价格的波动风险。为了应对各种挑战和机遇，BP 总部不断进行创新，并与各方展开合作，以实现可持续发展的目标。此外，IST 下设的全球排放交易部门旨在通过优化操作降低集团合规成本，并最大化 IST 的收益。这一部门在伦敦、新加坡和休斯敦设有分支，覆盖全球范围内的 BP 履约企业的交易需求，并集中管理碳资产风险。凭借 BP 的品牌和资源优势，全球碳交易部门还向集团客户及其他第三方提供碳资产风险管理服务，进一步强化了对客户的服务。

（3）企业配额管理和风险转移：利用碳市场政策和产品变化进行套利

对于 BP 的各个企业来说，配额不仅是履行合规义务的必需品，而且是一种重要的财务资产。在合同期满之前，这些企业可将碳排放配额委托给特定的交易机构进行管理。该机构负责监督碳排放配额的买卖，并负责碳排放配额相关收益和损失的协调。企业有权从 IST 部门购买符合要求的、无价格风险的碳排放额度，而 IST 部门通过市场采购用于抵消碳排放的额度，为企业提供利润的同时也承担相应的风险。在这个过程中，企业可以通过利用无风险配额和合规替代额度之间的差异来增值。同时，管理和利用碳市场风险成为 IST 部门的核心责任。此外，随着全球不同地区碳排放政策和交易产品发生变化，BP 还可以探索额外的套利机会。在这个过程中，企业和 IST 部门能够充分利用市场价差，从而达到收益最大化。通过这种灵活的策略，BP 不仅能有效管理碳资产，还能在碳市场的动态变化中寻找到额外的财务收益。

2. 经验借鉴

从英国石油公司所能获得的关于碳资产管理的优秀经验如下。

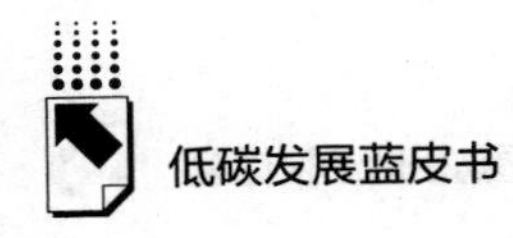

一是建立碳排放工作组和管理委员会。建议设立由多部门组成的碳排放工作组和管理委员会，负责制定和执行碳排放政策。该委员会包括政策法规、合规、策略、交易等专家，确保企业在碳排放监测、报告和核查（MRV）方面的全面性和准确性。通过跨部门合作，企业可以更有效地应对碳排放挑战，符合政府规定的排放标准。

二是实施全年 MRV 活动。建议在全年持续进行温室气体排放的监测、报告和核查（MRV），这包括定期收集排放数据、分析排放趋势和制定减排策略。MRV 活动的核心是确保数据的准确性和时效性，以便及时响应政策变动和满足市场需求，同时为制定碳交易策略提供数据支持。

三是碳排放计划与第三方审核。企业有必要定期制订和更新减碳计划，以确保对其排放情况进行实时监测。在制订计划时，应委托独立的第三方机构进行审核，并由政府主管机关进行最终核查，以确保计划的准确性和合规性。将碳排放计划的制订置于一个定期的框架下，可以更好地跟踪和管理企业的碳排放情况。此外，委托独立的机构进行审核，并由政府主管机关进行核查，可以确保计划的可靠性和符合相关法规的要求。此外，企业在制订减碳计划时，应该考虑到公司的具体情况，制定切实可行的减排措施，以减少碳排放量并提高公司的可持续发展能力。这样，企业可以更好地履行社会责任，为构建低碳经济和可持续发展做出贡献。

四是集团层面的碳资产管理支持。建议企业集团总部为下属企业提供全面的碳减排和碳资产管理支持。这包括引入新的低碳技术、探索新的合作模式、协助全球碳交易等。集团可以设置专门部门，比如综合供应和交易部门，专注于全球碳资产价格的变动风险管理，提升整个集团的碳资产管理效率。

（三）丰田汽车公司

丰田汽车公司，成立于 1937 年的日本汽车制造巨头，其产品品质优异、价格亲民。丰田汽车公司在汽车行业处于领先地位，并对环保事业非常积极。2015 年，丰田汽车公司提出了“丰田环境挑战 2050 年”的倡议，致力于实现六项重要的环境目标，其中包括“实现新车零碳排放”。该倡议旨在推动环保技术的创新和应用，以应对日益严峻的气候变化和环境挑战。为此，丰田汽车公司投入巨资发展低碳技术和生产新能源汽车。截至 2019 年，丰田汽车公司已累计销售 1353 万辆混合动力汽车，并为公司带来超过 3000 亿元的收入，同时成功减少 1.08 亿吨的碳排放量。[①] 这充分展示了丰田在环境保护方面的显著成效。

1. 典型做法

（1）实施节能减排增收战略

丰田汽车（英国）公司有效执行节能和使用可再生能源策略，符合欧盟碳市场要求，连续几年获得剩余碳配额。公司通过减排获取额外的碳配额，在欧盟碳市场上实现了盈利。随着碳配额变得日益稀缺，价格可能上升，这表明积极减排策略不仅降低了企业的碳成本，而且提高了低碳收益。

（2）加速电动车研发以优化碳资产管理

丰田汽车公司通过销售混合动力汽车，在中国获得额外的新能源汽车积分（NEV），而在美国由于缺乏纯电动车，不得不购买碳积分，支付高额费用。为提高碳资产管理效率，丰田汽车公司加快了纯电动车的研发和投放，成功减少了积分交易成本，更有效地完成了碳积分履约任务。

（3）发行绿色债券以支持新能源项目，优化碳资产管理

丰田汽车公司通过积极的碳资产管理和新能源汽车的发展，遵守美国汽车排放法规，赢得了 ESG（环境、社会和治理）投资者的认可，避免了资金撤回的风险。丰田汽车公司凭借卓越的低碳成绩，取得了被 CDP 报告评定为“A”等级的成绩，有效提高了融资效率并降低了融资成本。为了支持新能源汽车项目，丰田汽车公司发布了汽车行业内首支绿色债券，规模达到 65 亿美元，这一举措不仅降低了融资成本，也极大地推动了新能源汽车的发展。

---

① 余宁：《碳资产价值创造机制研究——基于丰田汽车公司的案例分析》，南华大学硕士学位论文，2021。

2. 经验借鉴

从丰田汽车公司所能获得的关于碳资产管理的优秀经验如下。

第一，制定长期环境目标和倡议。设立明确的减排目标，如零碳排放，并通过具体的倡议来实现。这有助于激发企业的绿色创新和对环保技术的投资。

第二，节能减排增收战略。实施有效的节能减排措施，以符合环保法规并获取额外的碳配额。通过在碳交易市场上实现盈利，企业可以将积极的减排策略转化为经济利益，提高碳资产管理效率。

第三，加速新能源汽车研发。加强对电动车等新能源汽车的研发和生产。结合不同国家对新能源汽车的激励政策，充分发挥该产业巨大的发展潜力。

第四，发行绿色债券支持新能源项目。通过发行绿色债券来筹集资金，支持环保和新能源项目。这不仅可以降低融资成本，还有助于企业的低碳转型。

第五，获得行业认可。通过在环保领域的卓越成绩，赢得行业和投资者的认可。例如，通过获得 CDP 报告的高评级，企业可以提高融资效率，提高在可持续发展方面的地位。

总的来说，通过将环保目标纳入业务战略、采用创新技术、优化资产管理以及积极参与绿色融资等措施，企业可以在环保领域取得显著的成效，并实现可持续发展。

（四）南极碳

南极碳（South Pole）是一家在全球范围内提供气候变化解决方案和可持续性咨询的公司。该公司专注于帮助企业和政府通过各种策略减少碳排放，并实现可持续发展目标。南极碳提供的服务包括碳足迹评估、减排策略规划、碳信用开发和交易以及可持续性咨询。在碳资产管理方面，南极碳拥有丰富的经验，特别是在帮助客户制定和实施减排策略方面。公司利用其对全球碳市场的深入了解，为客户提供定制的解决方案，以减少它们的碳足迹并通过各种减排项目实现碳中和。此外，南极碳还支持企业投资可持续发展项目，以进一步增强其承担环境保护责任的能力并提高市场竞争力。

1. 典型做法

其一，深入的碳足迹评估。南极碳通过全面分析企业运营中的碳排放，为企业提供一个多维度的碳足迹评估。这种评估不仅关注直接能源消耗，如工厂日常运营的能源消耗，还涉及间接排放，包括供应链管理和产品整个生命周期的排放量。这样的全面评估为企业奠定了坚实的数据基础，从而能够更准确地制定和实施有效的减排策略。

其二，定制化减排策略。在详细的碳足迹分析基础上，南极碳与企业紧密合作，根据企业所在行业的特点和运营模式，制定个性化的减排方案。这些方案不仅关注短期内可实施的改进，如提高能效和优化物流，也包括长期的可持续发展战略，如投资可再生能源项目和推动建立绿色供应链。

其三，灵活的碳信用和交易策略。南极碳凭借其在全球碳市场的丰富经验，为客户提供灵活的碳信用购买、销售和交易服务。除了帮助企业寻找合适的碳抵消项目，南极碳还支持企业开发自身的减排项目，并协助它们在碳市场上交易所产生的碳信用。

其四，可持续性投资和创新。南极碳通过提供专业咨询服务，引导企业投资于具有显著效益的可持续发展项目。这些项目不仅限于传统减排技术，还包括鼓励企业采用创新的可持续业务模式和实践，比如循环经济和绿色金融产品，以此推动企业获得更广泛的环境和社会效益。

2. 经验借鉴

从南极碳所能获得的关于碳资产管理的优秀经验如下。

第一，全面分析的综合性与前瞻性。在全面分析方面，企业应更深入地考虑其业务活动对碳排放的影响，包括对供应链、生产过程、产品使用和废弃阶段的全面考量。此外，企业需要对未来的排放趋势进行预测，并结合行业发展趋势和政策变化，制定相应的适应策略。这种方法不仅有助于企业及时调整碳减排计划，还能确保企业的长期可持续发展与提高市场竞争力。

第二，定制化策略的适应性与灵活性。企业在定制化策略上，需要进一

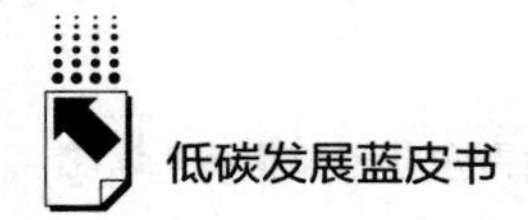

步考虑如何结合自身业务特性和市场环境，定期更新和调整减排策略。这要求企业在技术创新、操作流程以及员工培训等方面进行投入，以提升整体的碳管理能力。灵活适应外部环境的变化，及时采纳新技术和新管理方法，这对于提升企业的碳效率和环境表现至关重要。

第三，市场参与的深入分析与策略制定。企业参与碳市场应更注重策略的深度和广度。除了满足法规要求外，还应探索如何通过参与碳市场来提升品牌形象和社会责任感。企业需评估不同碳市场策略对财务和品牌的影响，制订综合的市场参与计划，以实现环境效益与商业价值的双重目标。

第四，可持续投资的战略规划与绩效评估。在可持续性投资方面，企业需要深入评估投资项目的综合效益，包括其对环境的直接影响、潜在的财务回报，以及对企业战略的符合度。这种评估不仅涉及短期收益，还应包括对企业长期可持续发展的贡献。通过这种全面评估，企业可以确保其投资决策与整体的业务战略和可持续发展目标保持一致。

三　主要结论

目前，中国企业在碳资产管理方面正处于起步阶段，企业逐渐认识到碳减排的重要性，并在政府政策的引导下采取积极措施。然而，不同企业仍处于碳资产管理的不同阶段，对于一些中小型企业，可能还需要更多的支持和引导。未来随着政策的深化和企业对碳减排的不断投入，预计碳资产管理在中国将变得更加普遍和成熟。

具体来讲，其一，中国在环保和碳减排方面采取了一系列政策和措施，包括碳市场的建设、碳达峰和碳中和目标的设定。这些政策为企业提供了方向和动力，激励其加强碳资产管理。其二，中国已经建立了碳交易市场，推动企业参与碳交易，以达到各阶段设定的碳减排目标。企业可以通过购买和销售碳配额来进行碳资产管理，优化碳成本。其三，一些中国企业加大了对新能源和清洁技术的投资，尤其是在新能源汽车、光伏等领域。这有助于优化碳资产，降低碳排放。其四，有序推进碳足迹报告。这有助于企业了解其碳排放来源，采取相应的减排措施，并提高透明度。

鉴于中国企业在碳资产管理和环保方面的现状，本报告提出以下建议。

一是设立明确的碳减排目标。企业应该制定具体、可量化的碳减排目标，并将其纳入企业的长期战略规划中。这可以帮助企业更好地应对国家碳达峰和碳中和的政策要求。第一，在设立碳减排目标之前，企业需要全面了解其碳足迹。通过对公司运营的各个方面进行碳足迹测算，可以确定主要的碳排放来源，为设定目标提供依据。第二，目标应符合 SMART 原则，即具体（specific）、可衡量（measurable）、可达成（achievable）、相关（relevant）和有时限（time-bound），确保目标明确、量化、可行，并有清晰的完成时间表。第三，将碳减排目标分解为中期目标和长期目标，有助于企业逐步实现碳减排。中期目标可以帮助企业逐步落实行动计划，而长期目标则有助于引导企业未来的发展方向。

二是推动清洁生产和节能减排。通过采用清洁生产技术和实施节能减排措施，企业可以有效减少碳排放。鼓励企业进行能源效益评估，采用先进的生产工艺和设备，提高资源利用效率。第一，进行全面的能源审计，了解企业各个环节的能源使用情况。通过效益评估，确定潜在的节能减排机会，并为后续行动制定战略。第二，探索和引入清洁生产技术，包括先进的制造工艺、高效能源设备、绿色材料等。优化生产过程，减少废弃物排放，提高资源利用效率。第三，加大对环保技术和清洁生产创新的投资。通过研发新技术，企业可以不断提高生产效率，降低能耗和排放。第四，优先选择符合环保标准的原材料和设备，实施绿色采购政策有助于促进供应链的清洁生产。

三是投资新能源技术和电动交通。加大对新能源技术和电动交通的研发和投资。推动电动汽车的发展，提高其市场占有率，以减少在交通方面的碳排放。第一，加大对新能源技术的研发和创新投资。与研究机构、初创企业或其他合作伙伴合作，寻求先进的清洁能源解决方案，包括太阳能、风能、储能技术等。第二，要求供应链合作伙伴也采用环保和清洁能源技术，建立绿色供应链，这有助于扩大可持续实践的影响范围。第三，与电动车辆制造商、能源公司或政府部门建立合作伙伴关系。合作可以包括共同投资于充电基础设施、共享数据和资源以及参与政府推动的电动车项目。

四是积极参与碳交易市场。积极参与国家碳交易市场，合理规划碳资产，通过购买和出售碳配额来优化企业的碳资产管理。这有助于企业更好地适应未来碳市场的发展。第一，在参与碳交易的同时，企业应采取积极的减排措施，通过引入清洁生产技术、提高能源效益等手段减少排放。减少的碳排放额可参与碳市场获取收益。第二，参与碳项目，例如投资可再生能源项目、进行碳汇项目等。这有助于企业获取更多的碳资产，提高企业在碳交易市场的竞争力。第三，建立专业的碳资产管理体系，通过有效监测和管理碳资产，提高企业在碳交易市场的操作效率。了解碳金融工具，如碳期货、碳期权等。这些工具可以帮助企业更好地管理碳市场风险，实现更灵活的碳资产管理。第四，积极参与碳市场的交流活动，与其他企业、机构和政府合作，分享经验、开展项目，共同推动碳交易市场的发展。

五是发行绿色债券和参与 ESG 投资。通过发行绿色债券筹集资金，支持环保和新能源项目。加强企业的 ESG 投资，提高企业在投资者和金融机构中的可持续发展声誉。第一，促进企业开发具体的绿色项目或制订可持续发展计划。这可以包括清洁能源、节能减排、可再生能源、环保技术等项目。第二，确保发行的绿色债券募集的资金将专门用于支持公司的环保和可持续项目，确保透明度和可追溯性。制定详细的绿色债券框架，明确资金用途、项目选择标准、报告和验证机制等内容，以提高投资者信任度。第三，发布关于公司环境和社会责任的透明报告，以向潜在投资者和利益相关方展示企业在 ESG 方面的绩效和承诺。

六是有序推进碳足迹测算和报告。定期测算和报告企业的碳足迹，透明地公布企业的碳排放数据。这有助于企业建立公信力，满足国内外对企业环保透明度的需求。第一，参与行业内的碳足迹倡议和标准，了解并遵守行业内关于碳足迹测算和报告的最佳实践。第二，确保数据的质量和准确性，建立数据采集和监测机制，使用准确的排放因子和实际测量数据。定期更新碳足迹数据，特别是在生产流程、供应链或产品组合发生变化时，确保数据的实时性和准确性。第三，对内对外透明地报告企业的碳足迹，分享经验和成功案例，以树立企业的环境领导地位。

以上建议旨在帮助中国企业更好地适应国内外环保政策的变化，推动碳资产管理的可持续发展，实现企业的经济和环保双赢。

参考文献

陈江宁、夏苇、刘晟铭等:《从“双碳”目标认知到碳资产管理》，《企业管理》2021 年第 11 期。

段雅超:《碳资产管理业务中的风险及应对措施》，《中国人口·资源与环境》2017 年第 S1 期。

黄锦鹏、齐绍洲、姜大霖:《全国统一碳市场建设背景下企业碳资产管理模式及应对策略》，《环境保护》2019 年第 16 期。

贾彦:《中央企业绿色低碳转型之路——以央企 A 公司为例》，《现代国企研究》2023 年第 6 期。

李月清:《管好“碳资产”》，《中国石油企业》2021 年第 5 期。

时光:《碳资产管理将成油企面临的重要课题》，《中国石油企业》2022 年第 9 期。

王璟珉、聂利彬、肖珂等:《战略社会责任视域下企业碳资产管理研究》，《两岸企业社会责任与社会企业家》2016 年第 1 期。

徐苗、张凌霜、林琳编著《碳资产管理》，华南理工大学出版社，2015。

尹亚柳、彭渤、杨彬等:《基于“双碳”目标的企业碳管理策略研究》，《绿色建筑》2023 年第 6 期。

张彩平、余宁、尹香香:《碳资产价值创造机制研究——以丰田汽车公司为例》，《财会月刊》2023 年第 16 期。

张亚连、张夙:《构建企业碳资产管理体系的思考》，《环境保护》2013 年第 8 期。

Liu, Y., Tian, L., Xie, Z., et al., “Option to Survive or Surrender: Carbon Asset Management and Optimization in Thermal Power Enterprises from China,” *Journal of Cleaner Production*, 2021, 314: 128006.

Reinhardt, F. L., Hamschmidt, J., Hyman, M., “South Pole Carbon Asset Management: Going for Gold?” *Harvard Business School Cases*, 2008, 11: 1-29.

Zhang, C., Randhir, T. O., Zhang, Y., “Theory and Practice of Enterprise Carbon Asset Management from the Perspective of Low-carbon Transformation,” *Carbon Management*, 2018, 9 (1).

专题篇

B.11
全国碳排放权交易市场扩容策略与影响评估

何 琦　蒋凤娇　张一鸣　张晓艾*

摘　要： 在中国，碳排放权交易不仅是一种应对气候变化的市场机制，也是实现“双碳”目标的重要政策工具。2021 年 7 月，我国启动全国碳市场上线交易，将碳市场从区域试点过渡到全面部署。然而，当前中国碳市场发展在覆盖行业、交易主体、产品三个方面凸显出“三个单一”的特点，这使得现有全国碳市场不够活跃。本报告旨在探讨交易行业、交易主体、交易渠道、碳金融产品种类这四个方面的扩容策略对碳排放权交易的影响，并提出相应的组织保障建议。本报告通过对影响评估的分析发现，扩容策略将对

* 何琦，管理学博士，气候变化经济学方向博士后，博士研究生导师，对外经济贸易大学全球价值链研究院副研究员，主要研究方向为气候变化与低碳城市、绿色价值链、环境公平；蒋凤娇，山东财经大学工商管理学院硕士研究生，主要研究方向为企业韧性、低碳经济；张一鸣，对外经济贸易大学全球价值链研究院硕士研究生，主要研究方向为气候变化与低碳城市、全球价值链；张晓艾，山东财经大学金融学院本科生，主要研究方向为气候金融。

我国碳市场的成熟度、换手率、市场流动性、交易参与度以及交易多元化等方面产生积极影响，并促使我国碳市场与国际碳市场接轨。为确保碳交易的顺利进行，本报告提出健全法律法规、丰富市场层次、完善微观机制以及优化监管结构的组织保障建议。

关键词： 碳排放权交易　全国碳市场　扩容策略　交易主体　碳金融

一　全国碳排放权交易市场扩容策略

（一）碳市场行业层面的扩容

碳排放权交易市场（简称“碳市场”）可以充分发挥市场机制在促进企业碳减排和绿色低碳转型中的作用，是实现碳达峰与碳中和目标的核心政策工具之一。截至2022年，全球已有25个正在运营的碳市场，另有8个即将启动。全球超过17%的温室气体已受到碳市场的覆盖。[①] 根据上海环境能源交易所发布的最新数据，截至2023年7月14日，已有2162家发电企业率先纳入碳排放配额交易，累计交易量为2.4亿吨，累计交易额超过110亿元。[②] 过去10余年，中国积极实施碳交易政策，以实现减排目标。自2011年起，根据“十二五”规划纲要的要求，我国有7个省市陆续开展了碳排放权交易试点工作。自2013年起，已有7个地方试点碳市场开始交易。福建省在2016年12月成为全国第8个碳排放权交易试点，其碳交易市场正式启动。在试点运行四年多之后，全国碳市场也于2017年12月正式启动，并于2021年7月鸣锣开市。2021年，超过2000多家电力企业加入了全国碳市

① 《国际碳市场发展概览》，中国石油新闻中心，2023年8月1日，http://news.cnpc.com.cn/system/2023/08/01/030108155.shtml。

② 《「科学强国」碳市场扩容提速》，“中国小康网”百家号，2023年8月20日，https://baijiahao.baidu.com/s?id=1774710434554485612&wfr=spider&for=pc。

场交易,[①] 各试点碳交易主体仍主要局限于电力。此外,目前碳交易市场暂无法让商业银行参与,碳排放权交易市场的灵活性不足。为了有效“激活”全国碳市场,就必须对市场主体进一步丰富,尽快完成行业扩容。未来将考虑逐步纳入石化、建材、钢铁、有色、造纸、航空等碳密集行业。

生态环境部正在七大行业同步开展研究,按照“成熟一个行业,纳入一个行业”的原则逐步推进扩容。[②] 2023 年 6 月,生态环境部围绕将钢铁、石化、建材行业纳入全国碳市场展开了专项研究工作会议。随后,在对钢铁行业专项研究的第二次工作会议中提出,应尽快确定钢铁企业碳配额分配的主要流程、分配基准及核算方法以形成其纳入全国碳市场的初步方案。其他石化、建材等高排放行业也已陆续召开了相关会议。清华大学能源环境经济研究所认为,考虑到不同行业之间在排放体量、企业类型、数据基础等方面的差异性,需要通过建立一套统一的评估指标和权重体系综合分析行业纳入的优先顺序,并讨论扩大全国碳市场行业覆盖范围的必要性和难点问题。从其分析结果看,扩大行业覆盖范围时的优先顺序如下:首先是水泥,其次是电解铝,接下来分别是炼钢、合成氨、炼油、甲醇、乙烯、电石、铜冶炼、玻璃、造纸和钢加工。2030 年大概可以把相关行业分成 5 批纳入。[③]

对于碳市场如何扩容的问题,可以通过“三步走”的方法,以克服信息不充分和其他政治经济方面的障碍,将全国碳排放权交易体系扩展到更多的行业。第一,通过设定碳价区间来解决产业竞争力的问题。第二,简化基准,将配额分配基准减至最小的可行数量,使每类产品与基准对应。第三,关注不断增长的清洁技术的市场机遇,即将纳入碳排放权交易体系的行业将在创新领域得到进一步发展;充分认识这些结果与国家经济战略的一致性。碳排放权交易体系作为中国实现“双碳”目标的一项重要机制,扩大行业

① 《全国碳排放权交易市场将启动　首批覆盖企业排放超 40 亿吨二氧化碳》,“央广网”百家号,2021 年 7 月 16 日,https://baijiahao.baidu.com/s?id=1705254352202984246&wfr=spider&for=pc。

② 《全国碳市场扩容在即》,《中国能源报》2023 年 7 月 23 日。

③ 《清华大学周丽:全国碳市场 2030 年前可分批纳入 6 大高排放行业》,《新京报》2023 年 11 月 21 日。

覆盖范围是必不可少的一步，实施上述三个步骤将有助于这一工作的顺利开展。

（二）扩大碳市场交易主体范围

在碳交易体系中，交易主体是最具创造性的要素。狭义上，在碳排放权交易过程中，交易主体是能够享有权利、承担义务的组织和个人。广义上，碳排放权交易主体是整个碳交易体系中不可或缺的组成部分，目标一致，过程中分工协作、功能互补，共同形成碳交易结构图。目前我国交易的主体和行业非常单一，市场基本平稳但不活跃，发电行业是目前唯一纳入全国碳排放权交易市场的行业，而主体主要存在三类：中央政府、地方政府和控排企业。

基于当下的交易主体单一问题，可以通过扩大交易主体范围，从而为实现碳排放权交易市场扩容奠定基础。首先前文提到的行业扩容策略，即加快对钢铁、有色、建材、石化等碳密集行业的纳入，一定程度上扩大了交易主体和交易产品的范围，扩大了市场容量。根据《中国碳市场回顾与展望（2022）》计算，如果能完全覆盖八大行业，中国碳排放权交易市场的配额总量预计可达到 70 亿吨，我国 CO_2 排放总量的覆盖率将有约60%。当然，仅通过扩大行业范围等强制手段仍远远不够，还应该将 ESG（环境、社会和治理）作为企业的重要组成部分，在成本模型中加以考虑和测算，才能从源头上得到企业的重视，推动更多的市场主体参与到碳交易市场中来。

此外，政府在扩大交易主体范围方面也起着重要的作用，通过制定法律法规，引入强制性的碳交易制度，要求控排企业和行业参与碳交易，将倒逼更多的企业减排，推动碳市场的扩大。政府还可以通过提供经济激励措施，如税收减免、碳配额津贴和补贴等，鼓励企业主动参与碳交易，提高参与者的积极性。

完善碳市场机制也是扩大交易主体的方法之一，当前碳市场机制仍然存在许多缺陷，应加强碳交易市场的规则和机制设计，提高市场的透明度、公平性和有效性，以吸引更多的参与者。建立高效的碳配额交易平台，加强对交易过程的监督和审计。政府鼓励更多金融机构参与碳排放权交易市场，提供融资支持和金融产品，为企业和投资者提供更多的碳交易选择和服务。为推动碳市场发展，可以研发与碳排放权挂钩的金融产品，并根据投资者适当性原则，有序扩大碳市场交易主体范围。同时，券商的加入能够改善一些问题。首先，加入券商可丰富市场层次，使市场参与者更加多元；其次，将着力点集中在碳价格发现、增加碳市场金融工具种类、对碳排放产品创新以及提高市场流动性等方面，大力支持实体企业在绿色转型过程中的碳排放权管理与碳交易。以上措施能够吸引更多的主体参与碳交易，扩大市场规模，进一步推动减排行动，实现更大范围的碳减排目标，实现碳排放权交易市场的扩容。

（三）拓宽碳市场交易渠道

2011 年 10 月，中国启动了碳排放权交易试点，建立了 7 个试点地区的碳交易市场，拉开了碳排放权试点交易的序幕。2021 年 7 月 16 日，全国碳排放权交易市场正式启动，全国碳排放权集中统一交易平台的运营功能由上海环境能源交易所承担。该平台采用协议转让和单向竞价交易机制，促进了碳市场的形成和发展，提供了高效的碳排放权交易服务。相对于欧盟碳市场，当下我国的碳市场仍然存在一些问题，如市场层次单一导致流动性不足、参与主体单一、交易大多出于履约考量、交易品种不足、风险管理工具匮乏等，完善的多层次碳市场能够提供更多的参与机会和交易机制，从而推动市场扩容。

从市场化角度看，多层次碳市场包括：碳排放权发行和分配的一级市场、碳排放权流通的二级市场、碳金融衍生品交易的衍生品市场，以及碳排放权跨境互联市场等。随着碳金融产品的创新，全国碳排放权交易中心应该逐步为各层次的碳交易市场搭建交易平台，扩大交易渠道，具体到不同的市场中有不同措施：在一级市场上，组织碳排放权的拍卖，确保一级市场的公平、透明和高效；在二级市场上，提供价格发现机制和交易监管，提高市场的流动性和参与度；在碳金融衍生品市场上，提供风险管理和对冲工具，进一步提升市场效率；在跨境互联市场上，与其他国家或地区的碳交易市场进行合作和互联，并参与建立跨境交易平台或机制，促进跨境碳排放权的交易和互联互通。通过上述措施，全国碳排放权交易中心可以在不同层次搭建交易平台，提供更广泛的交易选择和机会，提高市场的流动性和参与度，促进碳交易市场的全方位发展。

（四）碳金融产品多元化

碳金融是指以碳排放权为基础的金融市场和金融产品。是我国实现“双碳”目标的重要抓手之一。丰富的碳金融产品有助于推动碳金融市场体制的建立和健全，拓宽市场的深度与广度。由于全国碳市场仍处于建设初期，为规避金融风险，目前尚未引入金融衍生品，交易产品仅限于碳现货，即碳排放配额（CEA）。此外，目前 CEA 的金融属性尚未明确或被挖掘，现阶段 CEA 仅被视为一种履约产品。与其关联的碳金融产品发展有限，主要原因在于：一是碳金融产品推广高度依赖碳交易现货市场的成熟度；二是控排企业以履约目的为主，投资和管理碳资产的意愿不强，能力不足；三是碳排放权资产的法律属性不明确，限制融资类业务发展。由此可见，我国碳金融产品体系仍待完善，为了应对当下的碳市场扩容，可以从构建多元化碳金融产品体系着手。以中国证监会 2022 年 4 月发布的“碳金融产品”标准（JR/T 0244—2022）为例，从产品谱系上看，碳金融产品与主流金融产品一致，主要可分为三类：碳金融交易工具、碳金融融资工具和碳金融支持工具。

1. 碳金融交易工具

可供选择的金融衍生品包含碳期货、碳期权、碳远期、碳掉期、碳指数交易产品（简称“碳指数”）、碳资产证券化（碳基金、碳债券）等，它们为控排企业提供了更为灵活的交易方式，控排企业或投资者可以提前锁定价格、规避价格上涨风险，也可以解决市场信息不对称等问题。

目前全国碳市场仍不能很好地发挥风险规避功能，金融衍生品发展较为缓慢。碳期货、碳期权是碳金融市场需求的核心，碳期货的规模带动力较大，碳基金、碳远期则有很大的增长空间；在风险控制方面，碳期货、碳期权、碳基金和碳债券对风险的控制程度较好。

2. 碳金融融资工具

可供开发的融资类工具品类丰富，包括但不仅限于碳质押（绿色信贷）、碳回购和碳托管等。其中碳质押（绿色信贷）涵盖控排企业针对新能源开发和利用、节能、环保以及资源综合利用等类型项目的贷款。一些行业的特殊性使其较难满足银行放贷的硬性要求，因此目前金融机构参与碳金融的广度和深度有限。若将企业碳资产、CEA 收益权等进行质押（抵押）贷款、授信或保理融资等，则可为实现产品价值提供新的思路，为质押（抵押）融资提供风险保障。

3. 碳金融支持工具

碳金融支持工具包括碳基金、碳指数、碳保险等，可优先针对控排企业减排项目开发，推广产业基金与保险等碳金融支持工具。

依托产业基金对企业优质碳资产/资源进行整合，形成具有开发潜力的项目，并扶持控排行业发展，推动完善产业体系。按照设立目的，产业基金可以分为两种：一种是自愿捐赠型产业基金，为方便项目开发与管理，通常将社会公众捐赠的资金设立长期而独立的基金；另一种是营利型产业基金，其大都由金融机构或企业投资设立，以金融市场融资所得开发项目，并以碳市场收入归还本金及利息。

保险方面，可加快敦促承保机构围绕碳损失保险、价格保险、指数保险、价值保险等多种模式的保险产品设计与实施，将有效弥补传统保险在减碳项目开发与碳排放权交易保障领域的短板。后续需在丰富产品体系、完善承保模式及赔付机制、创新产品模式等方面持续发力。

二　全国碳排放权交易市场影响评估

（一）提高碳市场的成熟度

进一步提高全国碳市场纳管的行业类型，有助于提升碳市场的规模和活跃度、加快碳市场的发展和成熟，提高市场的透明度和效率。[①] 同时，碳市场覆盖的碳排放总量将大幅提升，配额交易量、配额交易额也将相应提高。碳市场规模扩大将增加市场参与者数量和交易量，提升市场容量并提高碳交易的流动性和活跃度，有利于市场的发展和成熟。

全国碳排放权交易中心将会逐步为各层次的碳市场搭建交易平台，通过碳金融衍生品、碳金融融资工具、碳金融支持工具等方面的创新，为参与者提供更多的交易选择、融资渠道和风险管理工具，推动市场的成熟和多元化，扩大我国碳市场的影响力。

碳市场扩容有助于引入更多的参与者，增加市场竞争。这将推动价格在合理区间内形成和运行，培育正常的市场供需机制，提高市场的有效性和公平性。扩容的碳市场将提供更多的碳减排机会，刺激企业更加积极地参与碳交易和减排行动，这将促进碳减排效果的提升，推动绿色发展和经济转型。

当然，碳市场的扩容也可能面临一些挑战和风险，例如市场监管和风险管理的能力需提升、参与者之间信息不对称的问题等。因此，在推动碳交易市场扩容的过程中，需要引入有效的监管和制度机制，加强市场监测和风险防控，确保市场的健康发展和成熟。

（二）提高碳市场的换手率

换手率能够直观地反映碳市场活跃程度和交易频率，较高的换手率意味着市场上的碳排放配额更加活跃地流通和交易，换手率越高，市场的流动性和效率也越高。[②] 当前，全国碳市场采取行业基准法，向排放主体免费分配排放配额。现阶段无论是交易主体还是交易品种都比较单一，市场基本平稳但缺乏活跃度。碳价从最初的每吨 40～50 元，波动中上涨至 2024 年的 80 元以上。同时，相比于试点碳市场 5%的换手率，全国碳市场换手率较低，大概只有 2%。当前试点碳市场的流动性仍然很低，尚未形成良好的价格机

---

① 《全国碳市场扩容在即》，《中国能源报》2023 年 7 月 23 日。

② 王秭移：《理性审视碳排放交易试点及全国碳市场建设》，《社会科学动态》2022 年第 10 期。

制。而通过碳市场的扩容，预期将一定程度提高碳市场的换手率。

纳管行业少、交易主体单一、预期价差较小是国内碳市场换手率相对不足的主要原因，通过扩大交易主体和扩宽行业范围，扩充碳市场的参与者数量，可加强碳市场的管理体系验证。不同交易主体的参与，提高了企业性质的多样性，也能对市场政策产生异质性判断，使得参与方的预期差增大，分散市场观点，使交易的可能性增大，从而提高市场的活跃度和流动性。

同时，开放多元的碳金融产品，可解决当前国内碳市场交易品种和交易方式相对固定的问题，多样化的交易产品能够有效管理各种风险，满足多样化的交易需求。随着碳期货等产品在广州期货交易所的推出，全国碳市场的流动性将显著增加。证券公司等机构主体的加入也可助力相关问题的解决，例如，将市场机制等方面的专业知识带到市场，协助企业提高业务水平；还可作为企业的交易对手方，提高市场流动性，减少交易成本。碳市场换手率的提高通常意味着市场参与者较多，交易活跃度高，市场竞争机制和价格发现能力较为健全，有利于碳排放权交易市场的可持续发展，为碳减排目标的实现提供更大支持。

（三）提高碳市场的流动性

市场的流动性是衡量市场运转效率的重要指标，碳市场缺乏流动性，将导致企业在生产过程中的减排资源的配置效率受到影响，政策的减排效果大打折扣，甚至导致全社会总体减排成本上升。碳排放权交易市场的行业扩容将吸引更多的参与者进入市场，包括企业、金融机构和投资者等，更多的参与者意味着存在更多的潜在买方与卖方，更多的交易机会，更高的市场的流动性。随着市场的扩大，交易渠道往往也会增加，如更多的交易所或电子交易平台，为交易者提供更多的选择和便利，提高市场活跃度和流动性。首先，交易中心持续披露价格数据和交易量，使得碳交易有可参考的价格标准，并让碳价信号发挥对低碳减排活动的引导作用。其次，交易中心的交易在透明的规则和条件下进行，有明确规定的交易时间，交易产品标准化。这种透明、标准的模式使得交易所可以集中大量市场参与者，提高市场的流动性。

碳排放权交易市场扩容还意味着更多碳交易产品和资产类型的引入，如碳配额、碳衍生品等，这将扩大市场的交易规模和交易量，帮助参与者有效进行风险对冲，增加市场上碳资产的流通性。在碳市场扩容的过程中，政府扮演着关键的角色，为全社会减排和碳市场的发展制定合理且适当的目标，在宏观层面上适当进行调控，提振市场信心，通过将更多资本引入碳市场，提高市场效率，达到总量减排、低碳发展的目的。

（四）提高碳市场交易参与度

全国碳排放权交易市场建立两年来总体运行平稳，但是距离有效实现“双碳”目标仍然有很长的路要走，目前仍然存在交易活跃度低、碳市场发展初期流动性不高等问题，通过市场扩容策略一定程度上将提高碳市场的交易参与度，具体体现在以下几个方面。首先，推动行业扩容和将金融机构等非控排主体纳入全国碳市场，将最大限度挖掘各方交易主体推动“双碳”目标实现的主观能动性。在当前交易主体仅包含履约企业的情况下，增加非履约主体，可提高全国碳市场的多元性，提升各方利益相关者在碳交易渠道中的参与度。通过着力发展碳金融市场，有利于企业以较低成本购得配额完成履约，提升减排经济性。其次，发展碳市场金融属性有利于促进市场充分交易，完善风险保障机制，补足市场信心。最后，发展碳市场金融属性有利于提供有效的碳价信号，进而引导企业长期减排、激励低碳技术创新。

（五）碳市场交易多元化

目前，碳市场交易主体单一，交易方式以大宗交易为主。交易方式相对复杂，交易过程不够透明和公开。交易价格不能完全反映配额的潜在经济价值，也不能反映行业的边际减排成本，导致价格信号失真。通过市场拓展策略，可以促进碳市场交易方式的多样化，解决交易价格扭曲等问题。不断丰富和多样化市场交易方式，形成从全国大宗交易到区域碳交易市场以及自愿碳交易市场的有效链接。丰富交易主体，引入金融机构等非控排主体参与交易，提高市场活跃度，助力碳市场充分发挥价格发现以及风险管理功能，从而以最小成本实现“双碳”目标。未来将逐步纳入石化、建材、钢铁、有色、造纸、航空等碳密集行业，不同行业的参与者会有不同的碳减排需求和交易机会，为碳交易市场提供多样化的交易品种和机制。在碳市场扩容策略中，设立适度从紧的碳配额总量，探索一级市场拍卖制度，建立碳金融衍生品市场等完善碳配额交易机制，提高碳市场交易的透明度，上述碳市场扩容策略将使碳市场交易的方式、主体、过程以及交易机制更加多元化，充分发挥其价格发现功能。

（六）国内碳市场与国际碳市场接轨

一方面，高质量实现碳达峰需对其他行业提出排放约束，另一方面，欧盟碳边境调节机制（CBAM）窗口期也应推动全国碳市场扩容，未来几年既是中国碳市场建设的关键时期，也是与国际市场实现有效连接的关键时期。通过市场扩容推动完善覆盖范围、配额分配、交易渠道、交易规则、监管机制、金融服务等市场制度及国际化程度，为后续与国际碳市场的接轨打下坚实的基础。

与此同时，完善多层次金融市场体系，通过金融市场基础设施之间的互联互通，为开展碳金融国际合作构建重要桥梁，提升我国碳金融市场的国际影响力。此外，随着碳排放权金融属性的明确，全国碳排放权交易中心将成为重要的金融市场基础设施与交易平台。参考 ECX（欧洲气候交易所）和 EEX（欧洲能源交易所）衍生品交易的自律规则、标准和实践制定我国的相关规则和标准，有助于我国碳排放权交易制度与规则同国际标准接轨，提高市场的稳定性和安全性，获得国际社会的认可和信任，这也有助于促进未来中国碳金融衍生品市场与其他国家碳金融市场的互联互通。

当前，国家碳市场应积极与国际碳市场对接，进一步加快协调国内外碳交易机制，通过制定符合国际碳市场发展要求的国家标准，持续提高我国在全球碳市场中的参与度和竞争力，为中国交易平台在世界碳交易与全球气候治理中发挥更大的作用奠定基础。

三　全国碳排放权交易市场组织保障建议

（一）健全碳市场交易法律法规

在全国碳市场扩容背景下，交易方式将逐渐多元化，与之配套的制度机制建设也将面临更高要求。目前，我国的碳排放权交易制度以政策性立法为主，立法主体是国务院及其相关职能部门。然而，综观碳排放权交易制度发达的国家和地区，完备且高阶的立法体系是保障碳交易市场成功的关键。为此，我国应尽快完善现有的法规体系，通过立法优化来保障碳排放权交易市场稳步走上市场化、法治化的道路。

具体而言，应尽快找到一条既符合我国国情又较为科学的碳交易市场立法优化路径。首先，应当明确碳交易市场的法规体系是一种综合性的立法模式。国家层面的立法不仅要在碳交易市场活动中发挥顶层指导作用，还应当贯穿碳排放权交易的各个环节。未来立法的重点应放在提高立法水平上，努力摆脱目前行政法规水平较低和跨部门碳排放权交易管理权限难以调整的局面。其次，进一步完善碳交易市场的基础性立法规定，保障全国碳交易市场顺畅运行的法规体系包括但不限于产权主体、产权对象、主体的权利义务、交易规则、监督管理、法律责任等方面的基础性规定。具体的立法规划实施路径应当秉承科学规划、循序渐进的原则和理念，主要包括法律准则、指示性文件，涉及覆盖范围、配额分配、市场机制等方面，以及企业碳排放报告披露原则等，建立更加完善的碳交易市场体系。最后，针对碳资产的特殊属性问题，落实碳排放权与碳汇权的（准）物权界定，从法律层面解决权利客体范围界定、碳排放权与碳汇权价值评估及质权公示与实现等问题，避免交易后期的产权和收益纠纷等隐患。

自“双碳”目标提出，立法任务愈加艰巨，而碳交易市场法规的制定应当与市场建设规划本身相一致，开展中长期立法计划的研究。根据目标实现与工作任务的阶段性差异，未来的法治建设技术路线可分为两个不同的阶段，即2021~2030年碳达峰立法时期与2031~2060年碳中和立法时期。国务院发布的《碳排放权交易管理暂行条例》于2024年5月1日起正式施行，成为我国碳交易的总领性指导文件。此举将敦促我国立法机构结合新条例，修订或颁布相关制度规范，进一步完善碳金融市场的技术规范、管理办法和实施细则等文件条款，以推动碳金融市场的有序发展。

鉴于国内有关碳金融的法律法规还不健全，碳金融参与主体的权利保护和义务约束缺乏必要适用准则，碳金融业务开展也缺乏统一的标准和操作规范，加大了开展碳金融业务的政策风险和法律风险，抑制了潜在市场参与者的积极性。未来应明确金融机构碳金融产品及业务规范要求，包括银行遵循的赤道原则，碳基金设立方式、管理、分配、聘雇和监督制度等的规范化，明确碳保险所涉及的保险方式、责任范围、责任免除、赔偿范围、保险费率等。

（二）丰富碳市场层次

碳市场因其交易标的物的特殊性而具备较强的金融属性，是典型的权证市场。碳金融在碳市场中扮演着重要角色，应当撬动金融市场与碳市场的联动，丰富碳市场交易品种，在健全市场信用、期限等转换功能的同时，有效补充并增加碳市场流动性，为碳市场健康发展中起到金融安全保障作用。金融机构被鼓励满足减排企业多维度的金融需求，一方面，应在交易平台指导下创新开发碳远期、碳期权、碳掉期等交易标的物，推动交易平台完善碳金融衍生品及相关规则；另一方面，为控排企业提供合规高效的碳贷款、碳基金、碳保险等碳金融支持工具。比如中国农业银行与中国碳排放权注册登记结算有限责任公司在2022年1月展开合作，利用“农银碳服”系统成功完成了全国碳排放权交易市场的第一个履约周期配额清缴工作，是我国大型国有银行丰富碳金融产品并推动碳排放权交易的有益尝试，为碳金融市场的发展奠定了重要基础。

为丰富碳市场层次，还可考虑放宽金融机构的准入限制，优化其参与碳金融衍生品市场交易门槛，增强碳价格的发现与平抑功能，促进碳金融体系的多元化发展。同时，政府应充分发挥税收优惠政策的激励作用，将税收政策与碳汇交易市场、碳金融市场的发展有机结合。例如，给予参与碳交易的金融机构差别化的税收优惠政策，对提供信贷支持的金融机构减免支持减碳业务的所得税等，降低碳交易项目开发的融资成本，鼓励更多市场主体参与到碳市场交易和碳金融发展之中。通过共同推动碳现货市场、期货期权市场和碳融资市场的发展，建设多层次、立体化的碳交易市场和碳金融市场，为中国实现“双碳”目标提供支持和助力。

（三）完善碳市场微观机制

我国碳市场仍然处于发展初期，在价格干预机制的构建与实施方面经验不足，碳排放权交易市场的有效资源配置需要有效运行的市场机制作为保障。

一方面，政府应综合利用多元碳价调控方式，依靠长期稳定的价格信号引导交易主体选择最经济的方式实现减排目标。特殊的“市场失灵”无法通过市场自身矫正，须借助政府“有形的手”通过价格调整措施对配额价格进行偏向性引导，再通过“无形的手”实现价格的合理回归。政府在制定相关法律过程中应预留灵活空间与柔性机制，允许政府适时行使自由裁量权，避免法律的僵化与滞后影响市场的及时调整。同时，也应当尽可能细化碳价调控行为实施的情形、方式、程序，提高具体操作性的同时减少灵活机制所产生的不确定性。建立碳排放总量设定的事前与事后调整机制，判断市场是否出现配额过剩或者过于不足的情形，根据立法中列明的适用标准与程序，基于法律授权，通过调整碳减排目标、延迟或撤销部分配额发放的方式直接调整排放限额。

另一方面，建立健全碳市场的碳存储机制与调节机制，平抑碳市场供需的波动，确保市场的平稳运行。政府组织建设碳储备库存，通过购买碳排放权或碳减排项目，形成一定规模的碳储备，用于市场调节与应急，以抑制碳价格波动，稳定市场预期。碳储备的使用需要建立合理的调节机制，应制定相关政策将碳储备的使用与市场供需情况相结合，以协助市场平衡。此外，建立健全的储备管理与监督机制是确保碳市场储备有效运行的关键。政府可设立专门机构或委托专业机构负责管理碳储备，监督碳储备的购买、销售和使用。同时，建立有效的监测和评估体系，定期对碳储备的规模和使用情况进行监测与评估，以确保碳储备的合理利用。

（四）优化碳市场监管结构

当下我国碳市场正处于从体系架构到制度完善的重要阶段，碳排放权交易作为一种特殊的市场机制，其监管将涉及运用法律、经济、行政等多种手段，对碳排放权交易市场主体及其行为进行监督与管理。

由于碳排放权的交易过程较为复杂，在碳排放权交易中可能出现操纵市场、内幕交易等不当的市场行为。监管机制作为加强政府与市场互动关系的重要桥梁，特别是以法律的手段来进行监管，对碳交易市场而言将更具公信力和可预见性。国家加强和完善统一监管是防范和化解碳市场风险、防止市场失灵的有效途径。因此，完善碳市场的监管制度要建立在坚持合法性原则、顺应市场规律原则以及风险管理原则的基础上，同时强化对碳排放权交易主体及其行为的监管，进一步优化交易监管的对象、内容，重塑碳排放权交易监管的重点任务。一是加快构建生态环境部门牵头，节能、能源、市场监管等部门参与的工作协调机制，加强工作联动和政策协同，既要加强市场监管，又要推动降低履约成本。二是强化各级监管力量配备，强化省级监管和支撑机构队伍建设，积极推动各省市单设应对气候变化监管机构和配备足够工作力量，优先推动扩容企业较多的地区设立独立监管机构并强化监管力量，探索通过政府采购形式强化技术支撑力量。三是加强对企业的监管、指导和帮扶，推动企业优化重塑碳排放管理和碳资产经营体系，体系化、全方位加强数据质量控制和管理，强化信息披露，严厉打击数据造假行为。四是加强对中介机构的全过程、全要素监管，建立咨询、检验检测、核查技术服务机构清单，通过评估、检查、信息公开等方式加强事前、事中、事后监管，提升低碳服务市场化、专业化水平。五是加强中央、省、市（州）三级财政保障，逐步扩大经费支持规模，优先支持开展碳市场扩容能力建设、基础研究、月度存证、年度核查（复查）、检查执法等重点工作，逐步提升单户企业核查费用标准，优先选择高水平核查技术服务机构。

碳市场扩容对碳市场监督管理能力提出更高要求。党的二十大报告中关于“双碳”目标的论述也传递了关于监管方面的信息，如对碳排放统计核算制度完善与数据管理等方面的建议。随着各地区、各领域、各行业对碳排放核算数据的需求显著提升，当前国内碳排放核算体系远跟不上实践需求。碳排放数据监测与监管是“双碳”工作的基础，是我国评估“双碳”工作效果、国际社会评价中国政府“双碳”工作开展真实性的重要依据。建议国家发展改革委与多部门开展合作，一方面，组织制定和修订重点行业碳排放核算方法和国家标准，加快建立全面、算法化的行业层面碳排放核算方法体系，为企业减少碳排放提供科学依据和指导。另一方面，构建区块链技术和零知识证明技术相结合的碳排放数据管理系统，将企业碳排放数据进行结构化处理、统一管理和运维，保证数据的确真性、时序性、自解释性，以及对外公布时的加密性。委托第三方对数据真实性、完整性、即时性进行复核。为国家“双碳”工作提供数据保障的同时，可根据国家整体减排目标，结合各行业发展情况，科学制定各行业、企业的减排目标与配额分配方案。最终推动交易平台减排量核算标准的国际互认，有效应对欧盟等的碳边境调节税。

参考文献

陈洁民、张尧、赵丹：《北京碳排放交易发展现状分析》，《理论界》2012 年第 11 期。

陈婉：《摸清碳排放“家底”，企业超前完成履约》，《环境经济》2022 年第 14 期。

陈婉：《全国碳市场扩容成熟一个纳入一个》，《环境经济》2023 年第 21 期。

陈婉：《券商入局碳市场意味着什么?》，《环境经济》2023 年第 4 期。

陈星星：《全球成熟碳排放权交易市场运行机制的经验启示》，《江汉学术》2022 年第 6 期。

陈星星：《全球碳市场最新进展及对中国的启示》，《财经智库》2022 年第 3 期。

陈星星：《全球碳市场最新进展及对中国的启示》，《财经智库》2022 年第 3 期。

陈星星：《中国碳排放权交易市场：成效、现实与策略》，《东南学术》2022 年第 4 期。

陈英祺：《基于碳市场发展视角的中国发电行业低碳转型路径研究》，华中科技大学硕士学位论文，2021。

陈玉佩、李柏松、李有安：《碳中和目标下碳排放权交易的法律反思与续造》，《第二十二届中国科学家论坛会议论文集》，中国管理科学研究院商学院，2023 年 12 月。

崔文静：《全面助力绿色发展——券商入局碳交易》，《中国经营报》2023 年 2 月 20 日。

崔文静、夏欣：《全面助力绿色发展券商入局碳交易》，《中国经营报》2023 年 2 月 20 日。

达博文：《碳交易背景下煤电供应链清洁煤技术和发电减排投资策略研究》，中国矿业大学博士学位论文，2021。

邓茂芝、任心原、高淮等：《中国试点碳排放权交易市场流动性研究》，《华东经济管理》2019 年第 9 期。

丁粮柯、梅鑫：《中国碳排放权交易立法的现实考察和优化进路——兼议国际碳排放权交易立法的经验启示》，《治理现代化研究》2022 年第 1 期。

韩昱：《从能耗双控逐步转向碳排放双控碳市场到 2030 年累计交易额或达 1000 亿元》，《证券日报》2023 年 7 月 12 日。

蒋佳妮、邵逸飞：《国际碳排放权交易模式的更替发展与协同优化路径》，《中国环境管理》2023 年第 4 期。

李威：《欧盟碳排放权交易体系对我国碳市场发展的借鉴与启示》，《海南金融》2023 年第 4 期。

刘俊敏、张立锋：《金融化背景下我国碳排放权交易监管体制的完善》，《河北法学》2024 年第 1 期。

刘宇姗：《碳排放权交易政策对上市企业绿色技术创新的影响研究》，东北石油大学硕士学位论文，2022。

骆彦佳：《“双碳”目标下金融产品：开发实践与现实挑战》，《海南金融》2022 年第 8 期。

马晓敏：《加快建立统一规范的碳排放统计核算体系》，《中国矿业报》2022 年 8 月 23 日。

秦天昊：《中国碳排放交易制度发展展望》，《产业创新研究》2023 年第 18 期。

佘孝云、何斯征、姚烨彬等：《中国碳金融市场现状》，《能源与环境》2017 年第 1 期。

《社论　提升全国碳市场的数据质量　促进配额分配的公平性》，《21 世纪经济报道》2021 年 7 月 17 日。

谭琦璐：《碳市场仍需扩容增品强制度》，《经济日报》2023 年 9 月 14 日。

唐葆君、吉嫦婧：《全国碳市场扩容策略的经济和排放影响研究》，《北京理工大学学报》（社会科学版）2022 年第 4 期。

陶凤、冉黎黎：《碳排放交易周年：成交额明显偏低》，《北京商报》2022 年 7 月 18 日。

王璐、向家莹：《全国碳市场上线周年再出发》，《经济参考报》2022 年 7 月 12 日。

文黎照、张倬：《碳排放权交易执法疑难问题分析及建议》，《环境保护》2023 年第 5 期。

吴茵茵、齐杰、鲜琴等：《中国碳市场的碳减排效应研究——基于市场机制与行政干预的协同作用视角》，《中国工业经济》2021 年第 8 期。

闫咪：《清洁发展机制（CDM）下我国碳金融发展研究》，天津财经大学硕士学位论文，2017。

杨光星：《中国碳价格对覆盖行业出口竞争力的影响研究》，武汉大学博士学位论文，2018。

杨文琦、杨剑、张愉聆等：《中国碳排放权交易市场发展现状与对策探究》，《投资与创业》2023 年第 19 期。

袁凯：《碳市场扩容提速》，《小康》2023 年第 22 期。

曾晨：《碳中和之公众参与实现路径》，《太原理工大学学报》（社会科学版）2022 年第 5 期。

张龙：《我国碳排放权交易监管法律问题研究》，西南政法大学硕士学位论文，2013。

张锐：《欧洲碳市场有哪些经验?》，《国际金融报》2021 年 5 月 16 日。

赵洱岽、崔婷：《拍卖法对重庆市碳减排成本的影响研究》，《中国市场》2020 年第 34 期。

赵宪庚：《双碳目标下统一碳市场建设标准化若干问题思考》，《中国标准化》2023 年第 8 期。

郑鹏程、张妍钰：《“双碳”目标下碳排放权交易市场监管的问题与对策》，《湖南大学学报》（社会科学版）2023 年第 6 期。

周怡、张泽栋、马克：《碳排放权交易中心建设的国际经验与中国路径》，《西南金融》2023 年第 110 期。

B.12 国家自愿减排交易市场未来展望与优化路径

何 琦　田博丞　王民冉　朱璐瑶*

摘　要： 随着我国参与全球气候治理不断深入，引领国际减排合作持续深化，对我国国家自愿减排交易市场建设提出了更高要求，其也面临更多挑战。他山之石，可以攻玉。国外自愿减排交易市场的先行实践，积累了许多的有益经验，针对各类潜在问题提供了成熟的解决方案。本报告在梳理国内外自愿减排交易市场的发展与实践的基础上，阐述我国自愿减排交易市场的未来展望，并从与国际自愿减排信用标准的对接、完善碳排放核算标准体系建设、利用自愿减排助推强制履约碳市场、加强全体系信息披露和联合惩戒制度建设、推动共建绿色"一带一路"等方面，提出促进中国自愿减排交易市场高质量发展的优化路径。

关键词： 自愿减排交易　中国核证自愿减排量　CCER 重启

一　国内外自愿减排交易市场情况与实践

（一）国际自愿减排的市场发展与实践

自愿减排交易市场（VCM）是指个人、公司或其他行为者在受制或强

---

* 何琦，管理学博士，气候变化经济学方向博士后，博士研究生导师，对外经济贸易大学全球价值链研究院副研究员，主要研究方向为气候变化与低碳城市、绿色价值链、环境公平；田博丞，对外经济贸易大学全球价值链研究院硕士研究生，主要研究方向为全球价值链、环境经济学；王民冉，山东财经大学工商管理学院硕士研究生，主要研究方向为企业气候韧性、低碳经济；朱璐瑶，山东财经大学中国国际低碳学院硕士研究生，主要研究方向为低碳经济与管理。

制性碳定价机制之外发行、购买和销售碳信用额度的市场。1997 年签署的《京都议定书》为推动自愿减排交易市场的发展提供了有力支持，此后，自愿减排交易机制迅速发展。根据有关调查，自愿减排交易市场在 2021 年达到了 20 亿美元的规模，且交易量仍在不断加速增长。[①] 预计到 2030 年市场规模可能超过 100 亿美元。[②] 全球自愿减排交易市场的机制有国际机制、独立机制及国家和地方自愿减排机制，在推动减排行动、激励碳交易和促进可持续发展方面发挥着重要作用。

一是国际机制，包括清洁发展机制（CDM）、联合履约机制（JI）和国际排放贸易机制（IET）三种国际减排交易机制。其中清洁发展机制是当今国际社会最重要、最广泛的自愿减排机制，其开启了发展中国家与发达国家之间的碳市场，通过共赢模式获得核证减排量（CERs）从而实现全球减排目标，在一定程度上促进了发展中国家的经济发展和绿色技术转移。通过吸引国际投资和技术支持，发展中国家得以实施低碳、清洁发展的项目，同时实现经济增长。2006 年清洁发展机制开始正式运行，到 2012 年其经历了先升后降的弧形发展趋势。清洁发展机制签发的 CERs 包括两种交易途径——指定交易所场内交易和场外交易签订协议并在联合国碳抵消平台注销。

二是独立机制，指由独立的组织或实体管理和执行的减排机制。它是与政府主导的国家减排目标并行存在的，通过私人部门的主导和运营，促进更灵活、创新的减排措施实施。目前国际上主要的独立机制有核证碳标准（VCS）、黄金标准（GS）、美国碳登记（ACR）和气候行动储备（CAR）等。其中核证碳标准是目前在全球碳市场上交易量最大、应用范围最广的独立自愿减排标准。核证碳标准签发的减排量是 VCUs，其备案方法学所覆盖的领域包括能源、制造过程、建筑、交通、废弃物、采矿、农业、林业、草原、

① 周艾琳：《达成全球升温控制目标悬了　气候融资需求缺口巨大》，《第一财经日报》2022 年 12 月 12 日。

② 《2030 年全球自愿减排市场规模可达 500 亿美元，CCER 有望成我国参与国际碳市场的排头兵》，手机新浪网，2022 年 6 月 2 日，https：//finance. sina. cn/esg/2022 - 06 - 09/detail - imizirau7348718. d. html。

湿地和畜牧业等方面的49个项目。截至2023年，已有80多个国家和地区参加了核证碳标准计划，并以发展中国家为主体。黄金标准则是由黄金标准基金会管理，世界自然基金会和其他非营利组织共同设立的，其签发的碳信用为GS VERs，可以直接在黄金标准登记系统进行交易注销，GS备案的方法学有39种，包括林业、农业、可再生能源等领域。截至2023年，GS签发了超过1.51亿的碳信用，遍布多个国家和地区，已实现注销发行总量的60%。美国碳登记是在1996年成立的温室气体登记机构，并于2007年成为温洛克国际农业发展中心的一个全资子公司，在2012年被批准为抵消项目登记处。其签发的自愿减排碳信用为ERTs，备案方法学14种，涵盖减少温室气体项目、土地利用、林业和碳封存等。气候行动储备是由加州立法机构于2001年设立的资源性温室气体登记处，其签发的自愿减排碳信用为CRTs，已备案400多个项目，包含农林、能源、废弃物等多个领域。①

三是国家和地方碳信用机制，只有在特定范围、国家和地区才能使用的一种碳信用机制，通常受制于本国、本省或双边国家的制度，如中国国家核证自愿减排量（CCER）和美国加州合规补偿计划等。截止到2023年4月，已有25个国家或地区建立了碳信用机制，其依据自身或区域的发展情况，自行制定相应的准则，或在参考国际惯例和独立机制的情况下制定规则和标准。

目前，全球自愿减排交易市场已经形成了多种减排机制并存的态势。各类机制下的签发及注册数量均有一定增长，标志着自愿减排交易市场步入新一轮发展阶段。2012年第二期《京都议定书》未能签署，导致CDM碳信用交易量大幅下降，进入低潮期，但是目前CDM签发项目数量正缓慢上升。近些年来，VCS和GS标准下的碳信用增速较快，以可再生能源、土地利用和林业为主要碳信用项目类型，签发量占据全球碳信用市场近半数。

全球碳市场发展至今，已经有30余年，在实践中也出现过一些问题，

---

① 《行业研究 | 一文了解CCER、CDM、GS、VCS 、ACR等国内外自愿减排类型》，河北省节能协会，2023年10月9日，https://mp.weixin.qq.com/s?__biz=MzIzMDEzNjg1MQ==&mid=2247526500&idx=6&sn=ede57ff42c2ef9df726922f6e8307cb5&chksm=e8ba2518dfcdac0e7d5a7eaf7af3ec207bf66c788e17e6e4d5602f1048e0f122d31935c03607&scene=27。

主要表现在市场碎片化、体系不统一、价格信号差异大、碳排放权交易规模小等方面，这些问题降低了交易效率，增加了交易成本，制约了国际自愿减排交易发展。由此，在渣打银行和国际金融协会的赞助支持下，成立了全球自愿减排碳市场扩大工作组（TSVCM），超过250个组织和400名以上的专家参与其中，是目前为止机构参与度最高的自愿减排计划。其出现是自愿减排交易市场的创新之举，反映了国际社会对高质量、高标准、高效率和高透明度自愿减排模式日益高涨的需求。

在未来10年，预计自愿减排交易市场的发展将进一步加速。全球多国设立了2050年及以后的净零碳目标，使得气候变化应对工作在国际合作中占据愈加重要的地位。在这种历史环境下，全球自愿减排交易市场将迎来更多的发展机遇。

（二）中国自愿减排交易市场发展动态与实践

1. 中国自愿减排交易市场发展动态

2012年6月，国家发展改革委发布《温室气体自愿减排交易管理暂行办法》（以下简称《暂行办法》），目的是建立一个规范的自愿减排交易体系。自《暂行办法》发布以来，我国已建立了包括项目审定和减排量认证，中国核证自愿减排量（CCER）注册登记管理、交易管理等一系列温室气体自愿减排交易体系，并努力推动CCER的交易。

CCER是一种碳抵消机制，是在自愿减排交易市场中，企业的减排项目以及新能源项目可以根据国家相关规定和程序获得一定的核发减排量，用于抵消企业自身的碳排放，从而达到有效降低控排企业履约成本并为企业节能降碳保留资金的目的，推动并发展了林业碳汇、可再生能源、甲烷减排和节能增效等项目。CCER项目促进了更广泛的企业和行业参与温室气体减排行动，推动碳达峰、碳中和目标以更为经济灵活的方式实现，对我国“双碳”目标实现具有重要意义。

我国于2012年启动中国温室气体自愿减排交易机制，截至2022年6月17日，累计成交量为4.54亿吨二氧化碳当量，成交额为59.73亿元。其中，国家发展改革委在2013~2017年共公示了CCER审定项目2871项、备案项目861项、减排量备案项目254项，备案减排量超过了5000万吨。这些项目涉及生活垃圾焚烧、填埋气利用、餐具处理、生物燃料利用、污水处理、电力回收利用等可再生能源和可再生资源领域，主要划入的类别为避免甲烷排放（共406个项目）、废物处置（共180个项目）、生物质能（共112个项目）。[①] 但是考虑到CCER市场存在的供过于求、温室气体自愿减排量小、个别项目规范性与流动性差等局限性问题，在2017年3月，国家发展改革委为进一步完善和规范CCER相关交易，宣布暂停新CCER的申请受理，存量项目也因流动性不足等原因逐渐沉寂。

CCER项目申请受理的暂停，反映出我国CCER交易市场仍有待进一步完善，其主要面临以下几个问题：第一，存在较严重的方法学重复现象，大部分方法学是由CDM方法学转化而来，在某些方面存在不符合实际的情况；第二，额外性是减排机制存在的基石，其内涵、论证逻辑等较为复杂，许多项目并不具备额外性特征；第三，减排量核算涉及较多难以衡量的参数，在计算时会采取近似值，这最终可能导致减排结果的准确性存疑；第四，自愿减排交易市场的管理规则并不完善统一；第五，CCER交易信息不透明，多为线下交易，可能导致线上成交价格与线下协议价格出现偏差，不利于市场参与者的价格判断，也不利于市场监管和风险识别。

我国碳交易市场于2021年7月16日正式启动，其中CCER抵消比例不得超过重点排放单位应清缴碳排放配额的5%，市场对于CCER的需求量也在第一履约期达到了历史最高水平。2023年被称为“CCER”元年，10月生态环境部、国家市场监督管理总局联合发布了纲领性文件《温室气体自愿减排交易管理办法（试行）》（以下简称《办法》），标志着CCER正式重启。《办法》自公布之日起实施，明确方法学需完全更新，细化项目审定登记和减排量审核登记条件，对项目建设与减排量产生新老划断，并强化双部门监督管

① 《CCER抵消机制：降低履约成本，鼓励自愿减排》，碳排放交易网，2021年6月12日，http：//www.tanpaifang.com/CCER/202106/1278156.html。

理责任。2023年10月24日，生态环境部审核通过第一批温室气体自愿减排方法学4类项目，包括造林碳汇（含竹林）、红树林营造、并网海上风电、并网光热发电。2023年12月27日，国家市场监督管理总局公布了《温室气体自愿减排项目审定与减排量核查实施规则》。2024年，CCER市场利好政策频出，1月国家认监委发布《关于开展第一批温室气体自愿减排项目审定与减排量核查机构资质审批的公告》,[①] 拟审批能源产业审定与核查机构4家、林业和其他碳汇类型审定与核查机构5家。2024年1月22日，全国温室气体自愿减排交易在北京绿色交易所正式重启，中国石化碳科公司等参与了当日首批交易。[②] CCER的重启是一个积极信号，不仅成为碳排放权交易市场的有效补充，同时可充分调动企业减排降碳的自觉性与积极性，鼓舞新兴低碳行业的发展。

2. 中国自愿减排交易市场实践

（1）CCER相关项目与碳金融产品实践

林业碳汇交易，是指通过森林资源的保护、管理和增加，产生的碳汇量被认可并转化为可交易的碳资产。这些资产可被企业或个人购买，用于抵消其自身的碳排放，或者在碳市场上进行交易。林业碳汇交易的目的是激励保护和恢复森林，并推动减少温室气体排放的行为。CCER林业碳汇项目主要涉及碳汇造林和森林经营，开发流程包括设计、审定、备案、实施、监测、减排量核证及备案签发7个步骤。CCER市场的重启将进一步促进林业碳汇业务的完善，拥有丰富林业资源的企业与主体将在林业碳汇方面获益。

当前我国林业碳汇业务发展趋势良好，各省份积极开展产品创新与市场机制改革。以广东省为例，2023年9月，广东省提出要在鼓励社会资本参与生态保护修复的同时，开展农田、湿地等生态系统固碳增汇关

① 马晨晨：《CCER重启：利好政策频出　买卖双方还有这些难处》，《第一财经日报》2024年2月2日。

② 《“强制”和“自愿”互补衔接　全国温室气体自愿减排交易（CCER）市场正式重启》，“每日经济新闻”百家号，2024年1月23日，https://baijiahao.baidu.com/s?id=1788880281768608556&wfr=spider&for=pc。

键技术研发，推动森林碳汇、红树林等蓝碳碳汇项目的流转交易，为绿水青山向金山银山转化提供动力。从市场机制上也进行了创新，一手发展生态系统固碳增汇关键技术，加大碳汇的开发力度，一手培育碳汇市场，推动碳汇产品在省域内流转交易。最后形成域内碳汇从开发到流通再到消纳的发展格局，促进工业反哺农业、城市反哺农村，推动区域生态文明的发展。

碳金融服务旨在服务减少温室气体排放，以碳排放配额、CCER 等碳资产为标的资产开展的融资、投资、支持、风险保障等业务。CCER 金融产品的创新，可拓展 CCER 的应用场景与盈利空间，推动 CCER 市场发展，服务于我国“双碳”目标的实现。具体地，CCER 的金融产品包括 CCER 质押贷款、托管服务等。

CCER 质押是指企业将持有的 CCER 作为质押物，获得金融机构融资，推动企业项目实施落地的一种业务。2014 年 12 月，上海银行与上海环境能源交易所签署了碳金融战略合作协议，与上海某新能源企业达成了国内首个 CCER 质押贷款协议，上海银行向出质方提供了 500 万元的质押贷款。[①] 2021 年 5 月，上海浦发银行、上海环境能源交易所和某碳科技企业完成了上海碳排放配额（SHEA）和 CCER 的组合质押融资。[②] CCER 质押融资的出现解决了自愿减排项目运营所面临的高投入、长周期和强风险等一系列问题，为企业开辟了融资新途径，活跃了短期限制下的碳资产，为国家绿色金融的发展提供了新的思路。

CCER 托管服务有三种模式：碳融资类信托、碳投资类信托、碳资产服务信托。碳交易信托产品的首次出现是在 2014 年由爱建信托公司开发的碳资产投资信托（投向 CCER）。中国海油所属中海信托与中国海油所属海油发展在 2021 年 4 月举行签约仪式，完成了国内首单碳中和服务信托。中国海油旗下上市公司海油发展将其持有的 CCER 作为信托基础资产交由中海信

① 邹春蕾：《“碳”路者：上海欲打造碳金融中心》，《中国电力报》2016 年 5 月 28 日。

② 王方琪：《碳市场发展需金融机构支持》，《中国银行保险报》2023 年 2 月 21 日。

托设立财产权信托，再将其取得的信托受益权，通过信托公司转让信托份额的形式募集资金，并将募集资金全部投入绿色环保、节能减排产业。

（2）其他自愿减排交易市场发展与碳金融实践

自愿减排交易市场不依赖法律进行强制性减排，其机制相对灵活，从申请、审核、交易到完成所需时间较短，价格也较低，经常被用于企业的市场营销、企业社会责任、品牌建设等。早期以自愿减排（VER）为基础的碳交易平台发展迅速。为推动碳金融的发展，2008 年至今，北京绿色交易所、上海环境能源交易所、天津排放权交易所、广州碳排放权交易中心与深圳排放权交易所等交易机构接连成立。[①] 这些交易机构的出现给中国自愿减排交易提供了一个公共平台，各贸易组织成交量也日益上升。

在项目开发领域方面，蓝色碳汇交易日渐获得重视。蓝色碳汇是指海洋生态系统在吸收和固定大气中二氧化碳的过程中的作用和机制，它包括海洋碳汇和沿海生态系统（如红树林、盐沼地和海草床）等能够储存碳的环境，保护和管理蓝色碳汇对于减缓全球气候变化和海洋生态系统的可持续发展至关重要。2023 年 2 月，经象山县国有资产管理中心同意，宁波港达建设发展有限公司和象山旭文海藻开发有限公司委托拍卖行以 30 元/吨的价格对西沪港渔业一年的蓝色碳汇量（约 2340. 1 吨）进行拍卖，并最终以 106 元/吨的价格完成了我国首单蓝碳拍卖交易。[②]

在碳金融产品创新方面，以天津市为例，2022 年天津市金融局精准服务“双碳”战略和绿色发展，取得积极成效。天津市 12 家商业银行为 88 个碳减排重点支持领域项目提供信贷优惠资金超 80 亿元；全市共发行绿色债券 21 支，金额超 150 亿元。天津市金融局推动平安银行天津分行、南开大学、联合赤道公司共建“碳中和与数字碳金融实验室”；助力联合信用公

---

① 《关于全国温室气体自愿减排交易系统交易相关服务安排的公告》，全国温室气体自愿减排交易系统，2023 年 8 月 17 日，https：//www. ccer. com. cn/wcm/ccer/html/2311ptggc1/20231123/164555649. shtml。

② 《每吨起拍价 30 元，全国首单蓝碳拍卖本月落锤》，界面新闻，2023 年 2 月 14 日，https：//m. jiemian. com/article/8900124. html。

司及旗下联合赤道公司发挥行业龙头作用，落地转型债券等多项全国首单绿色金融产品及案例，联合赤道公司获得全国首批“绿色债券评估认证机构”资质，并在“绿色债券”评估认证机构市场化评议结果中排名首位；发挥租赁、保理等新型金融业态集聚优势，相继推动发行国内首笔“双重 ESG 架构”银团贷款、深交所首单蓝色债券等绿色金融产品。[①]

二　中国自愿减排交易市场未来展望

（一）自愿减排交易市场规模日趋扩大

2023 年 10 月 19 日，生态环境部和国家市场监督管理总局正式发布并实施了《温室气体自愿减排交易管理办法（试行）》，这标志着中国在重新启动温室气体自愿减排交易方面迈出了至关重要的一步。作为一项关键的制度性创新，旨在通过市场手段控制和降低温室气体排放，进而促进实现碳达峰和碳中和目标。该机制涉及的自愿减排交易市场是我国碳市场体系的一部分，与全国碳排放权交易市场互联互动。开展自愿减排交易对于促进森林碳汇、可再生能源项目、甲烷减排和提高能效等领域的发展至关重要。此外，其将鼓励更多的行业、企业和社会各界主体参与减排，为促进经济和社会向绿色低碳转型以及实现高质量发展提供重要支撑。

国金证券发布研究报告称，在需求量方面，目前仅电力行业纳入全国碳交易市场，覆盖 45 亿吨碳排量，以 CCER 抵消比例不得超过应清缴碳排放配额的 5%计算，CCER 当前理论需求量为 2.25 亿吨。随着其他高排放行业陆续纳入全国碳交易市场，CCER 需求将进一步提升，根据测算，中性和乐观预期下，CCER 需求量将分别达 3.5 亿吨和 5.3 亿吨；在价格方面，2023 年 6 月 CEA 和 CCER 成交价格分别为 54.1 元和 78.0 元，存量 CCER 供不应

① 《我市绿色贷款余额超 4620 亿元》，天津市人民政府网站，2022 年 11 月 15 日，https://www.tj.gov.cn/sy/tjxw/202211/t20221115_6033611.html。

求导致其成交价格高于CEA配额价格。短期来看，CCER重启后供给增加或冲击其价格，但考虑CCER从立项到审批所需时间较长，其短期价格下行空间或相对有限。整体来看，CCER重启后，量价齐升将助推市场扩容，根据测算CCER均价10元/吨情况下，中性和乐观预期CCER市场规模分别为350亿元和525亿元。[①]

2024年1月22日，市场期待已久的全国温室气体自愿减排交易终于在北京绿色交易所正式重启，目前交易主要针对四大领域的企业或机构开放，包括造林碳汇、并网光热发电、并网海上风力发电、红树林营造。[②] 预计自愿减排交易市场的建设将在近期实现深度发展，随着中国政府加大环保和碳减排力度，自愿减排交易市场的规模将持续扩大，政府将提供更多的激励措施和政策支持，更多的企业将参与到自愿减排交易市场中。

（二）价格机制将进一步完善

气候变化是当今世界面临的最严重环境问题之一，对全球环境、经济和社会产生了深远影响。面对这一挑战，中国政府一直在努力采取措施减少碳排放，并为此制定了明确的碳达峰和碳中和目标。其中，建设和完善自愿减排交易市场价格机制是关键举措之一。

根据世界银行发布的《碳定价机制发展的现状与未来趋势报告》，企业自愿发布的气候目标是碳信用额需求不断增长的主要推动力。根据全球自愿减排碳市场扩大工作组（TSVCM）的估算，到2030年，全世界碳信用额度的需求量可能会在现有基础上增长15倍或更多，到2050年或增长100倍。[③] 普华永道中国ESG可持续发展市场负责人认为，CCER重启后会带动更多大型企业以及非控排企业积极参与碳减排，这对“双碳”目标的实现会起到

① 《碳汇行业专题系列一：CCER即将重启，碳汇产业链将如何受益?》，国金证券，2023。

② 李苑：《全国温室气体自愿减排交易启动　初期涉及四大领域》，《上海证券报》2024年1月23日。

③ 《中国与国际碳市场的资本布局分析》，“全球行业报告库”百家号，2023年8月23日，https：//baijiahao. baidu. com/s? id=1774991859423364193&wfr=spider&for=pc。

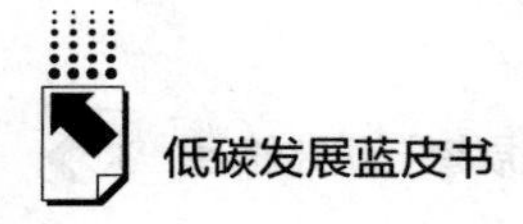

助推作用，并在一定程度上有利于推动企业形成内部碳定价机制。①

自愿减排交易市场通过市场竞争的方式鼓励各种实体减少碳排放，随着市场参与者数量与类型的增加，价格机制将更具竞争性，从而提高市场的效率。市场上的多个参与者将努力寻求更具成本效益的减排方式，从而降低总体的减排成本。此外，政府通过监管和政策来支持自愿减排交易市场，有助于进一步完善价格机制，以确保市场的有效运作和长期稳定。政府将引导市场价格形成，建立透明、公正、稳定的交易价格体系，为市场提供更好的参考和决策依据。

未来，中国自愿减排交易市场的价格机制将迎来随着政策支持、市场监管、技术支持和宣传教育等方面的改进和完善。这些改进将有助于推动中国实现其碳中和目标，减少温室气体排放，提高环境质量，并促进绿色经济的发展。首先，它将有助于中国实现碳中和目标。通过激励企业和机构采取更多减排措施，中国可以更快地减少温室气体排放，提高环境质量，保护生态系统，为未来的可持续发展奠定坚实基础。其次，自愿减排交易市场价格机制的完善将促进低碳经济的发展。它将推动绿色技术和产业的崛起，为创新提供资金和动力，创造新的就业机会，推动可持续发展。最后，最重要的是，中国的经验和成功将为其他发展中国家提供有价值的借鉴。气候变化是全球性问题，需要各国合作应对。中国完善自愿减排交易市场将为其他国家提供成功范例，鼓励更多国家采取类似措施，共同应对全球气候挑战。

（三）流动性将不断提升

目前，中国的温室气体自愿减排交易市场已重启，随着交易市场参与主体的增加和交易规模的扩大，投资者可以更便捷地买卖自愿减排配额，自愿减排交易市场的流动性将得到提升，市场交易活跃度将显著提高，将更有效

① 《CCER 年内重启概率增大　有望推动企业形成内部碳定价机制》，“中国经营报”百家号，2023 年 9 月 25 日，https：//baijiahao. baidu. com/s? id = 1778054160992780556&wfr = spider&for = pc。

地挖掘减排和碳汇的潜在价值。

中国自愿减排交易市场流动性增加的一个关键驱动力将是持续的政策支持和强有力的监管框架的制定。政府可以出台明确的政策法规，规范市场运作，确保公平、透明和环境完整。还可以实施碳定价机制、税收优惠和绿色项目补贴等激励措施，以刺激企业参与。随着市场的成熟，参与者的数量和所涉及的行业范围可能会大幅扩大，这将有助于提高市场流动性，包括中小企业在内的更多公司预计将参与减排活动并参与贸易，从而使市场进一步多样化。在排放监测和减排方面开发和采用创新技术也将提高市场流动性。此外，清洁能源技术和碳捕获利用与封存技术（CCUS）的进步可能会为减排创造新的机会。政府主导的活动、教育计划和外联工作可以帮助揭开市场的神秘面纱，吸引更多参与者，并刺激交易活动发生。与国际伙伴和组织的合作可以为跨境贸易与合作开辟机会，从而提高流动性。将中国的自愿减排交易市场与国际碳市场和倡议联系起来，可以增加流动性，扩大减排项目的范围。流动性更强的市场将激励更广泛的企业和组织积极参与减排工作，加快中国实现减排目标的步伐，为全球应对气候变化做出重大贡献。

（四）高质量自愿减排的发展

“放管服”策略标志着中国在推进行政体制改革和实现政府职能转变方面的一个重要转折。最新出台的《办法》可以明确看到“放管服”背景下多措并举的项目质量保障机制，对自愿减排项目和核证减排量的备案，不再采取主管部门审批备案进行登记的方式，而是采用项目审定与核查机构和项目业主的“双承诺”，配合项目公示进行登记，以此保证项目和减排量的唯一性、合规性、真实性、有效性、完整性和准确性。此外，《办法》还特别指出，生态环境管理机构将根据“双随机、一公开”的规则，对注册项目及其核证的自愿减排量的真实性和合规性进行监督和检查，并对中央、省、市三级生态环境主管部门的工作职责进行了规定。此外，在审定与核查机构的管理上，《办法》提出了国家市场监督管理总局和生态环境部的协作管理机制，建议两部门联合成立审定与核查技术委员会。这一措施旨在通过技术委员会协调解决审定与核查中的技术问题，确保审定与核查工作的统一性、科学性和合理性，并为其监督管理工作提供技术依据。

高质量自愿减排需要广泛的社会参与和支持。在中国，社会公众对环境问题的关注度不断提高，越来越多的人开始意识到气候变化对人类社会的严重威胁。未来，可以期待更多的公众参与到减排行动中，通过改变生活方式、节约能源和减少碳足迹等方式为之做出贡献。同时，媒体和相关组织也将发挥重要作用，通过宣传环保理念，推动社会的低碳转型。未来，中国自愿减排交易市场将重点关注高质量的自愿减排量，通过严格的减排标准和监管，确保自愿减排量的真实性和可靠性，提高市场竞争力和吸引力。

总体而言，中国将实现高质量自愿减排的展望是积极的。这将为经济社会的可持续发展打下坚实基础，保护地球环境，造福子孙后代。同时，中国也将继续在全球气候治理中发挥积极的领导作用，与其他国家携手合作，共同应对全球气候变化挑战，共创人类美好未来。

（五）自愿减排交易产品创新将不断涌现

自愿减排交易市场不依赖法律进行强制性减排，其机制相对灵活，从申请、审核、交易到完成所需时间较短，价格也较低，经常被用于实现企业的市场营销、企业社会责任、品牌建设等目的。虽然目前该市场碳交易额所占比例较小，但产品创新的潜力较大。多层次交易产品体系的构建不仅能够实现减少、移除温室气体，还应注重在消除贫困、消除饥饿、增进健康福祉、创新清洁能源技术、保护环境等方面产生社会和生态效益，为实现可持续发展目标做出积极贡献。鼓励非常规减碳项目的开发和推广，丰富减排项目的类型，通过多元化碳市场机制增加碳市场的覆盖面并提升市场活跃度。

产品制度创新方面。以林草碳汇为例，建立“碳汇自愿交易行动伙伴”，鼓励研究单位、企业和交易机构等多方参加，形成特别工作组，探索碳汇自愿交易新产品，提出行之有效的中央、区域碳汇自愿交易市场建议。

发展“以自然为本”的碳信用产品。通过推进生态保护合作，鼓励生物资源开发和可持续利用技术，量化生态保护修复的目标和科学评估指标，规范生物多样性友好型经营的活动，将其生态权益价值化后进入市场交易，促进生物多样性保护的可持续发展。

绿色低碳技术创新方面。促进相关行业的发展和技术创新，鼓励企业参与绿色技术的投资以及减排项目的开发，支持相关科研机构研究在工业领域采用清洁技术形成的减排项目的核算和统计方法，制定和公布相应标准，提高交易市场透明度，推动市场对多元化减排产品的认同。

丰富产品类型方面。支持各行业及科研机构加快研究各种“小微散”自愿减排项目的核算和统计方法，推动加强市场对多元化减排产品的认同，提高企业参与意愿和能力，同时提高交易市场透明度；制定和公布相应标准，并建立和完善登记簿等基础设施以实现碳市场的稳定运行。特别地，以项目创新的形式开发自愿碳减排项目的潜在方案包括但不局限于：单株碳汇项目，优先面向拥有林地且收入相对较低的林户，将其树木按照树种、大小和碳汇功能（吸收二氧化碳、释放氧气）进行筛选、编号、拍照，将林木信息和林户基本信息一起录入碳汇数据平台，赋予每棵树每年一定的碳汇价值，发动社会个人、企事业单位和社会团体购买碳汇，购碳资金全额进入林户个人账户；林业碳票项目，针对重点林地地区划定样林范围，以村集体为单位，针对重点区域内的林地林木的年均碳减排量发行收益凭证（碳票），进入全国与地方自愿碳交易碳汇池，供相关企业选购。

上述举措将为众多市场参与者提供更加多元化的选择，不仅可以降低单一化的交易产品可能带来的履约风险和交易风险，还可以提高交易的活跃度并刺激更多的企业参与到碳市场中。[①]

在中国自愿减排交易市场的完善过程中，技术支持和创新将发挥关键作

① 《彭青远教授：双轮驱动创新激活我国碳市场活力》，中国网，2023 年 7 月 13 日，http://home.china.com.cn/txt/2023-07/13/content_42445138.htm。

用。政府可以提供资金和资源，支持低碳技术的研发和应用。这将有助于降低企业减排的成本，推动绿色技术的创新并促进可持续发展。中国已经在太阳能、风能和电动汽车等领域取得了显著成绩，未来可以继续加强绿色技术的发展，为减排工作提供更多选择和机会。通过研究开发新的交易模式、降低碳排放强度等措施，推动碳市场的可持续发展。

（六）自愿减排金融创新将源源不断

党的二十大报告强调了为绿色发展提供支持的必要性，包括完善涉及财政、金融、投资、定价的政策以及标准制度，并提出完善资源及环境因素的市场配置机制。就 CCER 重启背景下的中国碳市场而言，据预测，如果中国碳市场进一步与金融领域结合，其配额在 70 亿~80 亿吨（大约是欧盟的 5 倍），年交易量可能会突破 100 亿吨，单价可能超过 100 元人民币，总交易金额可能会超出 1 万亿元。[①]

中国的自愿减排交易市场应继续深化和推广碳金融工具的开发与应用，以支持自愿减排项目的融资和实施。这些工具的应用场景可能涉及碳市场交易所、碳配额市场和碳信用交易平台，将为投资者和企业提供更多的金融工具选择，帮助它们更好地管理碳资产风险和参与减排项目。产品的金融创新包括新型碳信用衍生品、碳期货市场、碳债券和其他碳金融衍生品市场等，这些工具将为投资者提供多样化的投资选择，并推动减排项目的融资。数字化技术的不断进步也将推动碳金融创新，区块链技术、大数据分析和人工智能等先进技术可用于监测、验证和报告减排项目的成效，提高市场的透明度和可信度，减少欺诈行为，并确保减排项目的真实性。

正如央行易纲行长在北京城市副中心打造国家级绿色交易所启动仪式上的讲话所述，中国人民银行将一如既往支持北京市绿色金融改革创新，建设面向全球的国家级绿色交易市场，特别是全国自愿减排交易市场具有很大潜力，将

① 李德尚玉：《第一批 CCER 方法学或将开放　含并网海上风电等 4 类项目》，《21 世纪经济报》2023 年 9 月 22 日。

在支持CCER交易的基础上创新更多碳金融产品，为自愿减排交易市场参与主体服务，推动降低绿色溢价，在引领带动绿色转型发展中发挥更大作用。①

三　中国自愿减排交易市场高质量发展的优化路径

（一）与国际自愿减排信用标准的对接

国内碳信用机制的国际化是一个复杂的过程，但有望通过以下途径得以实现。②

第一，中国应积极参与制定国际碳市场的标准和规则，确保国内碳信用机制与国际市场保持一致，减少交易壁垒。第二，积极寻求与国际碳市场参与者和组织建立合作伙伴关系。这包括与其他国家的碳市场、与国际碳信用交易所以及与碳市场相关的国际金融机构的全方位合作。第三，国内碳信用机制应通过提高透明度、监测和报告等方面的国际认可度，提高其在国际碳市场中的地位，吸引更多国际投资者和交易参与者。第四，构建以人民币为媒介的交易结算体系，为跨国碳市场连接以及自愿减排量交易提供支撑。

在操作层面，加快推动与现有全球自愿减排交易市场的合作与连接，根据经济成本、地理位置、法律制度尤其是环境规制严格性差异等方面，积极主动选择进行自愿碳市场连接的国家，为全球绿色电力证书、绿氢证书、林草碳汇、新能源等项目所产生的减排量提供自愿交易与互认平台。

未来，中国政府将进一步推动国内碳信用机制参与国际碳市场和自愿减排交易市场，增加中国企业在全球低碳发展趋势中的话语权并提高影响力，推动中国参与全球环境治理体系建设，为全球应对气候变化做出应有的贡献。

---

① 马梅若：《易纲：推动绿色低碳转型　绿色交易所可以起到两方面作用》，《金融时报》2023年2月6日。

② 高帅、李彬、邓红梅等：《〈巴黎协定〉下自愿碳市场的运行模式及对我国的影响》，《中国环境管理》2023年第4期。

（二）完善碳排放核算标准体系建设①

为推动碳排放核算和核查工作的规范化、准确性和可靠性，可通过提升数据审核的准确性、建立碳信息审核数据的问责机制、完备相关的法律支撑系统以及增强各相关部门的协同效能，优化碳排放计量的标准框架，并提高对碳信息审核数据的质量控制，同时提高第三方评估机构的管理水平。

为完善碳核查行业标准，提升碳核查数据精度，中国已初步构建了一个融合宏观层面与微观层面的温室气体排放审计系统，旨在精细化打造碳审查行业准则，提高碳审查数据的准确度，该系统覆盖了从国家级到地方级再到企业级的三个层次。分级管理、科学有效的碳排放数据监管机制也已基本形成，随着碳核查行业标准的逐步完善，对数据精度的要求将进一步提升。

为建立碳核查数据责任制并健全碳核查法律法规体系，生态环境部确立了各大排放主体对温室气体排放数据汇报的首要义务，以及地方各级生态环保机构的监督管理职责。出台了相关技术规范，初步建立了数据质量管理制度体系。近期，生态环境部致力于监督与组织各大重点行业的碳排放监测、申报及审定活动，以此加固我国碳交易市场法律架构。针对自愿减排交易市场，需进一步提高行业规范、提升数据管理质量和完善相关法规制度，更加标准化和精确化地推动碳核查工作。

为提高政府碳核查能力、加强部门间协调配合，可举办全国碳市场数据质量管理培训，以提高地方政府及相关单位的碳核查能力。此外，通过举办全国性的自愿减排交易市场发展研讨会，为地方级环境管理机构以及相关参与单位明确关键职责，强调配备专业的技术小组以执行碳排放量的审核及数

---

① 《民进中央建言完善碳排放核算标准体系》，中国民主促进会网站，2022 年 3 月 8 日，https：//www.mj.org.cn/mjzt/wzt/2022qglh/2022lhdh/202203/t20220308_249968.htm；《关于政协十三届全国委员会第五次会议第 02039 号（资源环境类 147 号）提案答复的函》，生态环境部网站，2022 年 8 月 19 日，https：//www.mee.gov.cn/xxgk2018/xxgk/xxgk13/202301/t20230117_1013513.html。

据品控任务。

为提升第三方核查机构能力，应重视对技术服务机构的管理工作。协调各地生态环境管理机构，对过去五年各核查技术服务单位的规范性、时效性及工作效能进行审核并向公众披露。同期，将对审查单位的教育培养列为CCER市场数据素质管理教育的核心部分，并拟订有针对性的工作计划，策划实施全国性碳排放申报组织培育的重点支持活动。

（三）高质量自愿减排助推强制履约碳市场

自愿碳减排交易市场是推动碳市场深化发展、降低减排成本的重要力量，作为通过市场机制控制和减少温室气体排放的一项重要制度创新，它为各国相关主体实现碳中和目标提供了重要的途径。通过自愿参与碳减排，企业和个人能够积极承担环保责任，同时也开发获取相应的经济利益。这种市场机制的引入，有助于提高全社会的环保意识和行动力，促进可持续发展目标的实现。EDF美国环保协会北京代表处全球气候行动高级主管表示，到2030年，全球自愿性碳减排市场的规模可能达到50亿~300亿美元，甚至可能达到500亿美元。[①] 随着全球气候问题日益严重，各国政府和企业越来越认识到碳减排的重要性，这为自愿减排交易市场的发展提供了巨大的机遇。

在自愿减排交易市场中，虽然大规模的减排措施不可或缺，但致力于实现高水平的减排成效，才是关键性因素。能为各个国家和企业实现气候目标提供坚实支持的，只有“高质量”的自愿减排量。“高质量”自愿减排量不仅要看项目的种类，更取决于项目管理成效。自愿减排量的“高质量”对调节供需平衡、探索合理碳价的强制履约碳市场有很强的促进作用，对推动经济社会绿色低碳转型、实现高质量发展具有积极意义。

---

① 《2030年全球自愿减排市场规模可达500亿美元，CCER有望成我国参与国际碳市场的排头兵》，手机新浪网，2022年6月2日，https：//finance. sina. cn/esg/2022-06-09/detail-imizirau7348718. d. html。

（四）加强全体系信息披露和联合惩戒制度建设

在自愿减排交易市场中，确保碳排放数据的真实性和准确性是至关重要的，而信息公开则是完善这一市场机制的重要环节。信息公开可以提高市场交易的透明度，增强参与者的信任，并有助于形成合理的价格机制，同时对提高市场的运行效率并推动其健康发展具有重要意义。因此，需要加大信息公开的力度，建立健全的信息披露制度，并加强对违规行为的监管和惩罚，以确保市场的公平、透明和有效。将社会监督作为重要监管手段，确保项目和减排量信息的及时、准确披露，接受社会全面监督。

各系统的信息披露和联合惩戒制度应在自愿减排交易市场中得到强化。在自愿减排交易市场中，不仅要关注项目业主的碳排放数据，还需要确保审定核查机构、交易机构和平台等所有相关方的数据的真实性和准确性。在此基础上，生态环境主管部门和市场监管部门应统筹协调与统一管理，[①] 共同开展事前事中事后联合监管，建立一个联合征信惩戒管理机制，有助于规范市场交易、项目审定和减排量核证，确保整个体系的透明度和公平性，更好地保障各方的权益，增强市场的公信力，推动自愿减排交易市场的健康发展。

此外，加强对 CCER 项目减排量审定与核查技术服务机构的管理有利于自愿减排交易市场有序运行。在 CCER 项目开发之前，需要通过专业的咨询机构对项目进行评估，判断其是否可供开发，其对确保项目质量负有重大责任。为确保数据质量，政府应切实压实相关企业责任，建立联合监管机制，加强对这类企业的管理以提升项目质量。[②]

（五）推动“一带一路”自愿减排合作共建绿色“一带一路”

中国探索建立国际气候投融资合作机制，以推动气候投融资的可持续发

① 陈婉：《两部门发布〈温室气体自愿减排交易管理办法（试行）〉CCER 重启迈出了最重要一步》，《环境经济》2023 年第 20 期。

② 王若曦：《以机制创新释放市场活力——持续构建高质量的自愿减排市场》，《中国电力报》2022 年 7 月 13 日。

展，助力实现“双碳”目标。在碳市场合作方面，共建“一带一路”国家和地区可以在全球气候谈判框架下与中国开展合作，通过循序渐进的方式依托减排项目逐步推进碳市场合作。[①] 这些合作将有助于推动全球气候治理进程，促进共建“一带一路”各国共同应对气候变化挑战。中国越来越成为连接发达国家与共建“一带一路”国家价值链的中间节点和枢纽。中国在两个环流中的参与程度都相对较高，在上环流内部，中国的工业化生产程度达到参与技术和知识密集型的产业分工水平，为发达经济体高附加值行业提供附加值较高的中间产品及服务；处于价值链曲线下环流国家和地区则通过中国间接参与到上环流曲线的生产，从而也加入了全球价值链的全球分工体系。中国在全球价值链“双环流”中的特殊地位，将有力推动构建新能源技术及装备制造、再生能源合作等领域的绿色价值链“双环流”。一方面，中国强化捕获发达国家绿色技术溢出的能力；另一方面，加强对捕获的绿色技术在共建“一带一路”国家开展的示范与推广。此外，建立全方位、多层次、宽领域的绿色伙伴关系，参与全球环境治理与合作，是中国借助“一带一路”建设打造绿色全球价值链“双环流”的重要环节。

此外，中国作为发展中国家参与了 CDM 机制下自愿减排项目的开发，后续又建立了中国核证自愿减排量（CCER）项目市场体系，在项目设计开发、国际交易经验、减排能力评估等方面积累了丰富的经验。共建“一带一路”国家的碳排放占全球碳排放的60%以上，经济发展呈现高碳排放的特征。共建“一带一路”国家在全球气候治理的大背景下，减排需求旺盛，推动“一带一路”自愿减排合作共建绿色“一带一路”将大有可为。设立中国自愿碳减排基金等创新性碳金融服务，充分利用世界银行、亚洲开发银行等国际金融机构低成本资金，打造共建“一带一路”国家和我国自愿减排碳金融先行试验区开展海外气候融资的重要平台和枢纽，为后续与共建“一带一路”国家和我国的自愿碳市场连接奠定基础。

---

① 郭晓洁、严碧璐：《广碳所肖斯锐：推动“一带一路”自愿减排项目合作是我国推动气候投融资可持续发展的重要外延——通过减排项目合作的方式是中国与“一带一路”沿线国家进行碳减排合作一个非常好的切入点》，《21 世纪经济报道》2023 年 2 月 27 日。

参考文献

陈鹏宇：《“双碳”背景下中国核证自愿减排项目的现状及未来探析》，《现代工业经济和信息化》2023年第9期。

杜斌：《海南自贸港林业碳汇市场交易机制研究——以中国核证自愿减排量（CCER）国际化为出发点》，《开发性金融研究》2022年第5期。

高帅、李彬、邓红梅等：《巴黎协定下自愿碳市场的运行模式及对我国的影响》，《中国环境管理》2023年第4期。

黄绍军：《碳中和目标下我国CCER重启面临的困境与对策建议》，《西南金融》2023年第10期。

鲁政委、粟晓春、钱立华等：《“碳中和”愿景下我国CCER市场发展研究》，《西南金融》2022年第12期。

吕笑颜、石丹：《碳信托“花式”入市迎来新增长极》，《商学院》2021年第9期。

梅德文、葛兴安、邵诗洋：《国际自愿减排市场评述与展望》，《中国财政》2022年第15期。

《碳定价机制发展的现状与未来趋势报告》，世界银行，2023。

王一栋、谢沂廷：《我国自愿减排体系下的蓝色碳汇交易研究》，《海南金融》2023年第11期。

温梦瑶：《我国碳交易市场现状与发展趋势》，《中国货币市场》2023年第4期。

叶祖达、梁浩、何其亮等：《国际自愿减排碳信用交易市场》，《建设科技》2023年第9期。

《CDM、GS、VCS、ACR、CCER等国内外自愿减排类型介绍》，中国绿色碳汇基金会，2022年10月8日，http：//www.thjj.org/sf_BEAF2D803D74478CAE10CD240019AEDB_209_8C0B6735583.html。

Fanglei, J. A. G., “Carbon Emission Quotas and a Reduction Incentive Scheme Integrating Carbon Sinks for China’s Provinces: An Equity Perspective,” *Sustainable Production and Consumption*, 2023, 41: 213-227.

B.13

碳普惠机制与全民低碳行动路径展望

刘春紫　赵　昆*

摘　要：　随着我国城镇化进程的加快和城乡居民生活水平的不断提高，家庭消费和居民生活的排碳量还将不断增长，消费端减排潜力巨大。实现“双碳”目标、应对气候变化需要统筹兼顾生产端与消费端，而我国目前整体的减排措施侧重于生产端，消费端的碳减排政策设计势在必行。碳普惠作为中国首创、最早在广东省推行的公众低碳行为激励机制，现已快速在全国各地应用和推广。本报告简要介绍了碳普惠机制概念及运行，将其与碳排放权交易机制进行比较。进一步选择广东省、北京市、上海市、杭州市、山东省五个重点碳普惠机制试点区域，介绍其碳普惠机制发展现状，总结相关经验，阐述存在问题。最终从政府、平台运营者与居民三个层面展望全民低碳行动路径，以期碳普惠机制有效促进绿色生产生活方式形成，加快推动发展方式绿色低碳转型。

关键词：　碳普惠机制　绿色生产生活方式　消费端

一　碳普惠机制概念及运行

目前，中国主要通过碳排放权交易体系与碳信用进行碳定价。在碳排放权交易体系中，全国碳排放权交易市场仅纳入电力行业企业，地方试点市场

* 刘春紫，经济学博士，山东财经大学保险学院讲师，主要研究方向为国际金融、金融文本分析、绿色金融等；赵昆，山东财经大学中国国际低碳学院办公室主任，主要研究方向为可持续发展、市场营销。

针对高耗能、高排放企业；在碳信用方式中，中国核证的温室气体自愿减排项目是由我国境内依法成立的法人和其他组织申请、开发并登记的。这些减排机制都是侧重从生产端控制二氧化碳排放，然而消费端的碳排放量也不容小觑。据联合国环境规划署统计，全球约2/3的碳排放来源于家庭。国家应对气候变化战略研究和国家合作中心在2019年1月发布的《传播干预公众低碳消费项目成果报告》中显示，中国家庭能源需求占国家能源需求的比例为26%，产生的碳排放占全国碳排放的比例为30%。2021年5月，中国科学院院士丁仲礼在《中国"碳中和"框架路线图研究》专题报告中指出，我国大约100亿吨二氧化碳排放中，消费端如工业过程、居民生活等占比为53%。随着我国城镇化进程的加快和城乡居民生活水平的不断提高，家庭消费和居民生活的排碳量还将不断增加，消费端减排潜力巨大。实现"双碳"目标、应对气候变化需要统筹兼顾生产端与消费端，而我国目前整体的减排措施侧重于生产端，消费端的碳减排政策设计势在必行。

党的十八大以来，我国陆续出台《中共中央　国务院关于加快推进生态文明建设的意见》《关于促进绿色消费的指导意见》等文件，推进生活消费领域的绿色低碳化，促进全社会生态文明意识的提升。2021年10月24日，国务院印发的《2030年前碳达峰行动方案》将"绿色低碳全民行动"列为"碳达峰十大行动"之一。2022年1月，国家发展改革委等七部门联合印发的《促进绿色消费实施方案》明确指出，到2025年，绿色消费理念深入人心，绿色低碳产品市场占有率大幅提升，重点领域消费绿色转型取得明显成效，绿色消费方式得到普遍推行，绿色低碳循环发展的消费体系初步形成，进一步明确了在消费各领域深度融入绿色理念、全面促进消费绿色低碳转型升级的重要意义。党的二十大报告指出，新时代新征程中国共产党的使命任务之一是建成人与自然和谐共生的现代化，并提出，到2035年，我国发展的总体目标是：广泛形成绿色生产生活方式，碳排放达峰后稳中有降。党的二十大报告还提出"推动绿色发展，促进人与自然和谐共生"的具体目标，要求加快发展方式绿色转型，倡导绿色消费，推动形成绿色低碳的生产方式和生活方式。一系列政策均为促进碳普惠机制的发展提供了有力支撑。

碳普惠作为中国首创、最早在广东省推行的公众低碳行为激励机制，目前已快速在全国各地应用和推广。在“双碳”背景下，建设完善碳普惠机制将有助于减少消费端温室气体排放，其意义在于，一方面，丰富消费端碳减排措施，使生产端与消费端产生多维度协同效应，为“双碳”目标的实现提供有力保障，促进可持续发展目标的实现。另一方面，转变居民消费理念，引导居民低碳生产生活，使绿色低碳成为社会新风尚，推进生态文明建设。本部分将从定义、运行以及与碳排放权交易机制的关联三个方面对碳普惠机制做简要介绍，为后文碳普惠机制发展现状与全民低碳行动路径展望的论述提供理论支持。

（一）碳普惠机制的定义

政府文件以及学术论文对碳普惠机制具有不同范畴的定义。我国最早开展碳普惠试点工作的是广东省，2015 年 7 月 17 日，广东省发展改革委印发的《广东省碳普惠制试点工作实施方案》将碳普惠制定义为：为小微企业、社区家庭和个人的节能减碳行为进行具体量化和赋予一定价值，并建立起商业激励、政策鼓励和核证减排量交易相结合的正向引导机制。在该定义中，赋予的价值一般以“碳币”形式体现。此后，广东省内城市的碳普惠试点工作陆续开展，碳普惠方法学不断修订，产生的省级碳普惠制核证减排量被允许用于广东碳排放权交易试点市场的履约清缴。历经多年实践总结，广东省生态环境厅于 2022 年 4 月 6 日发布《广东省碳普惠交易管理办法》，该办法将碳普惠定义为：运用相关商业激励、政策鼓励和交易机制，带动社会广泛参与碳减排工作，促使控制温室气体排放及增加碳汇的行为。从叙述角度来看，该定义不再细化参与主体，而是将涉及群体推广至社会，并且将碳普惠对主体的正向引导作用进一步明确为控制温室气体排放与增加碳汇。

学术论文对碳普惠机制的定义也不尽相同。刘海燕和郑爽将碳普惠制定义为以识别小微企业、社区家庭和个人的绿色低碳行为为基础，通过自愿参与、行为记录、核算量化、建立激励机制等，达到引导全社会参与绿色低碳发展的目的。[①] 卢乐书和姚昕言总结了各政策文件对碳普惠的定义，在此基础上，他们认为碳普惠是基于对居民的自愿碳减排行为的记录，将个人减排贡献量化核算后进行价值实现，以鼓励个人减排行为的制度设计。[②] 中央财经大学绿色金融国际研究院的胡晓玲和崔莹强调了碳普惠机制中的技术应用，总结出更狭义的定义，两位学者认为碳普惠机制是利用互联网、大数据、区块链等数字技术，通过低碳方法学对小微企业、社区家庭和个人等的减碳行为进行具体量化和赋予一定价值，运用商业激励、政策鼓励和核证减排量交易等正向引导机制帮助其实现价值，从而构建的公众碳减排“可记录、可衡量、有收益、被认同”的机制。[③]

碳普惠机制的定义虽然并不统一，但是其关键都是通过市场机制和经济手段激励公众采取绿色低碳行动，以促进全社会参与节能减碳。目前，衡量小微企业节能减碳行为的方法论尚不完善，且各试点区域尚未将小微企业纳入参与对象范围，故现阶段碳普惠机制主要针对社区、家庭和个人的节能减碳行为。

（二）碳普惠机制的运行

各碳普惠平台在推广模式、推行方式、覆盖场景和激励机制方面均有不同。

推广模式主要有三种，第一种是政府主导碳普惠机制设计，委托企业设计碳普惠 App，该模式在碳普惠试点地区应用广泛；第二种是企业自行开发兼推广模式，例如支付宝平台上的蚂蚁森林、碳足迹开发的“碳账户”微信小程序；第三种是企业寻求政府合作，嵌入政府主导开发平台的合作模式，例如，北京“绿色生活季”微信小程序与美团、饿了么、苏宁电器等平台合作，引导消费者选择低碳产品。

---

① 刘海燕、郑爽：《广东省碳普惠机制实施进展研究》，《中国经贸导刊》（理论版）2018 年第 8 期。

② 卢乐书、姚昕言：《碳普惠制理论与制度框架研究》，《金融监管研究》2022 年第 9 期。

③ 胡晓玲、崔莹：《碳普惠机制发展现状及完善建议》，《可持续发展经济导刊》2023 年第 4 期。

在推行方式方面，大部分地区采取微信小程序的方式，例如广州市碳普惠兑换平台、济南“全民低碳”、深圳市“低碳星球”、成都“碳惠天府”、泸州“绿芽积分”等。少部分地区采用App形式，例如北京MaaS（Mobility as a Service的缩写，出行即服务）平台、浙江“浙里办”、青岛“青碳行”等。

在覆盖场景方面，绝大多数地区涵盖步行、公交、地铁等交通出行方式，少部分地区涵盖旧物回收、光盘行动、环保塑料袋使用、生活与工作场景节水节电、素食等低碳生活方式。居民可以通过各种绿色低碳行为兑换“碳币”或“碳积分”，进而兑换购物优惠券或商城产品，例如零食、饮料、电影票、打折券、电子购物优惠券、腾讯视频VIP会员券、优酷视频VIP会员券、运动器材、家用电器、护肤品在内的产品等。

激励机制包括商业激励、政策激励与交易激励。其中，商业激励是以“碳币”兑换商业优惠及增值服务，提高居民低碳生活积极性，例如餐饮娱乐折扣、交通旅行优惠、生活用品赠送等。政策激励是以“碳币”换取公共服务费用减免或优先权等。交易激励是通过碳普惠制核证减排机制对公众低碳行为产生的减碳量进行核证、签发，签发的减碳量可用于抵消碳排放权交易市场中控排企业需清缴的配额，成为碳排放权交易市场的补充机制。

（三）碳普惠机制与碳排放权交易机制的关联

很多学者认为，碳普惠机制将成为碳排放交易机制的重要补充机制。在国外，尚没有碳普惠这一概念，但存在个人、企业通过建立碳账户自愿加入碳交易市场的实践做法。[①] 本报告通过对碳普惠机制和碳排放权交易机制的比较，发现这两者既存在差异，又相互关联。

就二者区别来看，第一，在理论基础方面，碳普惠机制本质是对低碳行为的正向激励，对个人和机构的碳排放总量不做上限控制（至少在碳排放

---

① Nerini, F. F., Fawcett, T., Parag, Y., Ekins, P., “Personal Carbon Allowances Revisited,” *Nature Sustainability*, 2021, 4: 1025-1031.

权尚未稀缺到必须且能够限制每一个人排放量的情况下），引导公民自愿减排行为发生；而碳排放权交易机制则以科斯定理为理论依据，遵循 Cap-and-Trade 原则，即在明确碳排放总量的前提下，界定交易主体可用于交易的碳排放权，如果在履约期内没有完成减排任务，则会受到一定惩罚，因此属于强制减排。第二，在实施对象方面，碳普惠机制的实施对象是所有公民，即普及并惠泽所有参与者；而碳排放权交易机制则首先针对高排放企业。各国和各区域碳交易市场对参与主体的界定差异较大，目前我国的全国碳市场参与主体只有 2000 余家电力企业，逐步会纳入其他七大高排放行业企业，区域碳市场则已经涉及多个行业企业和投资机构。第三，在覆盖范围方面，碳普惠机制主要集中在公众生活消费领域，关注需求侧；而碳排放权交易机制针对企业生产领域，关注供给侧。第四，在奖惩措施方面，碳普惠机制以正向激励为导向，公众自愿参与；而碳排放权交易机制采取约束惩罚手段，具有强制性。

就二者关联来看，目前，碳普惠机制与全国碳排放权交易市场并无连接，但碳普惠机制确是个人和各类组织参与试点碳市场的前端机制。

二　碳普惠机制的发展现状

我国已有多个省份和城市制定碳普惠体系建设方法，落实碳普惠机制试点工作，例如，广东省、山东省、北京市、天津市、上海市、重庆市、成都市等，本部分选择几个重点区域分别介绍其碳普惠机制发展现状，总结相关经验，阐述存在的问题。

（一）重点区域碳普惠机制的推行现状

1. 广东省

2015 年 7 月，广东省发展改革委印发了《广东省碳普惠制试点工作实施方案》和《广东省碳普惠制试点建设指南》，启动碳普惠试点工作，现已形成以低碳社区、低碳出行、低碳旅游、节能低碳产品为主的碳普惠模式。

广东省自2016年1月起在广州、东莞、中山、惠州、韶关、河源、深圳等城市开展本省碳普惠制试点工作，是最早开展碳普惠机制的地区，至今在机制设计、碳普惠平台运行、碳普惠方法学备案、试点地区建设、应用场景规范、纳入碳排放权交易市场补充机制、碳普惠体系跨区域合作等方面均已相对成熟。现有两种碳普惠参与机制。第一种是面向居民日常生活的积分兑换机制，通过建立碳普惠平台，量化低碳行为获得的碳积分，居民可凭借碳积分获得商品和服务奖励。平台包括广州市的碳普惠兑换平台小程序、深圳市的“低碳星球”小程序、在南方电网App上线的深圳低碳用电“碳普惠”应用等。第二种是面向消费端的市场化机制。通过对林业碳汇、分布式光伏等项目产生的减排量进行科学核算，转化为碳普惠核证自愿减排量（PHCER），纳入碳排放权交易市场，参与市场交易，成为碳排放交易体系的补充机制。总体来看，广东省在探索碳普惠机制构建过程中取得一系列成果，为其他未实施碳普惠机制的地区提供了借鉴。2022年4月6日，广东省生态环境厅印发了《广东省碳普惠交易管理办法》，该办法自2022年5月6日起施行，将充分调动全社会节能降碳的积极性，促进形成绿色低碳循环发展的生产生活方式，完善广东省碳普惠自愿减排机制，进一步规范碳普惠管理和交易。

2. 北京市

2022年10月11日，北京市人民政府印发并实施了《北京市碳达峰实施方案》，在该方案的指导下，北京市碳普惠平台完成建设并取得显著成效。在此之前，北京市已有碳普惠尝试。2019年11月，北京市交通委员会与高德地图、百度地图等平台共同启动了北京交通绿色出行一体化服务平台（简称“北京MaaS平台”）建设，这是全国首个正式实施的一体化出行碳普惠平台，为公众提供了实时公交、公交或地铁拥挤度查询等功能。2023年6月29日，北京市交通委员会和北京市生态环境局印发了《北京MaaS 2.0工作方案》，MaaS迈向2.0阶段。新升级MaaS打通线上与线下出行服务，进一步提升一体化出行体验，以碳激励为核心拓宽碳普惠活动。2022年8月10日，由北京市发展改革委指导、北京节能环保中心主办的北京市碳普惠平台“2022北京绿色生活季”正式上线，该平台包含八个板块，每个市民的节能减排行为都将被数字化记录到碳账本中，并获得相应个人积分和积分兑换奖励。市民的积极参与提高了消费端节能减排效果，推广了绿色生活方式。

3. 上海市

2022年2月16日，上海市生态环境局印发《上海市碳普惠机制建设工作方案（征求意见稿）》，明确提出建设目标：2022~2023年，形成碳普惠体系顶层设计，构建相关制度标准和方法学体系，搭建碳普惠平台，选取基础好、有代表性的区域及统计基础好、数据可获得性强的项目和场景先行开展试点示范，衔接上海碳市场，探索多层次消纳渠道，探索建立区域性个人碳账户，打造上海碳普惠“样板间”。2024~2025年，逐步扩大碳普惠覆盖区域和项目类型，完善碳普惠平台建设，形成规范、有序的碳普惠运行体系，探索通过商业激励机制，逐步形成规则明确、场景丰富、发展可持续的碳普惠生态圈。此外，还提出加强上海与长三角以外地区在碳普惠制度设计、平台建设、减排项目与场景开发、商业生态打造等方面的合作，支持上海碳普惠标准在非长三角地区的应用，协助长三角以外地区建立碳普惠体系，推动上海碳普惠体系与各地碳普惠的互联互通及在全国范围内拓展。2022年11月22日，上海市生态环境局、上海市发展改革委、上海市交通委员会等八部门联合印发《上海市碳普惠体系建设工作方案》，提出到2025年形成可衔接上海碳市场的试点碳普惠体系的主要目标。随后，绿球金科（上海）数字科技有限公司在此方案的指引下推出“沪碳行”碳普惠平台。该平台核算公众地铁、公交、骑行等绿色出行的碳减排量，借助区块链技术实现全生命周期碳资产存证，将碳减排量兑换到用户数字人民币钱包中，打造个人碳账户。“沪碳行”平台倡导“人人低碳、乐享普惠”，有助于宣传和普及低碳环保理念。

4. 杭州市

2022年3月24日，中共杭州市委、杭州市人民政府提出《关于完整准确全面贯彻新发展理念做好碳达峰碳中和工作的实施意见》，以贯彻落实党中央、国务院“双碳”战略部署，并推动杭州“双碳”工作落实。该实施意见提出，要倡导绿色生产生活方式，在全社会掀起一股绿色风尚，大力推动全社会范围内节能减排工作，着手建立居民个人碳账户、碳积分制度，全市上下创新碳普惠机制，引导群众自觉自发践行绿色生活方式。2022 年 3 月 29 日，浙江省发展改革委联合浙能集团等公司推出“浙江碳普惠”平台，在“浙里办”App 正式上线。该平台是全国首个省级碳普惠应用平台，覆盖绿色出行、线上办理、绿色消费、绿色社区、普惠公益五大类 31 个场景。应用运行以来，全省 11 个地市居民积极参与，成为目前全国用户数量最多的省级平台。杭州市未来将着手建立居民个人碳账户，创新碳普惠机制，引导居民自觉践行绿色生活方式。

5. 山东省

《山东省“十四五”应对气候变化规划》提出：“探索开展碳普惠制建设工作。在济南、青岛、烟台、潍坊和威海等市率先启动试点，建立健全低碳消费的激励机制，搭建碳普惠平台。各地结合自身实际情况，因地制宜开发创新具有自身特色的碳普惠模式，聚焦民众低碳生活关注热点，探索不同场景下的碳普惠机制应用。”2018 年 11 月，济南市人民政府发布《济南市低碳发展工作方案（2018—2020 年）》，首次明确提出开展碳普惠试点工作的规划，标志着碳普惠工作在济南市开始落地实施；2021 年，青岛市推出“绿色出行、健康中国”碳普惠平台，推出“青碳行”App，探索以市场化机制激励市民在日常生活中践行绿色出行等低碳生活方式；2022 年，山东自由贸易试验区烟台片区积极探索区域碳普惠机制，探索建设蓝碳交易平台，推动海洋碳汇由资源转化成资产；2022 年 1 月，潍坊市人民政府印发《潍坊市“十四五”生态环境保护规划》，促进潍坊市低碳模式发展，有助于潍坊市建立完善碳足迹评价体系；2019 年 10 月 5 日，威海市发布《威海市人民政府办公室关于印发威海市“无废城市”建设试点实施方案的通知》，《威海市“无废城市”建设试点实施方案》的正式实施标志着威海市作为试点开始建立低碳城市。继上述五个城市碳普惠试点启动后，山东省生态环境厅、山东省发展改革委于2023年1月2日印发《山东省碳普惠体系建设工作方案》，首次明确将在全省区域内实施碳普惠机制。预计2023年底，完成碳普惠体系顶层设计，探索建立个人碳账户及碳普惠核证减排量消纳渠道；2024~2025年，逐步完善碳普惠体系，扩大碳普惠覆盖范围并增加项目类型，基本形成规则清晰、场景多样、发展可持续的碳普惠生态圈。

（二）重点区域碳普惠机制的经验总结

重点区域碳普惠机制运行中积累的经验可为其他区域提供参考。

1. 政府政策规划引领

明确有效的政府政策及规划具有公信力高、引领性强等特点，可以激发公众参与热情，为小微企业提供减排场景，引领绿色低碳生产生活方式转型。因此，政府政策规划引领必不可少。例如，广东省发展改革委于2015年印发《广东省碳普惠制试点工作实施方案》，2018年便在全省初步建立起制度健全、管理规范、运作良好的碳普惠制。2023年3月，山东省印发《山东省产品碳足迹评价工作方案（2023—2025年）》，搭建低碳产品绿色消费平台，鼓励已开展产品碳足迹评价的企业公开产品碳排放情况，鼓励消费者选用低碳产品，创新性地将碳普惠同碳标签联系在一起，有利于从消费端倒逼生产端绿色转型。

2. 减排核算方法先行

如何量化居民日常生活中低碳行为的碳减排量是推行碳普惠机制的前提和关键，开发科学、合理和准确的碳普惠方法学有助于解决该问题。广东省作为覆盖场景最丰富的碳普惠机制试点区域，除了发布低碳出行领域的碳普惠方法学，还积极探索其他领域的碳普惠核算标准，是目前碳普惠方法学应用场景最为丰富和全面的省份。自2017年至今，广东省已批准林业碳汇、废弃衣物再利用、使用家用空气源热泵热水器、使用高效节能空调、自行车骑行和红树林等7个方法学。此外，深圳市生态环境局发布的《深圳市居民低碳用电碳普惠方法学（试行）》提供了居民生活用电减排量的核算流程和方法，为居民低碳用电参与碳交易奠定基础。

3. 平台吸引公众参与

自建碳普惠平台需要前期投入大量研发成本和宣传成本，而借助已具有流量基础和技术支持的第三方互联网平台，能够快速让公众参与到碳普惠机制中，达到很好的宣传效果，便于用户开发和用户积累。浙江省的“浙江碳普惠”平台与蚂蚁森林、银联“低碳计划”、潮城骑行、浙商、吉利数科、饿了么、菜鸟、虎哥回收、安吉垃圾分类、浙里种树等第三方平台合作，保证用户除了使用“浙里办”App 进入“浙江碳普惠”平台外，还可以在支付宝搜索进入，很好地利用了“浙里办”以及支付宝的用户基础。

4. 线上与线下宣传并进

公民了解碳普惠机制的渠道主要有线上的电视（新闻、纪录片、电视剧等）和网络（微信公众号、抖音、微博等），以及线下的学校教育、讲座沙龙、亲友介绍、社区宣传、平面广告（地铁、公交站和商场广告等）。线上与线下并进的宣传形式，有助于全民碳普惠知识的普及与意识的提高。济南市生态环境局联合济南绿块环保服务中心开展了“低碳教育百千万　济南蒲公英行动”，活动采取线上教育养成和线下体验相结合的方式，除了在社区、学校、企业安排线下活动之外，还鼓励居民参与“21 天低碳生活养成”打卡计划。活动结束后通过数据统计，发现参与本次活动的居民在低碳理念认知、低碳参与意愿和低碳行为上都得到明显提升。

（三）碳普惠机制现存的主要问题

1. 统一核算标准缺乏

目前，各试点区域政府尚未将所有减排场景纳入碳减排量核算标准设计中，没有建立科学、统一的量化体系，且个性化减排场景的核算标准往往由企业主导的碳普惠平台开发，无法保证减排数据的公平性、可信性、一致性与可比性。例如，《广东省安装分布式光伏发电系统碳普惠方法学》将基准线情景设定为：不安装使用分布式光伏发电系统，使用电网供电。而在《武汉市分布式光伏发电项目运行碳普惠方法学（试行）》中，基准线情景为项目替代的华中区域电网的其他并网发电厂（包括可能的新建发电厂）发电产生的排放。虽然各区域或机构陆续推出不同的碳普惠方法学，有助于开展区域内或小范围的碳减排工作，但仍缺乏全国统一的核算方法和技术标准，不利于碳普惠项目减排效果的比较、评估和监测，影响碳普惠机制的整体运行效率。

2. 激励措施效果欠佳

尽管碳普惠机制旨在鼓励居民减少碳排放，但目前激励措施仍不足以全面调动居民自愿减排的积极性。现有激励措施主要是居民通过减碳量获取碳币，碳币用于在碳普惠平台兑换购物卡、景区门票、生活用品等。更为特别的是广东碳普惠平台，居民可以将其自愿减排量用于广东碳市场交易。各区域不断探索有效的激励措施，例如《上海市碳普惠管理办法（试行）》提倡探索结合企业、个人征信系统，对碳信用良好的企业、个人在评先评优、金融支持等方面予以优先考虑。鼓励金融机构积极参与碳普惠绿色投融资服务，为碳信用良好的企业和个人提供优惠的金融产品和服务。碳普惠激励的效果提升与方式扩展仍有较大空间。此外，目前的碳普惠机制更多关注奖励而忽视惩罚，这也是无法全面调动居民积极性的原因之一。在缺乏有效惩罚机制的情况下，仅依靠奖励很难改变居民生活方式，一些居民可能会选择忽视低碳行为，只关注自身利益。

3. 居民低碳意识不足

在碳普惠机制推动下，居民低碳意识明显提升，但自主采取低碳行动的积极性有待提高，这主要源于消费端对碳普惠认知的局限，部分居民对碳减排概念和目标的认知依然模糊，对碳普惠机制的运行和影响不够了解，还有部分居民对碳普惠机制的实际效果存有怀疑，认为其对改善环境和减少碳排放的作用不明显。这些因素导致消费者对碳普惠的参与度与积极性不高。此外，居民对碳普惠的认知未能有效转化为实际行动。例如，消费者在购买商品或选择服务时很少考虑碳足迹，而更多关注其价格和品质。全民低碳生活和消费理念的形成是一项长期工作，需要政府、学校、社区、媒体等相关方的持续努力。

4. 场景分散平台割裂

碳普惠机制涉及领域和行业广泛，因此，碳减排场景也较为多样和分散。不同领域和行业间的碳减排情况差异较大，加大了碳普惠机制的实施难度。同时，不同碳普惠平台的覆盖场景割裂。例如，某些平台主要关注大型企业的碳排放管理，而忽视了小型企业和个人消费者的碳减排问题。平台场景割裂导致碳普惠机制覆盖不完全，减排效果不尽如人意。

三　全民低碳行动路径展望

我国碳普惠机制发展仍处于初级阶段，消费端节能减排潜力有待进一步挖掘。因此，未来需要强化社会各界对生活消费领域减排重要性的认识，调动全民积极性，形成“政府主导、企业共建、人人共享”的碳普惠合作网络，统一衡量标准，突破平台边界，打通数据壁垒，发挥市场整体性和规模性效应。本部分将从政府、平台运营者与居民三个层面展望全民低碳行动路径，以期碳普惠机制更好地发展。

（一）政府层面

1. 建立科学核算标准，实现全面场景覆盖

政府需要强化碳普惠机制的顶层设计，开发完善碳普惠方法学，构建全场景覆盖、科学、统一的减排量核算体系。具体而言，碳普惠核算标准应从减排算法的非标准量化，逐步过渡形成团体、地方、国家及国际标准等多层级标准体系。首先，各试点区域政府可以联合行业协会、代表企业、智库专家共同探索并完善各领域碳普惠方法学，设计并实施区域内部统一、覆盖场景全面的碳减排量核算标准。同时，加强与区域内所有碳普惠平台联系，确保相同减排场景具有统一核算标准。此外，还需保证企业主导平台中个性化场景减排量核算的科学性，例如京东物流的“青流计划”、蔚来汽车的“蓝点计划”和饿了么的“e点碳”。为此，各试点区域政府可以允许企业委托第三方机构开发算法，并在其完成后进一步审核。其次，制定全国统一的碳减排

量核算标准，并探索与 VCS（Verified Carbon Standard）、黄金标准等国际标准对接，逐渐形成碳普惠标准体系，提高碳减排量核算的公信力和保障其公平性。最后，政府还需加强碳普惠市场建设以及与企业的联动，保障碳普惠机制畅通，例如，根据本地产业特点进行低碳场景多样化设计；提供碳普惠财政补贴；加快个人碳足迹、碳账户、碳积分累计等基础设施建设；激发企业节能减排动力，为实现碳普惠核证减排量与碳排放权交易市场联通奠定基础。

2. 增加碳普惠制试点，加强多方主体合作

政府应该从顶层设计层面，健全碳普惠法律法规建设，从全局谋划碳普惠体系。碳普惠顶层设计是引导公众养成绿色低碳生活习惯的根基，目前我国部分省市已经发布了碳普惠实施计划和建设方案，并陆续出台了管理办法和配套政策，但还有很多地区没有出台相关的政策建议和管理办法。未来在更多区域开展碳普惠制试点工作是必然趋势。在碳普惠试点建设过程中，政府还需加强多方合作，并引导区域平台连接，可从以下三个方面开展工作。第一，建设多元碳普惠平台。以政府主导的碳普惠平台为一个中介（母）平台，将其与区域内各企业主导的碳普惠平台连接起来，实现减排场景互联。第二，加强政府与企业、金融机构、社会组织等多方合作。整合社会资源，通过优惠政策吸引各类主体参与碳普惠建设，打通企业碳排放和个人碳普惠资产的转换，把个体零散、小额的碳资产聚集转化为社会经济利益，完善利益分配和激励机制。第三，加强碳普惠区域合作。通过不同区域、不同类型碳普惠机制合作，可以形成碳普惠共同发展模式，共建更高标准、更高质量、更高诚信度的碳普惠机制。

3. 加大引导宣传力度，提高公众参与意愿

碳普惠机制尚处于发展初级阶段，居民对碳普惠概念及相关政策的了解程度普遍较低。因此，政府需要加强绿色低碳生活方式的宣传教育，不断探索宣传方式和奖励机制，提高公众关注度与参与度。一方面，可以利用线上媒体与线下活动直接宣传推广。例如，推广优秀案例，表彰个人贡献，形成全民低碳生活氛围；利用媒体平台提供碳普惠信息服务，传播碳普惠基本知识，演示碳普惠具体做法，提升公众低碳环保意识；在大中小学开展碳普惠

制宣传教育，在社区开展绿色低碳主题趣味宣传活动，有针对性地进行线下宣传，提升居民对碳普惠的关注度。另一方面，可以借助成熟平台的用户基础与影响力，快速引流，积累用户，提高用户活跃度。

4. 打破平台数据壁垒，形成长效激励机制

用户通过践行低碳行为，所获得的碳资产本就十分有限，如果再分散在各个平台中，那么从碳普惠机制中获得的减排收益就更微乎其微。因此，将用户在各个碳普惠平台获得的碳积分汇总，打破平台间数据壁垒，可以实现碳资产有效归集，形成长效激励机制，有效提升消费端减排效果。为此，政府应充分发挥鼓励引导作用，探索数字化碳普惠机制，加强低碳领域高端人才培养，开发多元碳普惠平台。平台数据联通对于企业而言，既能达到其商业性目的，也能够减少持续性投入，节约成本；对于用户而言，既能获得意愿平台奖励，也可以将减排积分积攒起来，参与碳市场交易，获得现金收益。如此便形成了平台开发场景、用户参与实践、市场提供激励的良性循环，是一种长效激励机制。

（二）平台运营者层面

1. 加大智能技术应用，完善数据治理规则

加大区块链等智能技术的应用，建立碳普惠大数据基础平台，不仅可以准确记录、评估个人碳排放数据，制定个性化减排措施，降低数据处理成本，还可以保证数据安全，避免信息泄露，提升公众信心。除此之外，平台运营者还需不断完善数据治理规则，合理安排数据的管辖权和使用权；明确数据中的个人隐私信息和可公开信息，严格保护个体数据隐私；健全数据共享和数据交易规则，构建各减排领域的数据共享体系。

2. 改进平台设计功能，提高用户体验感受

平台运营者可以了解用户需求，完善平台设计，通过简化操作界面、增加附加功能、扩大覆盖场景提高用户满意度与活跃度。运营者在设计平台使用规则时，应充分考虑不同年龄、不同受教育水平居民的接受度，设计简单、便捷、易懂的操作界面，用通俗易懂的语言表达，配以图片、流程图或

动画教学视频，方便用户理解，节省时间成本。运营者还可以增加平台附加功能，例如，增加互赞、评论、低碳积分榜单等社交功能；举办低碳知识有奖竞答、低碳行为打卡、摄影绘画线上征集、分享平台赢积分等趣味活动；展示低碳行为量化标准以供居民了解和学习。在覆盖场景方面，应从交通领域进一步扩展至其他减排领域，例如，垃圾分类、环保材料使用等，提高用户使用的便利性。

3. 增加兑换奖励种类，促进居民长期参与

平台运营者应增加碳普惠联盟商家，丰富兑换优惠种类。只有让居民、企业享受到低碳权益，切实感受到参与碳普惠带来的好处，才能保证其长期参与。一方面，不断投入资源，吸引商家入驻，激励更多企业参与其中，例如，向企业出售碳普惠核证减排量用于抵消碳排放权配额清缴，降低企业碳减排成本，展示企业低碳产品、提升企业知名度等。另一方面，了解用户差异化需求，增加兑换奖励种类，设置新型激励机制，吸引更多用户参与。例如，针对老年人增加兑换日用品的种类；针对年轻人则可将低碳权益与新能源汽车购买、住房购买等挂钩，低碳积分越高优惠力度越大。

4. 丰富宣传推广形式，增强公众影响能力

平台运营者需要加大宣传力度，积极开展科普教育活动，提升公众碳普惠认知和低碳意识，增强平台影响力。采取线上与线下多渠道宣传，扩大宣传覆盖范围。第一，通过微信公众号、抖音短视频、微博文章等新媒体宣传方式，普及碳普惠政策和知识，充分发挥互联网传播作用。第二，开展各类线下宣传活动，例如与社区居委会合作进行宣传栏宣传、发放纸质宣传单以及举办宣传讲座；在公交、地铁等公共场所设置广告牌、播放碳普惠视频、张贴碳普惠活动展示牌等；结合重要时间节点，开展趣味活动，例如，在低碳月开展“双碳”知识有奖问答、景区徒步兑换奖励，在毕业季开展高校旧物回收兑换碳币活动，在植树节开展碳普惠植树造林活动等。第三，开展碳普惠平台合作，借鉴成熟碳普惠机制，提高本平台公众影响力。

（三）居民层面

1. 主动了解碳普惠制，积极响应低碳政策

为实现我国“双碳”目标，政府针对企业、居民出台了一系列低碳政策，不断完善应对气候变化制度体系。居民可以通过关注国家或地方政府的公众号、官方网站或通过电视、报纸及时获取政府发布的碳普惠政策，积极响应政策号召，助力“双碳”目标实现。此外，碳普惠非试点区域居民还可以了解试点区域采取的各项举措与激励机制，为以后所在区域实施碳普惠机制做好准备。

2. 提高低碳环保意识，践行绿色生活方式

通过学习节能环保知识，提高低碳生活意识，培养绿色消费习惯，在日常生活的方方面面践行绿色生活方式。例如，选购小排量汽车或电动汽车、绿色出行、节约用电用水、循环利用废旧衣物、减少非必要消费、使用环保购物袋、不使用一次性工具、购买包装简单产品、购买可循环使用产品、房屋装修使用环保材料与节能设备等。

3. 积极参与志愿服务，树立绿色增长信念

积极参加社区开展的以绿色、低碳、环保为主题、以勤俭节约为主题的一系列志愿服务活动；自愿成为环保志愿者，积极向大众宣传绿色低碳的新理念，提高居民对生态文明建设的参与率。居民也可以基于自身专业技术知识，如大数据平台建立技术、节能减排技术等，建立与碳普惠机制的联系，或从研究角度出发，为实现“双碳”目标建言献策。

B.14

中国碳金融发展面临的机遇与挑战

肖祖沔　王文浩*

摘　要：　碳市场在我国成立以来，发展迅速，截至2022年底，碳排放配额累计成交超过2亿吨，成交额超过100亿元。我国碳市场的发展为我国碳金融的发展提供了机遇，也带来了挑战。首先，政府支持和法律完善、经济发展和社会进步以及全球碳市场的发展为碳金融市场发展提供了政策和制度保证、市场需求和文化科技基础以及市场设计和监管框架经验，为碳金融市场提供了发展契机；然而如何解决碳金融市场流动性不足、基础设施配套不完善、风险对冲产品稀缺、“双碳”项目长期低收益性以及高消耗的经济模式的惯性制约成为发展碳金融市场的重要挑战。其次，对以碳期货、碳期权和碳远期交易为主的碳金融工具日益增长的需求，为碳金融工具的创新实践提供了重要发展机遇；然而对这些碳金融工具的市场培育、价格发现功能发挥，以及完善的监管体系和规范建设，构成了创新实践碳金融工具的严峻挑战。最后，碳金融市场发展通过引导资金流向，多样化投资机会，为支持经济的低碳转型和可持续发展提供帮助；但同时也要警惕碳金融市场发展中包括法律和政策风险、不确定性和技术风险、资金需求和投资风险等在内的多重风险累积对经济的低碳转型和可持续发展造成的困难。

关键词：　全国碳市场　碳金融市场　碳金融工具　低碳转型

---

* 肖祖沔，山东财经大学金融学院副院长，副教授，硕士研究生导师，主要研究方向为数字金融、环境金融、国际金融；王文浩，山东财经大学金融学院助理教授，硕士研究生导师，主要研究方向为国际金融、公司ESG及环境金融。

一　中国碳金融市场发展面临的机遇和挑战

（一）中国碳金融市场发展面临的机遇

1. 政府支持和法律完善

2020 年，生态环境部等五部门发布了《关于促进应对气候变化投融资的指导意见》，该意见在风险可控的前提下，鼓励机构和资本开发与碳排放权相关的金融产品和服务，有序推动碳期货等衍生产品和业务运营，积极影响碳金融衍生品的创新与产生，以促进碳金融市场的进一步发展和完善。工业和信息化部等四部门于 2021 年发布了《关于加强产融合作推动工业绿色发展的指导意见》，该意见鼓励金融机构开发气候友好型金融产品，支持广州期货交易所建设碳期货市场，并规范碳金融服务的发展。该意见对于碳期货等衍生品的发展具有重要影响，同时对碳金融的发展起到有效规范的作用，有助于降低金融风险。同年，生态环境部等九部门发布了《气候投融资试点工作方案》，该方案的主要内容在于探索建立碳排放配额和用能权指标的有偿取得机制，丰富交易类型和方式，并开展资源环境权益融资，从而进一步丰富了碳金融领域的内容，起到了对碳金融市场的完善作用。在市场运营方面，生态环境部于 2020 年发布了《碳排放权交易管理办法（试行）》，该办法要求重点排放单位在全国碳排放注册登记系统开立账户并进行相关业务操作。这一举措对于规范和管理碳排放单位起到了作用，同时也完善了碳金融市场的交易规则。随后，生态环境部于 2021 年发布了《碳排放权交易管理暂行条例（草案修改稿）》，该条例要求国务院生态环境主管部门与相关部门共同加强碳排放权交易风险管理，指导和监督全国碳排放交易机构建立涨跌幅限制、最大持量限制、大户报告、风险警示、异常监控、风险准备金和重大交易限制措施等制度，同时制定《碳排放权登记管理规则（试行）》、《碳排放权交易管理规则（试行）》和《碳排放权结算管理规则（试行）》，以确保对登记、交易和结算活动的监管。这些文件的

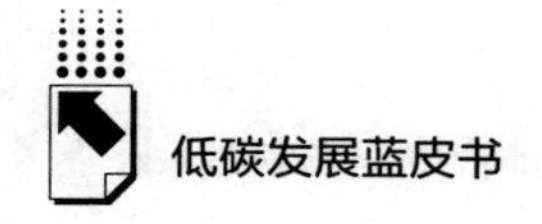

发布完善了相关法律，对于规范和安全发展碳金融具有积极影响，同时也对环境保护起到了重要作用。最后，证监会于2022年发布了《碳金融产品》(JR/T 0244—2022)，在对碳金融产品进行分类的基础上，制定了具体的碳金融产品实施要求。

2. 经济发展和社会进步

宏观经济的发展是我国碳金融市场发展的基础与保障。改革开放40多年来，中国作为世界第二大经济体，具有雄厚的经济实力和庞大的市场规模。这为碳金融市场提供了广阔的发展空间和市场需求。随着经济的发展和居民生活水平的提高，对环保和可持续发展的需求也不断增长，进一步推动了碳金融市场的发展。宏观经济的发展和金融市场的健全使得资金和投资渠道更加丰富。金融机构提供的贷款和融资支持，为碳金融市场的项目和企业提供了资金支持，促进了碳金融市场的发展。

文化进步对我国碳金融市场发展也有推动作用。习近平总书记在2017年10月党的十九大报告中提出，必须树立和践行“绿水青山就是金山银山”的理念，坚持节约资源和保护环境的基本国策，以实现人与自然的和谐共生。社会文化进步对于塑造社会态度、价值观和行为习惯具有重要作用。在碳金融市场发展中，良好的社会舆论引导和文化推动可以增强公众对于低碳经济的认同和支持，促进碳减排行动的普及和推广。通过媒体、教育和宣传等途径，提高公众对碳金融的认知和参与度，推动绿色金融的发展。在过去的几十年中，中国的经济发展是以环境污染和资源浪费为代价的。当今社会绿色低碳的理念带给了企业和个人行为的准则，通过技术创新和结构重组，企业大幅减少了污染物的排放。很多金融机构也积极推行绿色信贷等业务，推动企业实行绿色低碳的策略。社会大众也积极进行低碳环保行为，践行绿色低碳的理念。

科技发展，是碳金融市场发展的重要因素之一。碳减排技术创新：科学技术的不断进步为碳减排技术的创新和应用提供了更多的可能性。例如，新能源技术的发展和应用，包括太阳能、风能和生物质能等，为碳市场提供了更多的碳减排选择。此外，能源效率提升、碳捕获与储存技术等也为碳减排提供了新的机会。数据分析和监测能力：科学技术进步使得数据分析和监测能力得以提升，有助于更准确地评估和核算碳排放情况。通过使用先进的传感器、数据采集系统和大数据分析技术，可以实时监测企业和行业的碳排放情况，为碳市场提供及时的数据支持和监管手段。金融科技（FinTech）应用：科学技术的进步也促进了金融科技在碳金融市场中的应用。通过利用区块链技术、智能合约等金融科技工具，可以提高碳交易的可信度、透明度和效率，降低交易成本，推动碳金融市场的发展。碳市场信息共享和交流：科学技术的进步促进了碳市场参与者之间的信息共享和交流。通过互联网和社交媒体的普及，碳市场参与者可以更加便捷地获取碳市场的最新动态和政策信息，加强合作和交流，推动碳市场的发展。

3. 全球碳市场的发展

全球碳市场的发展经验对中国碳金融市场的发展具有重要的借鉴和经验分享作用。中国可以从国际成功的碳市场机制和政策措施中学习，以进一步完善自己的碳金融市场体系，提高市场效率和发展水平。第一，需要借鉴国际碳市场的系统设计和监管框架，如欧盟的排放交易体系和加拿大的碳定价机制，从中学习市场设计、配额分配、监管等方面的经验。第二，要注重建立完善的市场机制和保证流动性，可以借鉴世界银行的碳市场基金，通过提供资金和支持来促进碳交易和市场流动性的增加。第三，确定合适的碳定价机制也是关键，可以参考联合国的碳抵消机制和其他国家的碳定价政策，为中国的碳金融市场提供参考。第四，建立信任和透明度也至关重要，可以借鉴美国的碳市场参与者注册和监管制度，确保市场参与者合规性并提高交易的透明度。第五，加强与国际碳市场的交流与合作，通过知识交流、技术合作和政策对话，加速中国碳金融市场的发展。通过借鉴国际经验和机制，中国碳金融市场将能更加高效地推动低碳经济的发展，并在全球碳市场中发挥重要作用。

国际合作与交流对于中国碳金融市场的发展至关重要。全球碳市场的发展趋势促进了国与国之间在碳市场领域的合作与交流。作为全球二氧化碳排放量最大的国家之一，中国与其他国家开展碳市场的国际合作具有重大意义。通过与其他国家合作，中国可以直接参与全球碳金融市场，与国际市场参与者进行交流和经验分享，以获取国际最佳实践并借鉴其经验。这样的合作和交流将帮助中国更好地建立和完善自己的碳金融市场体系，提高市场效率和发展水平。通过与其他国家进行碳市场合作，中国还可以促进碳市场发展和合作项目的建立。这种合作可以围绕碳交易、碳抵消项目、技术转移等方面展开，为中国提供更多的碳市场发展机会和资源支持。例如，在碳交易方面，中国可以与其他国家合作，共同开展跨国碳交易活动，扩大碳市场规模和交易量。在碳抵消项目方面，中国可以与其他国家开展合作，共同推动碳减排项目的发展，促进碳市场的绿色发展。在技术转移方面，中国可以与技术领先的国家合作，引进先进的碳交易技术和系统，提升中国碳金融市场的科技水平。随着全球碳市场的快速发展，跨国资金流动和投资机会逐渐增加。作为全球碳排放量最大的国家之一，中国碳金融市场的发展潜力巨大，因此能够吸引来自全球范围内的投资者和金融机构的参与。中国碳金融市场的发展为投资者提供了丰富的投资机会。投资者可以通过参与碳交易市场，利用碳配额购买和销售进行投资，从中获得盈利。此外，碳金融市场的发展还催生了各种碳金融产品，如碳信用衍生品、碳基金和碳资产管理产品等，为投资者提供多样化的投资选择。中国的碳金融市场发展还会吸引全球范围内的金融机构的参与。国际银行、保险公司和投资基金等金融机构可以参与中国的碳金融市场，提供金融产品和服务，为市场参与者提供融资和保险支持。金融机构还可以利用碳金融市场的机会，通过投资碳减排项目或推出碳资产管理产品等方式，在碳市场中获取利润，并推动碳减排和绿色发展。此外，中国的碳金融市场发展还可以促进跨国资金流动。随着中国碳市场与国际碳市场的融合，国际投资者可以投资中国的碳金融市场，由此可以将资金引入中国，从而促进经济的绿色转型和可持续发展。

全球碳市场的发展趋势推动了碳市场价值体系的建设与认可。随着全球碳市场的不断发展，碳减排的经济价值逐渐被广泛认可。在全球范围内，越来越多的国家和地区开始将碳减排作为经济可持续发展的重要策略之一，并通过建立碳市场来实现减排目标。作为全球碳排放量最大的国家之一，中国通过促进碳金融市场的发展，可以进一步加强碳市场的价值体系建设。首先，中国可以通过政策激励和法律规定，将碳减排与经济奖励和惩罚机制相结合，引导企业和个人参与碳减排行动。其次，中国可以加强碳市场信息和数据的透明度，建立公平、公正的交易规则，以确保碳市场的有效运行。最后，中国还可以开展对碳市场相关产品和服务的宣传和推广，提高碳市场在公众和企业中的知名度和认可度。通过建设和推广碳市场的价值体系，中国的碳金融市场将能够更好地吸引投资者和交易参与者的关注和参与。这将为中国碳减排工作提供更多的资金支持和技术创新，促进碳市场的繁荣发展。同时，通过进一步认可碳减排的经济价值，也将鼓励更多的企业和个人参与到低碳经济的建设中，推动全社会的可持续发展。

（二）中国碳金融市场发展面临的挑战

1. 碳金融市场流动性不足

中国碳金融市场目前面临流动性不足的挑战，这将限制碳金融产品的创新。截至2022年，全国仅有2200家电力企业参与碳金融交易，而投资机构等其他主体尚未获得参与许可。控排企业往往将履约视为主要目标，导致交易频次较低，整体市场换手率极为有限，交易主要集中在履约前两个月，流动性不足问题十分严重。造成流动性不足的原因主要包括两个方面：一方面是受政策影响较大，整个碳金融市场受到了牵制；另一方面是企业对碳金融产品的了解不足，缺乏对创新产品的需求，也进一步限制了产品的推广。此外，监管制度也是导致流动性不足的因素之一。中国的碳金融市场监管由生态环保部门和证监会分别负责，部门间监管制度的不一致也妨碍了产品创新。需要注意的是，中国碳金融市场与欧洲碳金融市场之间存在明显差异。欧洲碳金融市场的交易量约为7500亿欧元，现货交易低于衍生品交易。相比之下，中国的碳金融市场还处于初始阶段，要想提升流动性，还有很多工作要做。

企业对碳金融产品的需求需要较长时间的培育。虽然中国的碳交易在试点期已经进行了近10年，但对于非试点地区的企业来说，全国碳金融市场仍较为陌生。

2. 碳金融市场需要完善基础设施

碳金融发展尚需加强基础设施，缺乏完善的配套措施已成为制约因素。尽管已出台各项管理措施要求加强项目的环境和减排效应评估，第三方评估流程、制度和机构白名单等仍存在规范不足的问题。不同第三方机构基于多个标准出具的碳排放报告存在差异，计算范围和排放因子也不尽相同，导致同一项目碳排放测算结果出现明显差异。人才稀缺成为碳金融发展的另一限制因素。尽管我国碳金融市场发展了近10年，但人才培养需要时间。碳金融跨学科特性使得其对人才要求较高。尽管教育部于2022年发布了《加强碳达峰碳中和高等教育人才培养体系建设工作方案》，但短期内解决人才短缺问题仍具挑战性。以加快人才培养为目标，现有体系需加强。同时，碳金融相关的法律和财务管理制度仍需进一步完善，尤其在涉及碳配额金融属性方面。

3. 风险管控有待加强

随着全球碳定价机制的不断推进，各地相继实施“双碳”政策，企业面临的政策风险日益增加，如2021年的拉闸限电等事件可能在短期内给企业带来巨大冲击。此外，全球气候变化加剧，极端天气频发，企业的物理设施也面临潜在风险。因此，企业需要应对不断增加的碳风险，而这已成为其未来的一项重要任务。然而，当前碳金融市场缺乏相关产品，尤其是针对碳定价风险的产品，其原因是受到量化难度大、数据缺乏和企业对碳风险认识不足等因素的限制。

4. “双碳”项目需要进一步完善

由于“双碳”项目的长期收益有限，难以量化和内部化其环境效益。这一问题已成为经济领域的重要研究议题，促使政策和措施的制定，例如补贴、交易和征税。在气候变化的情况下，“双碳”项目通常带来积极的外部性。然而，对于应对气候变化和处于早期阶段的产业项目，尽管具有良好的社会和环境效益，但其收益较低且回报周期较长，需要金融支持和适度补贴。

5. 原有经济模式的制约

在我国改革开放初期，经济高速增长主要依赖于出口资源密集型和劳动密集型产品，因此取得了显著的经济发展成果。然而，这种经济模式也带来了一系列问题。首先，大量资源的消耗导致了资源短缺的风险，限制了可持续发展的空间；其次，高强度的劳动力使用加剧了人力资源的过度利用，阻碍了人力资本的培养和价值提升。尽管现在我国正在积极推动低碳经济的发展，但要从传统经济模式转向低碳发展模式，仍面临着一系列挑战。这个转变需要时间，不能一蹴而就。首先，需要改变人们固有的发展观念和习惯，转变为注重资源节约和环境保护的新发展理念。其次，需要加大技术创新和产业结构调整的力度，推动绿色技术和环保产业的发展。然而，由于传统经济模式的惯性和利益诱因，低碳发展模式在我国经济发展中的占比仍然相对有限，尚未形成规模效应。在这个过程中面临的转型困难主要表现在以下几个方面：一方面，部分企业对低碳转型缺乏积极性，认为其成本较高且盈利能力不明确，对相关政策的执行持观望态度；另一方面，一些地方政府缺乏推动低碳发展的有效手段和政策支持，缺乏对企业的引导和激励措施。

总之，在一系列风险和挑战的前提下，要推动低碳发展，需要采取一系列措施。首先，政府需要继续加大政策支持力度，通过税收优惠、补贴和贷款支持等方式，降低低碳技术的成本，提升企业的市场竞争力。其次，要加强宣传和教育，提高社会公众对低碳发展的认知和理解，激发社会各界的参与热情。最后，还需要加强国际合作，学习借鉴其他国家和地区的成功经验，推动全球低碳技术和碳金融的交流与合作。通过技术转让和资源共享，加速我国低碳经济的转型升级，实现环境和经济的双赢。总之，要克服原有经济模式对低碳发展的制约，需要全社会共同努力。政府、企业和公众都需要积极参与，形成合力。只有通过持续的改革和创新，才能实现经济的可持续发展和生态文明建设的目标。

二　中国碳金融工具发展面临的机遇和挑战

（一）中国碳金融工具发展面临的机遇

碳期货是一种以碳配额为标的的期货合约，它在碳金融市场中具有流动性和价格发现的作用，有助于减少信息不对称，并为企业提供风险对冲工具。在全球主要的碳市场中，碳期货也是最活跃的交易品种之一。碳期货的发展对中国的碳金融市场至关重要。首先，引入碳期货可以增加市场流动性，使市场参与者能够更灵活地交易碳配额，提升市场活跃度和流通性。这将吸引更多投资者和参与者，促进碳金融市场的繁荣发展。其次，碳期货的推出可以更准确地发现碳配额价格。通过碳期货市场上的交易活动，市场上的碳配额价格将更准确地反映供需情况和价格趋势，有助于市场参与者更好地了解市场，并做出更明智的交易决策。再次，碳期货为企业提供了风险对冲工具，用于规避碳配额价格波动带来的风险。企业可以利用碳期货进行风险对冲，锁定碳配额价格，减少碳市场不确定性对企业经营的影响，提高经营效益和风险管理能力。碳期货的发展将为中国的碳金融市场带来更多机遇和创新，推动市场流动性和价格发现，为参与者提供更多交易选择和风险管理工具，推动碳金融市场健康发展。最后，引入碳期货还有助于加强碳市场的监管和规范，提高市场透明度和公平性，建立一个稳定、高效的碳金融市场体系。

碳期权是一种基于碳配额进行期权交易的合同。北京绿色交易所在 2016 年 7 月 11 日发布了《碳排放权场外期权交易合同（参考模板）》，进一步巩固了碳期权在北京碳金融市场的重要地位。碳期权的发展为中国的碳金融市场带来了许多机遇。首先，碳期权为市场参与者提供了更多的风险管理工具。碳配额价格波动较大，引入碳期权可以帮助企业和投资者降低碳市场风险，提高投资效率。其次，碳期权的引入促进了碳市场的流动性和参与度。通过碳期权交易，更多的市场参与者可以进入碳市场，提高市场的交易活跃度，推动碳配额价格的发现机制建设。最后，碳期权的发展还有助于推动碳金融产品的创新和多样化。随着碳期权市场的发展，将涌现出碳期权期货、碳期权指数等金融产品，以满足市场参与者不同的投资需求，为碳金融市场带来更多的创新机会。碳期权的发展为中国的碳金融市场带来了更多机遇，促进了市场的发展和成熟，同时为参与者提供了更多的风险管理和投资机会。

碳远期交易是一种未来约定购买或出售碳配额的交易方式，在国际碳金融市场得到广泛应用。碳远期交易和碳掉期交易为中国的碳金融市场带来了许多机遇。碳远期交易的推出为市场参与者提供了更多的交易选择和灵活性。通过碳远期交易，交易双方可以在未来某一时间点买卖碳配额，有利于管理风险和利用碳资产。这种交易方式的引入为投资者和企业提供了更多的套期保值和投机机会，促进了碳金融市场的发展。碳远期和碳掉期的引入还增加了碳金融市场的流动性。通过碳远期交易，资金可以更便捷地进入碳市场，更好地匹配碳配额的供需关系，提高市场的参与度和活跃度。同时，碳掉期的现金流交易和资产互换形式为投资者提供了更多的交易机会，促进了市场的流动性和价格发现。碳远期和碳掉期的发展还有助于提高市场的透明度和规范性。通过交易所的组织和监管，碳远期交易和碳掉期交易可以在规范的市场环境中进行，确保交易的公平性和合规性，增强投资者和企业的信心，促进碳金融市场的长期稳定发展。综上所述，碳远期和碳掉期为中国的碳金融市场提供了更多的交易选择，增加了流动性，并提高了市场的透明度和规范性，这些机遇将促进碳市场的健康成长和可持续发展。

（二）中国碳金融工具发展面临的挑战

碳期货的发展给中国的碳金融市场带来了一些挑战。首先，碳期货市场的建设需要足够的参与者和流动性。在碳金融市场尚未成熟的阶段，吸引足够的参与者和提供充足的流动性是个挑战。如果市场参与者过少或交易量不足，碳期货市场可能缺乏深度和广度，从而影响其有效性和活跃度。因此，需要采取措施鼓励更多的投资者、交易商和企业参与碳期货市场，同时提升市场流动性。其次，碳期货市场需要建立健全的监管制度和风险管理机制。碳市场的特殊性决定了需要建立适应性强、灵活性高的监管机制，以确保市场稳定运行和保护投资者合法权益。再次，还需要加强碳期货市场与现货市场和其他金融市场之间的协调，以确保风险传导和扩散得到控制。最后，碳期货市场的价格发现功能需要充分发挥。碳配额价格受多种因素影响，包括政策环境、经济情况和市场预期等。碳期货市场应提供充分的信息和机制，让参与者能够充分获取并反映这些因素，以确保价格发现的准确性和市场的公平性。总的来说，为了促进中国碳金融市场的发展，需要吸引更多市场参与者并提高流动性、建立健全的监管制度和风险管理机制，以及充分发挥碳期货市场的价格发现作用。同时，还应加强市场协调和与其他金融市场的联系，以保障市场的有效性和稳定性。此外，碳期货市场的发展还需要解决一些技术和操作层面的问题。例如，需要建立高效的交易系统和清算机制，以确保交易的安全性和透明性。同时，碳期货市场的规则和合约设计也需要与国际标准接轨，以便与全球碳市场保持联系和互操作性。

碳期权的发展给中国碳金融市场带来了机遇的同时，也带来了一些挑战。第一，碳期权市场的建立和发展需要完善的监管体系和规范。在碳金融市场还不够成熟的情况下，监管机构需要制定相关的监管政策和规范，以确保市场的稳定和公平。第二，碳期权市场需要更多的参与者和流动性。目前，碳金融市场的参与者仍然相对较少，市场流动性还不够高，这限制了碳期权市场的发展。需要吸引更多的企业和投资者进入碳市场，增加市场的交易活跃度。第三，碳期权市场还需要更多的投资者教育和专业人才培养。碳市场和碳期权交易对于许多投资者来说是一个新兴领域，投资者需要了解相关的知识和技能，以便更好地参与市场交易。第四，还需要培养更多的专业人才，包括碳市场分析师和碳期权交易员，来支持市场的发展。第五，碳期权市场还面临着市场不确定性和风险管理的挑战。碳配额价格的波动性较高，碳期权交易中存在风险，企业和投资者需要具备风险管理的能力，以应对市场变化和不确定性。总的来说，碳期权的发展给中国碳金融市场带来了机遇，但也存在一些挑战，包括监管规范、参与者和流动性、投资者教育和专业人才培养以及风险管理等方面的问题。解决这些问题需要各方共同努力，以推动碳金融市场的发展和成熟。

三　碳金融市场的发展促进经济低碳转型的机遇和挑战

（一）碳金融市场的发展促进经济低碳转型的机遇

在碳金融市场的发展中，资金流向和投资机会是其中一个关键方面。碳金融市场为投资者提供了新的机会，吸引了大量资金流入低碳和可再生能源项目，以及其他低碳技术和解决方案。第一，投资者可以通过参与低碳和可再生能源项目来获得回报。这些项目涵盖了太阳能、风能、生物能、地热能等可再生能源的开发和利用。投资者可以通过购买项目股权、债券或其他金融衍生品来参与这些项目，从中获取可再生能源行业的经济回报。第二，碳金融市场还提供了投资能效改良项目的机会。这些项目旨在减少能源的消耗和浪费，通过采用先进的节能技术、能源管理系统和有效的能源使用方法来提高能源效率。投资者可以通过参与能效改良项目来实现经济回报，同时也能够降低碳排放并节省能源成本。第三，投资清洁技术和解决方案也是碳金融市场的重要机会。这些技术和解决方案旨在减少碳排放和环境污染，促进可持续发展。例如，电动车辆、智能能源管理系统和能源储存技术等创新的清洁技术。投资者可以通过参与相关公司的股权投资、风险投资或绿色债券等方式，获得清洁技术市场的潜在经济回报。第四，碳交易和碳市场基金也是碳金融市场中的投资机会之一。碳交易是指通过购买和销售碳排放配额来实现碳减排目标的行为。碳市场基金则是专门投资于碳市场相关资产的基金。投资者可以通过参与碳交易和投资碳市场基金，从碳减排活动中获得经济回报。第五，碳金融市场还创造了多种碳金融产品和工具，投资者可以根据自身的风险偏好和投资目标选择合适的产品和工具。这些碳金融产品和工具包括碳配额、碳信用和碳期货等，通过与碳排放相关的金融交易实现经济回报。总的来说，碳金融市场的发展为投资者带来了多样化的机会，包括参与低碳和可再生能源项目、能效改良项目、清洁技术和解决方案，以及参与碳交易和投资碳金融产品和工具。投资这些不仅可以获得经济回报，还能支持经济的低碳转型，推动可持续发展。

（二）碳金融市场的发展促进经济低碳转型的挑战

碳金融市场的发展为经济的低碳转型提供了机会，但也面临一些挑战。第一，法律和政策风险是重要挑战。这种市场需要清晰的法律和政策框架来支持和规范，缺乏一致性和稳定的政策环境可能增加投资者的风险，并限制市场的发展。第二，不确定性和技术风险也是一个重要问题。在低碳技术和解决方案领域，仍存在技术成熟度和商业可行性的不确定性。新兴的清洁技术和创新解决方案可能面临技术不成熟、成本高昂等挑战，这可能影响投资者对这些项目的兴趣和投资意愿。第三，低碳转型需要大量的资金，同时也伴随着投资风险。投资者可能面临项目资金需求的压力，并需要应对项目执行风险、市场风险和监管风险等问题。第四，市场不透明和信息不对称也是碳金融市场发展的难题。这个市场的运作涉及复杂的碳配额交易和碳信用标准，存在市场不透明和信息不对称问题，这可能会使投资者面临风险和不确定性。第五，社会的认可和舆论压力也对碳金融市场的发展产生影响。社会对于碳金融市场和投资的认可和接受程度可能会影响市场的发展。舆论压力和社会期望的变化可能会引发政策和法规的变化，从而影响投资者的决策和市场环境。综上所述，碳金融市场的发展在促进经济低碳转型方面面临法律和政策风险、不确定性和技术风险、资金需求和投资风险、市场不透明和信息不对称以及社会认可和舆论压力等多重挑战。了解和应对这些挑战是关键，以确保碳金融市场的健康发展和实现经济的低碳转型目标。

参考文献

綦久竑：《中国碳金融市场的创新实践》，《当代金融家》2018 年第 7 期。

谭琦璐：《碳市场仍需扩容增品强制度》，《经济日报》2023 年 9 月 14 日。

赵洱岽、崔婷：《拍卖法对重庆市碳减排成本的影响研究》，《中国市场》2020 年第 34 期。

赵忠秀主编《中国碳排放权交易市场报告（2021～2022）》，社会科学文献出版社，2022。

Fanglei, J. A. G., "Carbon Emission Quotas and a Reduction Incentive Scheme Integrating Carbon Sinks for China's Provinces: An Equity Perspective," *Sustainable Production and Consumption*, 2023, 41: 213-227.

Liu, Y., Tian, L., Xie, Z., et al., "Option to Survive or Surrender: Carbon Asset Management and Optimization in Thermal Power Enterprises from China," *Journal of Cleaner*

Production, 2021, 314: 128006.

Reinhardt, F. L. , Hamschmidt, J. , Hyman, M. , “South Pole Carbon Asset Management: Going for Gold?” *Harvard Business School Cases*, 2008, 11: 1-29.

Zhang, C. , Randhir, T. O. , Zhang, Y. , “Theory and Practice of Enterprise Carbon Asset Management from the Perspective of Low-carbon Transformation,” *Carbon Management*, 2018, 9 (1).

B.15
欧盟碳边境调节机制对中国出口企业运行发展的影响分析

刘 敬　乔盈盈*

摘　要： 本报告深入探讨了欧盟碳边境调节机制（CBAM）及其对中国出口企业的潜在影响。CBAM 作为欧盟《欧洲绿色协议》的重要组成部分，旨在解决“碳泄漏”问题，确保欧盟内部减排努力的有效性，并推动全球范围内的气候行动。本报告详细分析了 CBAM 的发展历程、实施细节以及其对全球贸易和环境政策的深远影响。重点讨论了 CBAM 对中国企业的直接影响和间接影响，包括其对出口产品碳排放量的计算方法、报告要求，以及中国企业在适应 CBAM 方面可能面临的挑战和机遇。本报告还提出了企业应对 CBAM 的策略，强调了全面理解和适应国际规则的重要性，并讨论了可持续发展在企业策略中的关键作用，突出了企业在应对全球环境变化时的责任和机遇。

关键词： 碳边境调节机制　欧洲绿色协议　“碳泄漏”　可持续发展　全球气候治理

一　欧洲绿色协议简介

自 2019 年《欧洲绿色协议》（European Green Deal）推出以来，欧盟已

* 刘敬，山东惊蛰低碳科技有限公司总经理，主要研究方向为欧洲绿色协议内的 CBAM 法案、循环经济、电池法案等；乔盈盈，山东财经大学中国国际低碳学院硕士研究生，主要研究方向为低碳经济与管理。

经制定并执行了一系列策略，包括循环经济行动计划、“Fit for 55”计划、工业战略以及生物多样性战略等。这些计划和战略的核心目标是推动欧盟环境和能源政策，以实现可持续发展的目标。“Green Deal”的构思基于欧盟在气候变化和环境保护领域的长期研究和探索。欧盟在制定每项政策和行动时，进行了广泛且深入的影响评估，展现了其在“绿色”领域的高度认知和专业水平。与此同时，相较于美国，欧盟在“绿色”方面展现出显著的先进性。欧盟基于科学研究的方法论，为其气候、环境政策提供了坚实的理论和实证基础，确保了政策的有效性和长期效果。

为深入理解这一议题，建议读者参考欧盟发布的《适应气候变化：朝向欧洲行动框架的白皮书》[2009 年 4 月 1 日-COM（2009）147] 及其后续更新版本，以及欧洲原材料信息系统（RMIS）、欧洲联合研究中心（JRC）和欧洲环境署（EEA）发布的相关研究出版物，众多专业文献为深入学习和研究提供了丰富的信息资源。

在具体实施方面，除了著名的欧盟排放权交易体系（EU-ETS），欧盟还采取了许多具体的实践行动。例如，丹麦的区域供热始于 1979 年，当时通过了第一部供热法。这一法律的实施标志着丹麦供暖和制冷方式的转型，并成为全球能源解决方案的典范。多年来，丹麦建立了强有力的政治框架，促进了区域供热的实施，并积累了 40 多年的宝贵经验。丹麦区域供热行业的发展速度可以从其排放量的快速下降中看出。2010 年初，电力和区域供热部门（不包括垃圾焚烧）约占丹麦温室气体排放总量的 30%~40%。然而，丹麦能源署预测，到 2025 年，这一比例将下降到 3%，到 2030 年将降至不到 1%，相当于 10 万吨二氧化碳当量。目前，区域供热约占丹麦建筑物供热需求的 70%。2022 年，新增了 35000 个连接点。丹麦的区域供热网络包括主要城市周围的 6 个大型集中供热区和 400 个较小的分散供热区，共同组成了一个全面而多样的供热系统。①

① “How District Heating is Paving the Way Towards Denmark’s Climate Goals,” STATE OF GREEN, Nov. 2023, https://stateofgreen.com/en/news/how-district-heating-is-paving-the-way-towards-denmarks-climate-goals/.

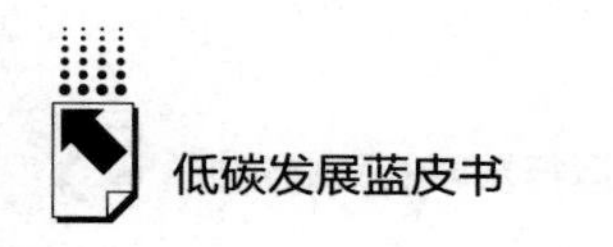

自“Green Deal”实施以来，欧盟相继出台了多项相关的法规和政策。政策相互关联，共同构成了一个综合性的政策体系。例如，碳边境调节机制（CBAM）是“Fit for 55”计划的组成部分，旨在补充和替代 EU-ETS 消除免费配额方案。CBAM 的主要目的是预防“碳泄漏”，并且与欧盟的工业战略密切相关，同时致力于提升内部企业国际竞争力，共同推动欧盟在气候变化和环境保护方面的政策发展。

因此，在分析欧盟的政策时，不应仅限于单一视角。建议读者从“Green Deal”的全局视角出发，综合分析碳边境调节机制（CBAM）、电池法案以及其他与气候和环境相关的条例。采用这种宏观的分析方法有利于深入理解这些政策之间的相互联系以及它们的整体目标。此外，考虑到某些气候环境政策与国际贸易密切相关，必须结合实际的生产状况、贸易形势以及其他国际政策等多重因素进行全面和灵活的分析。此法有助于更全面地理解政策背后的复杂性和动态性，为企业和决策者提供更全面的视角和策略。

为了更深入地理解相关概念和政策，建议阅读原始文献，并采取中立与客观的研究方法，同时结合实际的生产实践，加强理论与实践之间的联系，这有助于形成对问题的更深刻理解。通过这样的综合性分析，可以更好地把握欧盟环境和能源政策的方向，为未来的政策发展和应对策略提供重要的参考。

二　CBAM 的法规发展和实施细节

CBAM（碳边境调节机制）机制和范围的发展过程可分为以下关键阶段。

2021 年 7 月 14 日，欧盟委员会提交了 CBAM 的初步提案。这一提案旨在解决欧盟排放交易体系（ETS）中碳密集型产业所面临的“碳泄漏”问题。

2022 年 3 月 15 日和 5 月 23 日，欧洲理事会和欧洲议会分别通过了相关方法和报告，这为 CBAM 的机构间谈判铺平了道路。

2022 年 12 月 13 日，欧盟就 CBAM 达成了政治协议，并确定了 CBAM 自 2023 年 10 月 1 日起开始实施。

2023 年 4 月 18 日和 25 日，议会和理事会正式批准了 CBAM 的立法。

2023 年 5 月 17 日，CBAM 正式生效。

这一时间线清晰地描绘了 CBAM 从提案到实施的关键阶段，反映了欧盟在环境政策领域的逐步推进和制度化过程。CBAM 的实施不仅标志着欧盟在全球碳排放治理上的重要一步，而且对国际贸易和全球气候环境政策产生了深远的影响。通过这一机制，欧盟致力于减少碳排放并推动全球范围内更加可持续的环境治理。

CBAM（碳边境调节机制）的实施细节如下。

CBAM（碳边境调节机制）的实施分为两个阶段。过渡期（2023 年 10 月 1 日至 2025 年 12 月 31 日）。在这一阶段，进口商承担的是报告义务，而无须缴纳 CBAM 证书费用。转运至欧盟的 CBAM 货物的进口商或间接海关代表需根据规定的规则，计算并报告所进口 CBAM 货物及其前体材料在生产过程中产生的内含碳排放量。正式实施期（自 2026 年起）。进口商必须购买并上缴 CBAM 证书，其数量与欧盟排放交易计划中逐步取消的免费配额比例相对应。CBAM 证书的价格与欧盟排放交易计划中的排放配额价格密切相关，基于 ETS 市场上一周的平均价格。原产国内含排放量的有效碳成本将可用于抵消相应数量的 CBAM 证书。

当前，CBAM 涵盖了六个主要部门，包括铝、水泥、电力、化肥、氢气和钢铁等行业，这些行业约占欧盟排放交易计划排放量的 50%。CBAM（碳边境调节机制）主要关注二氧化碳排放，但也包括铝产品中的全氟化碳和部分化肥中的 N_2O 排放。

在 CBAM 的过渡阶段，所有出口商必须报告其产品的直接和间接排放量。这一阶段提供了两种计算内含排放量的方法，但需注意的是，从 2025 年 1 月 1 日起，将仅接受欧盟的计算方法。其具体方法如下。

首先，在 2024 年 12 月 31 日之前，内含排放量可以通过第三国的国家系统来确定。这些系统可能包括碳定价计划或监测系统，其准确性和覆盖范围需与欧盟排放交易计划类似。

其次，在 2024 年 7 月 31 日之前，如果计算方法一致，出口商可以选择仅使用欧盟或其他地区的默认排放值来确定内含排放量。

对于直接排放量的具体计算，出口商可以选择以下两种方法中的任何一种。

一是基于计算的方法。这种方法涉及结合使用生产过程中的原材料和投入物以及净热值或排放因子等计算因素。

二是基于测量的方法。这种方法通过连续测量烟气流量和烟气中温室气体的浓度来确定排放量。

出口商在应对 CBAM（碳边境调节机制）时需考虑以下关键事项。

第一，审查报告要求。在过渡期（2023 年 10 月 1 日至 2025 年 12 月 31 日）内，报告无须经过外部审查。然而，自 2026 年起，所有报告必须由外部独立机构进行核查，以确保数据的准确性和透明度。

第二，碳足迹与 CBAM 核算的差异。官方指导文件已经明确区分了碳足迹计算与 CBAM 核算的不同范围。碳足迹数据库中的因子通常代表行业的平均水平，而不是特定企业的实际情况。因此，企业需计算自身的实际排放数据，尤其是考虑到 2026 年开始的正式税收要求。

第三，中国核证自愿减排量（CCER）的抵消问题。截至目前，尚未明确 CCER 是否可以用于抵消 CBAM。鉴于 EU-ETS 已不接受自愿减排量用于抵消，基于碳成本一致性原则，使用 CCER 及其他类似抵消方式可能不被认可。此外，欧盟内部多个企业和协会对于抵消方法持反对态度。

第四，单方面“漂绿”行为。仅仅通过购买“碳中和证书”或“零碳证书”是不足以满足 CBAM 要求的。欧盟对于“漂绿”行为有明确的界定和认知。所谓“漂绿”，是指企业或个体通过购买碳抵消证书来标榜其环保性，而不是通过实际的减排措施来减少排放。例如，“卡塔尔碳中和世界杯”和某些大品牌的“漂绿”声明就是此类行为的典型案例。

第五，确认产品是否属于 CBAM 范围。为确定产品是否属于 CBAM 范围，企业应参考欧盟官方文件“CBAM Communication Template for Installations”，该文件包含详细的八位 CN 代码，用以确认产品是否属于 CBAM 的适用范围。

第六，是否需要细算排放数据。在撰写文章期间，欧盟发布了官方缺省值，但是本次发布的缺省值的“不限量”使用截至 2024 年第二季度，在此之后，排放量占比超过 20%的材料或者工序不可再使用默认值来估算（仅适用于复杂商品），对于机加工行业来说，钢铁、铝作为主要材料，同时是出口产品的主要碳排放源，所以必须有具体的排放数据。据了解，欧洲进口商将会愈发重视排放真实数据，比较各供应商产品的排放量。细算排放数据对于出口企业来说是一个避免不掉且重要的课题。

总结来说，出口商在应对 CBAM 时需要具备对政策的深入理解和准确执行能力，同时要注意区分碳足迹计算和 CBAM 核算的不同，避免错误的抵消策略，并认真确认自身产品是否受 CBAM 影响。

三　欧盟环境政策与 CBAM 的脉络关系

CBAM 的产生和实施是《欧洲绿色协议》的直接结果，该协议不仅是一个政策框架，而且是一次全面的转型努力。《欧洲绿色协议》于 2019 年 12 月 11 日提出，经过欧盟委员会的广泛认可评估，其目的在于衡量向绿色经济转型的机遇与成本。这一政策旨在促成一个公平、繁荣的社会和具有竞争力的现代化经济体系。

《欧洲绿色协议》采取了一种整体性和跨部门的方法，涉及气候、环境、能源、交通、工业、农业和可持续金融等多个关键领域。其目标是通过一系列相互关联的倡议，在不同领域实现气候相关目标，推动整个社会和经济体向更可持续、低碳的方向转型。

在此大背景下，CBAM 作为《欧洲绿色协议》的一个关键组成部分，被设计用来解决由于碳排放定价差异而产生的“碳泄漏”问题，替代免费配额的方案，保证欧盟内部减排目标的实现，同时推动全球气候行动。

《欧洲绿色协议》的推出确实为欧盟带来了重大的发展机遇，但同时也伴随着一系列风险和挑战，这表现在多个层面。首先，该协议在谈判初期遭遇了来自国际大型能源公司的影响，如美国石油公司埃克森美孚试图减轻关于运输排放重要性的论调。这反映出全球能源巨头对环境政策的影响力，以及它们在气候变化议题上的利益冲突。其次，存在关于协议目标的批评声音，认为其不够雄心勃勃，无法有效应对气候变化的紧迫性。这种观点认为，尽管《欧洲绿色协议》在环境保护方面迈出了重要一步，但在实现更深远气候目标方面可能仍显不足。最后，该协议可能对欧盟现有的经济结构产生深远影响，特别是对那些高度依赖化石燃料的成员国。比如波兰、捷克、保加利亚和罗马尼亚曾对碳定价体系表示反对，其中波兰至今仍在法律层面上提出申诉。这些国家认为，欧盟的碳定价机制对南欧和东欧的经济较为不利，在就业方面的影响更为显著。例如，据估计波兰可能会因此失去多达4.1万个工作岗位，而捷克共和国、保加利亚和罗马尼亚也面临着显著的就业问题。反对态度展现出欧盟内部在实施环境政策时所面临的经济和社会挑战，特别是在平衡环境保护与经济增长之间的矛盾方面。

面对《欧洲绿色协议》所带来的挑战，欧盟采取了多项策略来确保其成员国平衡发展和实现环境保护的目标。关键措施之一是实施“公平过渡机制”，这是欧洲可持续投资计划的一个重要组成部分。此机制的目的是为那些受气候政策影响较大的国家提供支持，帮助它们在向绿色经济过渡的过程中更均衡地分担负担。弗兰斯-蒂默曼斯（Frans Timmermans）作为《欧洲绿色协议》的欧盟委员会前执行副主席，对推动欧洲绿色转型做出了重要贡献。他在“公平过渡机制”的协调工作中扮演了关键角色，并强调该机制将促进受影响国家的投资，预计提供至少1000亿欧元的资金支持，以促进这些国家的环境可持续发展。

2021年，欧盟面临严重的能源危机。这场危机源于俄罗斯和挪威对欧洲市场的天然气供应减少、可再生能源发电量下降，以及寒冷冬季对天然气储存的影响。尽管能源价格显著上涨，欧盟并未放弃其向绿色能源转型的目标。实际上，欧盟加速了向清洁能源的过渡，从中国大量进口光伏和风电设备。这不仅展现了欧盟对于可持续发展的坚定承诺，也体现了其在全球气候变化挑战面前的积极应对策略。

弗兰斯-蒂默曼斯在担任欧盟委员会执行副主席的4年间，对推动欧盟环境政策和气候行动做出了重大贡献。他不仅在推动《欧洲绿色协议》和“公平过渡机制”方面发挥了重要作用，而且在国际气候谈判、生物多样性保护、Farm to Fork 策略和循环经济发展等多个领域均取得了显著成果。在他的领导下，欧盟围绕《欧洲绿色协议》制定了一系列政策和立法，其数量和广度都超过了过去15年的数量。这些政策和立法包括循环经济行动计划、“Fit for 55”计划、工业战略、生物多样性战略、Farm to Fork 计划以及可持续金融等。

在《欧洲绿色协议》之后，欧盟迅速推出并通过了《欧洲气候法》这一关键性的法案。该法案于2020年9月提出，并在2021年6月完成了立法程序。《欧洲气候法》的核心目标是到2030年将欧盟的温室气体净排放量相比1990年水平至少减少55%，并致力于到2050年实现气候中和。这一法案不仅代表了欧盟在气候政策方面的坚定承诺，也以法律形式明确了欧盟应对气候变化的长期策略和目标。

为实现其气候目标并提供一个全面而均衡的策略框架，欧盟在2021年7月推出了“Fit for 55”计划。该计划的主要目的是：第一，确保向更可持续的经济模式过渡过程中的公平性和社会正义；第二，维持并提升欧盟工业的创新能力和全球竞争力，同时保障与非欧盟国家经济体的公平竞争；第三，加强欧盟在全球应对气候变化方面的领导角色。

“Fit for 55”计划包含EU-ETS、社会气候基金、碳边境调节机制（CBAM）、成员国减排目标、LULUCF、轿车和货车的二氧化碳排放标准、减少能源部门的甲烷排放、可持续航空燃料、航运中的脱碳燃料、替代燃料基础设施、可再生能源、能源效率、建筑物的能源效率、能源税。

在“Fit for 55”计划的框架下，碳边境调节机制（CBAM）十分重要。该机制旨在对特定进口产品征收碳税，以防止因欧盟内部的严格减排措施而产生的“碳泄漏”现象——即碳密集型生产活动转移到欧盟以外地区。

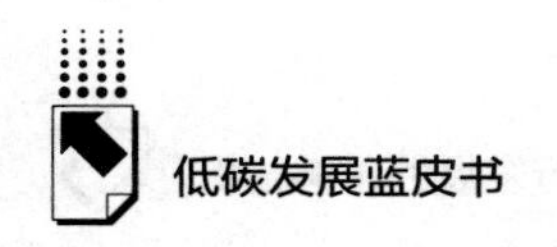

CBAM 的实施旨在确保欧盟减排努力对全球气候变化的积极贡献，并促使欧盟以外的工业体和国际伙伴采取类似的气候行动，共同推动全球的环境保护和可持续发展。

自 2020 年 3 月起，欧盟委员会便开始了 CBAM 的筹备工作，包括启动咨询程序并发布初步影响评估报告。这份报告详细阐述了 CBAM 的设计考虑因素和评估框架，并向公众开放，征求他们的意见。此后，根据收到的反馈，欧洲议会于 2021 年 3 月通过了有关设立 CBAM 的原则性决议。在同年 7 月 14 日，CBAM 的立法建议正式公布，其内容经历了从欧盟委员会草案到议会的雄心版本、临时政治协议，直至最终的正式版本的多次演变。

2023 年 5 月 17 日，欧盟正式发布了《碳边境调节机制条例》（Regulation [EU] 2023/956)，为 CBAM 提供了一个基本的框架，内容包括征收范围、排放量的计算方法、申报要求，以及各方的权利和责任等方面。然而，这份法令在许多细节上仍有待具体化。作为一个框架性的法案，它标志着欧盟实施 CBAM 的初步步骤。为填补细节上的空白，欧盟委员会于 2023 年 6 月 13 日发布了关于该机制过渡阶段实施规则的征求意见稿，并在 7 月 14 日对新的草案内容进行了投票，进一步完善了法案。这一过程展示了欧盟在制定和实施复杂环境政策时采用的迭代和适应性方法。

在新的草案中，欧盟委员会考虑了来自多个组织和团体的反馈，并做出了一系列调整，以提高政策的实用性和灵活性。其调整包括取消尿素排放计算中一氧化二氮的考虑、根据镍含量区分镍生铁（NPI）和镍铁、减轻进口商的报告负担、增加报告的灵活性，以及详细说明进口加工物料的计算方法等。

为应对关于报告时限的紧迫性、统计复杂性等问题，欧盟委员会于 2023 年 8 月 17 日发布了更详细的指导文件和通信表格，这些指导文件专门针对欧盟进口商和非欧盟出口商，主要强调了报告的灵活性和宽松度，作为对不同利益相关者意见和时间限制的一种平衡。

尽管 CBAM 经历了广泛的意见征询和不断的修改，但它还不是最终的形态。目前，CBAM 面临许多不确定性，这些不确定性对其实施有重大影响。例如，尚未明确的问题包括产品排放基准线的设定、电力排放在计算碳成本中的角色，以及审查和监督机制的具体形式等。欧盟委员会计划在2026年之前对这些问题进行进一步的明确和完善。尽管不少发展中国家对CBAM争论不休，但是根本无法阻止CBAM的实施和运转，国内出口企业无法逃避CBAM的相关要求，了解和适应CBAM机制对于保持其在国际市场上的竞争力和遵守环境规定至关重要。为了充分理解和适应CBAM，不仅需要了解其起源，还需深入理解其目的、实施方式及未来发展趋势。

四　CBAM对于国际贸易的影响

虽然在欧盟内部，CBAM被定义为一种“机制”，而非传统意义上的“关税”，以符合世界贸易组织（WTO）的公平贸易原则，但从目前的大众认知和实际操作层面看，将其视为一种“碳关税”可能更便于理解。CBAM的核心在于对碳排放的经济成本进行内部化。CBAM的提出和实施不仅是欧盟的短期行动或专属行为，而是全球对碳排放日益关注的反映，随着英国、美国、澳大利亚、加拿大、日本、韩国乃至印度等国考虑或已宣布实施类似的“碳关税”机制，中国等出口国将需要适应越来越多的类似碳排放成本的国际贸易要求，“碳关税”将演变成“多国化”，或许未来国际贸易也会随之趋向为“团体化”。

而韩国与英国正在与欧盟探讨绿色体系互认和碳市场对接，正如冰岛、列支敦士登、挪威、瑞士在相同的ETS规则之下，碳成本与MRV体系相同，同一碳市场内货物贸易免除所有CBAM复杂的手续，节省贸易双方的大量人力成本和行政成本。

在未来，绿色发展将成为主导，以此为背景理解CBAM不应仅将其作为一项法案，而应视其为一种重要的贸易规则变革的起点。CBAM的规则和影响将深入实际的生产活动中，从而影响全球产业格局。所谓的“碳关税”将成为筛选出口产品的关键因素，其中对环境影响较大的产品可能面临淘汰，而那些低碳排放、能源高效及技术先进的产品则可能获得竞争优势。此

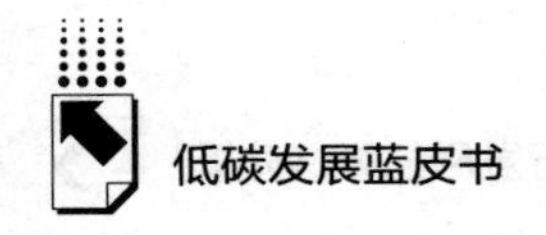

外，产业集群和其他成本优势也将在这个新的国际贸易环境中变得更加显著。

CBAM 的核心目的普遍被认为是防止“碳泄漏”的发生，即在严格的碳排放限制下，高排放产业转移到排放标准较宽松的地区，从而削弱原本限制措施的效果。例如，在中国改革开放初期，欧洲的一些高碳排放企业将生产转移到中国，在当下被解读成早期的“碳泄漏”，但对于产业转移的动因，经济学家应该进行更深入的分析，而不应直接划分到“碳泄漏”。

在市场经济体系中，产业的迁移与经济利益密切相关，政策激励、人力成本、产业链优势等都是影响因素。特别值得注意的是，当环境成本在产业竞争力中占据重要地位时，企业可能会转移到环境成本更低的地区，这正是“碳泄漏”现象的典型表现。因此，在讨论产业转移时，应区分由环境成本驱动的转移与其他类型的产业迁移。但是，时至今日依然没有足够的数据说明环境成本对于产业转移的具体影响。

欧盟面临的“碳泄漏”问题主要与其排放交易体系（EU-ETS）相关。虽然 EU-ETS 已长期运行，但它未导致显著的“碳泄漏”，这主要归功于采用的免费配额制度。目前没有充分数据表明 EU-ETS 的碳成本因素导致了“碳泄漏”。然而，CBAM（碳边境调节机制）的设计与免费配额的取消息息相关。在这个情景中，“碳泄漏”可以被视作绿色体系所面临的一个问题，而免费配额曾是解决这一问题的手段。随着时间的推移，这种旧方法因其伴随的多种副作用而逐渐失去作用。因此，CBAM 被设计为新的解决方案，旨在替代免费配额，减轻或消除其可能带来的负面影响，并继续发挥欧盟在全球气候治理中的作用，压实责任。

碳边境调节机制（CBAM）的构想并非源自临时决策，实际上它拥有较长的发展历史。早在 2007 年、2009 年和 2016 年，类似的机制就已被提出。然而，这些早期提案由于多种原因，包括缺乏法律基础、可能违反世界贸易组织（WTO）规则、被视为经济保护主义以及担忧国际报复等，未能实施。例如，在 2012 年，欧盟尝试将国际航班纳入其排放交易体系（EU-ETS），这一尝试遭到了包括中国和美国在内的多个大国的强烈反对，此事件反映了国际社会对于单边环境措施的敏感性，以及对可能产生的经济影响和国际关系紧张的担忧。

此外，由于EU-ETS中的许多企业从免费配额中获得了实质利益，它们对放弃这一制度持保留态度。根据Carbon Market Watch的一项研究，欧盟排放交易体系（EU-ETS）在2008~2019年为许多企业带来了显著的经济利益。该研究显示，在19个欧盟国家的15个行业中，估计产生了300亿~500亿欧元的额外利润。特别是在钢铁行业，这一时期的额外利润最高，估计达到11.9亿~161亿欧元，水泥行业（7.1亿~103亿欧元）和炼油行业（5.9亿~113亿欧元）也获得了较高的额外利润。这些数据凸显了EU-ETS在欧盟内部行业的经济影响，同时也反映了碳交易制度在实际运作中的经济激励效果。①

根据研究，EU-ETS中产生的利润可以分为三个主要类型：一是超额分配的免费排放配额所产生的利润；二是利用较低成本的国际碳信用来抵销部分履约义务所节省的成本；三是将免费获得的排放配额的机会成本部分转嫁到产品价格中所获得的利润。

2021年，随着EU-ETS进入其第四阶段，除电力部门外，大约95%的工业排放仍然被免费配额所覆盖。尽管此时碳配额价格出现了急剧上涨，但由于免费配额的存在，许多企业实际上并未感受到显著的碳成本压力。

维持免费配额制度可以避免与出口国在贸易端的冲突，但免费配额也有弊端，它带来了错误的市场激励，并在可持续性方面被认为存在不足。欧盟选择减少免费配额而不是维持现状，原因是多方面的。首先，保持当前的免费配额水平可能阻碍欧盟实现其2050年气候中和目标。其次，过多的免费配额可能抑制低碳技术的创新和发展，因为它减少了向更环保技术转型的经济激励。此外，免费配额的过度分配可能影响碳市场的有效运作，降低市场的活跃度和流动性。最后，公众和各方面的反对声音也表明，免费配额在一

① "Additional Profits of Sectors and Firms from the EU ETS 2008-2019," Carbon Market Watch, Jun. 2021, https://carbonmarketwatch.org/publications/additional-profits-of-sectors-and-firms-from-the-eu-ets-2008-2019/.

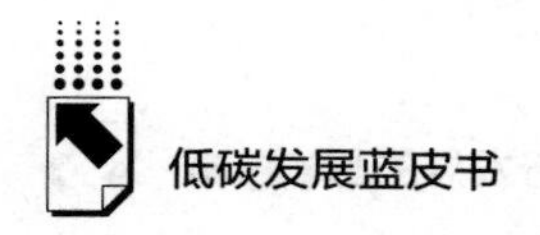

定程度上削弱了减排努力的严肃性。因此，减少免费配额被视为欧盟在环境政策上的一个重要调整，旨在平衡市场激励与环境保护目标之间的关系，推动欧盟更有效地实现其环境和气候目标。

此外，CBAM 对于中国企业可能也存在潜在影响。探讨 CBAM 对中国企业的影响需要时间获取足够多的数据样本，基于实际运作后的数据进行深入分析。目前，对 CBAM 的讨论主要是基于初级数据分析和对未来趋势的预测。在分析 CBAM 的影响时，应将其分为“直接影响”和“间接影响”两大类。直接影响主要指向直接向欧盟出口的中国企业。这些企业需要直接应对 CBAM 带来的额外成本，特别是在购买 CBAM 证书以覆盖其产品碳排放量方面。间接影响涉及为出口企业提供前体材料的供应商，无论它们是在中国还是其他国家。由于碳成本会沿着供应链分摊和转嫁，供应商也需要采取措施来收集和报告其前体材料的碳排放量。这不仅涉及额外的人力和碳成本，还可能需要外购专业的第三方服务以符合报告要求。考虑到间接影响的原因在于，整个供应链中的每一个环节都可能受到 CBAM 的影响。供应商可能需要被迫调整其生产模式以适应新的环境要求，这种链条式的影响从供应链的最初环节一直延伸到最终产品的出口，使整个工业生态系统都受到 CBAM 政策的影响，从而促使整个行业朝着更低碳排放的方向转型。

对于直接受 CBAM 影响的企业，计算其潜在的财务影响是一个相对直观的过程。通过分析出口到欧盟的产品范围、出口量和总值，结合预计的 EU-ETS 免费配额在 2026 年的削减比例，可以估算出相应的碳成本。基于这些数据，可以估算出中国出口商品可能面临的税负。例如，根据 E3G 和 Sandbag 的研究，基于 2019 年的出口数据假设碳价为每吨 50 欧元，估计中国直接排放的商品在 2016~2035 年的潜在税负范围是 1.74 亿~4.85 亿欧元。若考虑间接排放量，这一数字可能增至 4.85 亿~8.27 亿欧元。[①] 这一估算反映了中国对欧盟出口企业在新的碳税体系下可能面临的经济压力，以

① “New Study Shows Limited Trade Impacts of EU CBAM,” E3G, Aug. 2021, https: //www.e3g.org/news/new-study-shows-limited-trade-impacts-of-european-carbon-border-adjustment-mechanism/.

及需要做出的策略调整。

当前，欧盟排放交易体系（EU-ETS）的碳配额价格已升至每吨 80 欧元。随着未来免费配额数量的减少和碳市场稀缺性的增加，存在碳配额价格进一步上升的可能性。这种趋势可能对中国对欧盟出口商品在未来需要缴纳的“碳关税”金额产生显著影响。

关于间接影响的范围和深度，例如供应链中前体材料供应商承担的碳成本，目前还是一个未知数。但是，这部分影响是不可忽视的，因为它可能涉及更广泛的领域，并涉及更大的经济价值。

根据德勤咨询的调查，60%的进口受影响产品的德国公司不了解 CBAM，而在了解 CBAM 法案的公司中，只有 50%表示它们的公司将受到影响。[①] 同样，英国商会（BCC）的一项调查也显示，在 733 家中小企业的受访者中，有 80%的人并不知道即将出台的 CBAM 报告规则。[②] 这些数据清楚地表明，许多欧盟的进口商和对欧盟的出口商目前还没有完全掌握 CBAM 的运作逻辑和统计方法。这意味着碳排放的溯源工作还没有完全扩散到供应链中的供应商。因此，很多提供前体材料的供应商可能无法准确地知晓自己的客户是否为出口商，以及它们提供的多少材料最终被用于出口产品。

为了获得更全面和准确的数据，需要一定的时间来进行相应的调查和研究。由于 CBAM 是一项新实施的机制，其具体影响的完整评估需要基于实际的数据和市场反应。这意味着，必须等待至少一个报告周期结束后，才能开始对这些数据进行收集和分析。

考虑到这些因素，当前对 CBAM 具体影响的讨论确实可能有些为时尚早。要全面理解 CBAM 的影响，需要对 CBAM 有更深入的了解、更精确的统计方法，以及进一步观察和分析市场反应。

---

① “Deloitte：Many German Importers Not Prepared for CBAM，” Balkan Green Energy News，Aug. 2023，https：//balkangreenenergynews. com/deloitte-many-german-importers-not-prepared-for-cbam/.

② “CBAM-EU’s New Green Import Tax Explained，” Sep. 2023，https：//smallbusiness. co. uk/cbam-eus-new-green-import-tax-explained-2572389/.

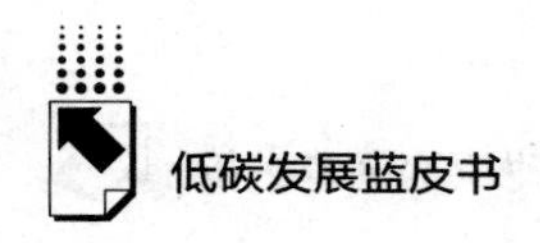

目前，多数人认为 CBAM（碳边境调节机制）是一项限制措施，但从另一个角度看，它也可能为某些企业提供竞争优势，尤其是对那些采用技术密集型生产方法的企业。CBAM 将碳成本施加于所有出口国，这可能使得具有技术优势和更完善的绿色政策的国家在全球市场上获得优势。就中国而言，与其他竞争对手（如土耳其、巴西、印度、乌克兰和俄罗斯）相比，中国在某些领域拥有明显的技术优势和产业集群优势。中国进一步完善绿色政策，有助于其出口企业在 CBAM 的影响下保持竞争力。廉价的人力成本和环境成本在全球许多地方都可以找到，但先进的生产技术和科学技术并非普遍可得，在这种情况下，CBAM 可能为那些在技术创新和绿色生产方面投入较多的国家和企业提供一定的竞争屏障，抵御来自技术较不发达国家的产业转移冲击。

CBAM（碳边境调节机制）带来的成本确实通常会通过价格转嫁给欧盟消费者，这意味着对最终产品价格的影响可能不会特别显著。以汽车行业为例，假设一辆车使用 900 千克钢材和 211 千克铝，且其直接碳排放强度分别为 2. 1 吨/吨 CO_2 和 4. 2 吨/吨 CO_2，碳价设定为每吨 80 欧元。基于这些数据，钢材的碳成本影响为 0. 9×2. 1×80 = 151. 2 欧元，相对于整车的总价值来说可能只是一个较小的比例。

这种情况引发了一个思考：中国的产品能否通过提高绿色生产技术，以及通过成本转嫁的方式获得更多的“绿色”利润。这与在欧盟排放交易体系（EU-ETS）内的企业通过成本转嫁实现利润增加的方式相似。

五　中国企业的应对策略与挑战

在制定应对策略之前，首先需要了解“碳成本”的实际影响力。目前，“碳成本”可能并不是国际贸易竞争中的主要决定因素。传统的成本因素，如资金、能源和原材料成本，仍然占据着主导地位。这意味着，即使 CBAM 引入了额外的“碳成本”，它可能不会对所有企业的出口量产生重大影响。例如，如果中国能够获得更加廉价的天然气或其他能源资源，那么 CBAM

对欧盟内产品的潜在优势可能也不会特别明显。此外，美国的 IRA 法案（《通胀削减法案》）对欧盟工业的吸引力主要源自资金层面的优势，而非环境成本。

因此，CBAM 带来的碳成本应被视为未来趋势的一部分，它当前并非影响国际贸易的主导因素。随着全球对环境可持续性的关注日益增强，“碳成本”可能逐渐成为更重要的考量因素，但在当前阶段，不应对其过分高估或产生过度的焦虑。所以，在短期内，企业和政策制定者应更加关注其他传统的成本因素，同时逐步准备应对长期的环境成本趋势。

中国企业在制定应对策略时，应首先正视并重视“绿色”、“环境”、“气候”和“可持续性”等议题。随着全球对环境保护和气候变化的关注日益加深，这些议题已成为外交和贸易领域的重要议题。为了避免被市场淘汰，企业必须树立并坚持这样的思想和信念。

对于许多中国企业来说，“绿色”、“环境”和“气候”这些概念可能还没有被充分重视，通常被视为较为抽象的议题。然而，当这些概念在从企业高层到一线员工之间得到广泛理解和重视时，实施绿色和环境友好的措施将变得更加高效。将“绿色”、“环境”和“气候”这些抽象概念转化为具体的行动对于企业的可持续发展非常关键。例如，实施“循环经济”不仅仅是回收一些残次品、包装物或废弃物那么简单，它涉及企业在生产流程、产品设计、资源管理等多个方面的深入思考和改进，包括优化生产工艺以减少废物和能源消耗，设计可回收或可降解的产品，以及采用更环保的原材料。

在当前企业界的实践中，“可持续性”的概念日益受到重视，尤其是在将其融入关键绩效指标（KPI）及与经济效益挂钩的趋势中时。然而，这样的做法在实际操作中完全没有体现“可持续”背后的公益性，导致执行过程遭遇不少困难。部分企业由于对短期成本的考量，选择维持传统的生产方式，避开需要“绿色改革”的业务领域，足见其对可持续发展长期价值的忽视，同时可能导致其未来面临被市场淘汰的风险。对此，企业在制定应对策略时应考虑到可持续性的长远价值，即使这可能意味着短期内要放弃某些务实考虑。将这些看似抽象的概念转化为具体的行动，对于企业的长期可持续发展至关重要。

CBAM 的理解和适应对于相关出口企业来说至关重要。从 2026 年起，企业要缴纳“碳关税”，这将直接影响企业的成本支出和前端销售的业务需求。因此，CBAM 将对企业的收入和支出两个关键方面产生直接影响。

出口企业可以采用以下五步法来开展 CBAM 相关工作。

第一，确认 CBAM 涵盖的产品。首先，根据 CN（商品编码）确认自己的产品是否属于 CBAM 覆盖范围。可以参考欧盟官方发布的包含详细八位 CN 代码的 Excel 通信表格，以确保准确性。即使未在范围内，一定要向欧洲客商反馈，以确认其国当局要求或者他所获得的消息。

第二，筛选前体材料。对生产所用的原材料进行筛选，以确认哪些属于“前体材料”。如果对这一概念不够清晰，可以依据 CN 代码进行判断，欧盟官方指导文件中有相关标注。确认之后，向供应商索取前体材料的内含碳排放数据（包括直接排放和间接排放）。这一步中，了解 CBAM 的逻辑和计算方法将有助于高效沟通。对于规模较大、重视可持续发展的企业，如苹果公司，可以制定并实施减排策略，协助供应链企业共同减排。

第三，分解生产流程。这是整个五步法的核心。企业需要详细绘制其生产流程，并在流程的每个环节准确标注所使用的材料、能源以及产生的各类产品和排放。虽然这听起来简单，实际操作却较难，涉及各生产部门的密切合作。详细拆解生产流程的目的首先是准确识别企业的碳排放，以便于未来的减排规划和明确与“碳关税”相关的排放源。此外，这种细致的流程分析还有助于准确收集出口产品的“归因内含排放量”数据及其生产流程，以便于后续的报告填写工作。

第四，数据统计。这里欧盟推荐使用质量平衡法。考虑到从 2025 年开始将需要全面采用欧盟的统计方法进行报告，建议企业从现在开始就采纳质量平衡法，以减少未来的工作量。这一步骤需要根据第三步中拆解的生产流程来收集“输入”和“输出”的数据，包括原材料用量、能源消耗、温室气体排放量以及产品或材料的含碳量等。然后，将前体材料的直接排放和间接排放数据加入，就可以计算出出口货物的总内含碳排放量。将这一总量除以相应的单位量，如“吨”，就能得出特定产品的内含排放量。

第五，填写报告表格。将之前步骤中收集的数据和信息准确地填入相应的栏目。欧盟官方通信表格包含公式，能够自动计算出进口商所需要的数据，因此，如果前面的数据收集和生产流程分析等步骤都已经妥善处理，这一步骤相对而言将会比较简单。

六　主要结论与未来展望

在中国，应对碳边境调节机制（CBAM）的策略之一是转向可再生能源，尽管可再生能源在环境保护上具有明显优势，但其稳定性问题尚未解决。例如，近两年云南地区水电的枯水期对电解铝产业造成了显著影响，而风能和太阳能电力的不稳定性也给那些对稳定电力需求较高的生产企业带来了挑战。

在国际贸易中，尤其是面对CBAM这样的规则时，中国的能源政策、全球能源治理以及欧盟的相关规定之间的差异成为核心问题。例如，即使企业购买了“绿电”，由于规则的不同，这些购买可能不被国际标准所认可。因此，在出口产品的间接排放计算中，“绿电”和“火电”的含量将成为重要的考量因素。解决这些问题需要企业、政策制定者和国际组织之间进行更深层次的沟通与合作。

总体来看，企业应对策略的关键在于充分理解并掌握现行国际规则。依赖各种碳抵消措施和“绿色认证”的策略不仅可能不被国际市场认可，还可能导致企业在时间和资源投入上的浪费。

对于企业来说，应将核心策略聚焦于降低生产过程中的直接排放，并将可持续发展理念融入企业文化和操作中。这不仅是为了应对欧盟的“碳关税”，也是为了应对其他国家可能实施的类似环境措施。在全球化的市场环境中，企业的环境责任和可持续性已成为全球贸易的基石。因此，企业必须在这方面进行长远的规划和投资，以符合日益严格的国际标准和市场期望。

Abstract

China Carbon Emission Trading Market Report 2022-2023 is a series of research reports focuses on China's Carbon Emission Trading Market (hereafter referred to as the "ETS") edited by the International School of Low-carbon Studies, Shandong University of Finance and Economics. Set against the background of global climate change and China's "Carbon Peaking and Carbon Neutrality" strategic. this book offers a nuanced exploration and assessment of the intricate characteristics and emerging trends within the China's ETS. It encompasses aspects such as corporate, evaluation, international references, special, and offers an in-depth exploration and assessment, systematically outlining the challenges and opportunities currently facing China's ETS. Moreover, the report proposes policy recommendations and suggestions to foster the healthy development of the ETS, providing robust theoretical and empirical foundation to aid in the gradual and steady realization of China's "Carbon Peaking and Carbon Neutrality" goals. The publication consists of a main report and four thematic sections, making up a total of 15 individual reports.

The report highlights the primary functions of the ETS in regulating carbon emissions and establishing a pricing mechanism, integrating policy instruments with market mechanisms as a crucial strategy for the effective measures to achieve China's "Carbon Peaking and Carbon Neutrality" goals. In 2011, the National Development and Reform Commission of China has approved pilot carbon trading initiatives in seven provinces and cities. The national ETS was officially launched on July 16, 2021, and successfully concluded its first compliance period on December 31, 2021. Following the initial compliance cycle, the foundational institutional framework of the national ETS was established, with key operational processes running smoothly. This phase witnessed gradual stabilization in price fluctuations, and demonstrated the efficacy of the pricing mechanism in carbon price discovery, significantly contributing to corporate emission reductions and accelerating the transition towards a green and low-carbon economy. On January 1, 2022, the national carbon market officially entered its second compliance period. Compared to the first compliance period, the second compliance period included 2257 key emission units, an increase of 95 units, covering approximately 5. 1 billion tons of CO_2 emissions annually, and accounting for over 40% of the national CO_2 emissions. By the end of 2023, the cumulative transaction volume of carbon allowances in the national carbon market reached 442 million tons, with a transaction value of 24. 92 billion yuan. During the second compliance period alone, the transaction volume was 263 million tons, with a transaction value of 17. 258 billion yuan, indicating a gradual increase in trading scale and a stable rise in trading prices. The number of key emission units participating in transactions during the second compliance period increased by 31. 79% compared to the first period. Flexible compliance mechanisms alleviated compliance difficulties for 202 key emission units, with completion rates for allowance surrender of 99. 61% in 2021 and 99. 88% in 2022, further improving from the first compliance period.

The establishment and operationalization of the national ETS have profound implications for the sustainable development of China's economy and society. Through a systematic review and comprehensive analysis of the second compliance period of the national ETS, the report concludes that the institutional framework of the national ETS has progressively solidified during this period, with significant improvements in the scientific nature, rationality, and enforcement of the system, ensuring effective market operation and transparent management. Concurrently, corporate practices in carbon emission reporting and verification have become more standardized, with a significant improvement in data quality, reflecting an increased commitment to and capability for emission reduction among enterprises. As the China's ETS continues to develop, its influence and scope are expected to expand further. Specifically, the second compliance period of the national ETS exhibited the following characteristics. First, An increase in the number of market participants and a substantial rise in the volume of covered carbon emissions, not only deepening the market's layers but also broadening its functional scope, thereby laying a solid foundation for further development in promoting emission reduction efficiency, enhancing market liquidity, and strengthening the function of price signals. Second, A marked increase in transaction volume and value, along with a decline in transaction concentration, indicating enhanced market vitality and corporate participation, suggesting the gradual maturation of the market mechanism and the increasing role of carbon trading in resource allocation. Third, Stabilization of price fluctuations, reflecting market recognition of the carbon pricing discovery mechanism and expectations for the future ETS, providing crucial references for companies to formulate long-term low-carbon strategies. Fourth, Adjustments in compliance timing and requirements, market systems and regulatory rules, carbon emission data quality control, carbon allowances allocation, and the flexibility and precision of compliance. Fifth, in January 2024, the national greenhouse gas voluntary emission reduction market (CCER market) was officially restarted, with the mandatory carbon market regulating key emission units and the voluntary carbon market encouraging broad societal participation. The two carbon markets operate independently but are connected through the allowance offset mechanism, together forming the national carbon market system.

The book conducts an in-depth analysis of key issues such as ETS price fluctuations and market effectiveness and constructs a comprehensive evaluation index for the ETS to assess the market's operational state comprehensively, providing a scientific basis for market regulation and policy formulation. Based on carbon price data from 484 trading days between January 2022 and December 2023, the book evaluates the price fluctuation risks and effectiveness of the ETS. Further, it quantifies the comprehensive performance of the Chin's ETS across five dimensions: trading scale, market structure, market value, market vitality, and market volatility, based on monthly trading data. The results shows the following three points. First, Notable price volatility occurred in China's ETS, with overall price risks remaining within controllable limits. Second, Tianjin, Shanghai, Fujian, and the national ETS exhibit high market efficiency, achieving weak-form efficiency. Third, Due to differences in market participation, institutional maturity, and regulatory efficiency, the comprehensive evaluation scores of various ETSs vary significantly.

In addition to a systematic analysis and comprehensive assessment of China's ETS, the book delves into the micro-perspectives of enterprises, exploring their roles and impacts within the ETS, and examining how effective carbon asset management and participation in carbon trading can enhance their competitiveness and sustainable development capabilities. Moreover, the book provides a comparative analysis of the operation models, management mechanisms, and participant behaviors in different economies internationally, offering references for the improvement and optimization of China's ETS. Finally, the book discusses deep-seated issues and forward-looking topics in the development of China's ETS, including market expansion, the restart of the voluntary emission reduction market, carbon inclusion mechanisms, carbon finance, and the response to the European Union's Carbon Border Adjustment Mechanism (CBAM).

Overall, the core challenge of China's ETS is a lack of market activity, leading to persistently low transaction volumes and values, and a noticeable difference in market turnover rates compared to those in more developed ETSs. The main reasons for this challenge can be summarized as follows three points. First, Insufficient legal support and lack of long-term policy guidance. Compared to developed countries, China has a higher proportion of energy-intensive industries, making the balance between carbon emission control and economic development more complex. In the unique socio-economic context of China, the development of the ETS requires deeper coordination mechanisms. Previously, the legal foundation of the carbon market primarily relied on provisional measures issued by the Ministry of Ecology and Environment regarding carbon emission trading, registration, and settlement management, which were insufficient in penalizing non-compliant enterprises and handling fraudulent data and other violations. In January 2024, the State Council issued the "Interim Regulations on the Management of Carbon Emission Trading", which will come into effect on May 1, 2024. This is China's first dedicated legislation in the field of climate change, completing the policy and regulatory framework for the national carbon market. Second, Mid-level regulation still requires improvements, especially in information disclosure and workflow processes. Although China's pilot ETSs have implemented a series of processes, the institutional boundaries between environmental rights products are still unclear, and policy mechanisms are not well-coordinated, leading to issues such as double counting. Additionally, the lack of adequate market information from intermediary organizations and delays in allowances verifications have caused market price fluctuations, reducing market efficiency. Third, The breadth and depth of trading industries, trading entities, and trading methods at the micro-levels still need orderly expansion. Although the national ETS has smoothly completed two compliance periods, the expansion efforts have fallen short of expectations, with industry coverage still limited to the power sector. The scope of trading entities and the diversity of trading methods are also constrained, affecting market liquidity and activity, and limiting the effectiveness of market-based mechanisms in emission reduction.

In response to the challenges and issues of China's ETS, the book suggests expanding the market coverage and participant, include more energy-intensive industries such as steel, chemicals, and building materials, enhancing market competitiveness and vitality, and increasing market diversity and activity. It also recommends improving the allowances allocation mechanism by establishing a more refined and dynamic emission data collection and analysis system, incorporating industry characteristics and differentiated emission standards, and regularly reviewing and adjusting allowances allocation rules. Additionally, the book calls for the introduction of stricter compliance and penalty mechanisms, enhancing the audit of market participants' carbon emission reports, increasing monitoring and penalties for regulatory violations, improving the transparency and openness of compliance mechanisms, and enhancing overall market trust. This book also emphasizes the importance of voluntary ETS, encouraging enterprises to invest in environmental projects such as renewable energy and forestry, and actively promoting the development of CCER to provide enterprises with diversified emission reduction channels. Furthermore, the book advocates for strengthened international cooperation and linkage in ETSs, continuing to follow the development experiences and trends of relatively mature ETSs internationally, learning from advanced ETS management experiences, actively participating in international ETS cooperation. Lastly, the book urges continuous advancement in market infrastructure and technological innovation, establishing efficient, transparent, and reliable trading platforms, and accurate and reliable monitoring and reporting systems. It encourages the application of technologies such as blockchain, big data analysis, and artificial intelligence in the ETS, as well as the development of carbon capture, utilization, and storage (CCUS) technologies.

Keywords: "Carbon Peaking and Carbon Neutrality" Strategy; Carbon Emissions Trading Market; Green Transformation; International Cooperation; Innovation in Carbon Finance

Contents

Ⅰ General Report

Abstract: As a key strategy for effectively achieving China's carbon peaking and carbon neutrality goals, the carbon trading market merges policy tools with market efficacy, driving the innovation and adoption of low-carbon technologies, thereby expediting the transition towards a green, low-carbon economy. This report explores China's carbon emissions trading market for 2023-2024, aimed at assessing its present condition and suggesting developmental strategies to aid China's environmental ambitions. It scrutinizes the operational traits of the national carbon trading market, including the fluctuations in emission allowances prices and trading volumes, and confronts the challenges within the market. Moreover, by comparing pilot and non-pilot markets, the report indicates possible methods to boost market efficiency and liveliness. Despite its global significance, China's carbon market confronts challenges in legal, regulatory, and market vibrancy aspects. To address these, the report proposes several policy recommendations to nurture healthy market evolution.

Keywords: National Carbon Trading Market; Carbon Trading Pilot Market; Voluntary Emission Reduction Trading Market; "Carbon Peaking and Carbon Neutrality" Goals

Ⅱ Evaluation Reports

B.2 Risk Assessment Report of Price Fluctuations in China's Carbon Emission Trading Market

Song Ce, Li Chenglong and Xu Wei / 071

Abstract: With the rapid development and maturation of China's carbon market, the influence and risk levels of market price fluctuations have also increased. Price volatility not only affects the stable operation of the market but also has profound implications for corporate business decisions and national carbon emission reduction strategies. This report conducts an in-depth study of price fluctuation risks in China's carbon emissions trading market, aiming to provide a comprehensive assessment of the market's risk levels through scientific analysis methods to enhance market stability and transparency. Employing the GARCH-VaR model, the report meticulously analyzes the trading price fluctuation characteristics and risk levels across nine different carbon markets. The study applies the robustness and heteroscedasticity tests, followed by an empirical analysis exploring the fluctuation characteristics of different markets, revealing significant differences. The results indicate that China's carbon markets exhibit unique characteristics in terms of price volatility and risk management. The report underscores the importance of strengthening market regulation, optimizing market structure, Formulate and implementing more flexible market policies, and enhancing information sharing and collaboration to improve overall market efficiency and stability.

Keywords: Carbon Emission Trading; Price Volatility Risk; GARCH-VaR Model

B.3 Effectiveness Evaluation Report of China's Carbon Emissions Trading Market *Li Chenglong*, *Song Ce* / 096

Abstract: In July 2021, China officially launched its national carbon emissions trading market, marking a significant milestone in the country's efforts to combat climate change. An effective carbon market plays a crucial role in reducing carbon emissions and addressing many other energy-related issues. This report examines the trading prices and carbon price returns of nine major carbon markets in China, including the national carbon market and eight carbon trading pilot cities. The report begins with a descriptive analysis of each market and then assesses the normality of carbon price returns using Shapiro-Wilk test, Shapiro-Francia test, kernel density distribution, and Q-Q plots. It is found that the carbon price returns in all markets do not follow a normal distribution. Furthermore, an analysis of market efficiency using the Augmented Dickey-Fuller (ADF) test concludes that Tianjin, Shanghai, Chongqing, Shenzhen, Fujian, and the national carbon market have reached weak-form efficiency, while Beijing, Guangdong, and Hubei carbon markets have not yet achieved this level of efficiency. Interestingly, the results of the variance ratio test differ from those of the ADF test, indicating that the Tianjin, Shanghai, Fujian and the nation carbon markets have achieved weak-form efficiency, while Beijing, Shenzhen, Chongqing, Guangdong and Hubei carbon market have not reached this level of efficiency. This report provides valuable insights into the performance and efficiency of China's carbon markets, which have become increasingly important in the global efforts to combat climate change.

Keywords: Carbon Emissions Trading; Efficient Markets; Carbon Price Reture Rate

Abstract: Considering the new characteristics and developmental dynamics exhibited by China's National Carbon Trading Market during its second compliance period, this report aims to deeply analyze and evaluate the impact of these changes on the overall development level of the market. Utilizing the Entropy-Weight TOPSIS method, the study comprehensively evaluates China's Carbon Emission Trading Market. It finds significant disparities in the integrated development levels of pilot carbon markets in China, with some markets, such as Hubei and Guangdong, excelling in trading activity and market management. Despite an overall uptrend in market value, the increase in market activity is limited, indicating insufficient responsiveness of market participants to price fluctuations. The report also notes substantial differences in market volatility across various carbon markets, possibly due to variations in market size, participant structure, and regional economic characteristics. The report emphasizes the need for region-specific strategies to foster balanced market development. The findings and recommendations of this report offer valuable guidance for the optimization and future development of China's carbon market.

Keywords: Carbon Emission Trading Market; Comprehensive Evaluation Index System; Entropy-Weight-TOPSIS

Ⅲ Enterprise Reports

Abstract: Clarifying the overall characteristics of the national carbon market is an important prerequisite for further clarifying the operation characteristics of the national carbon market, accelerating the expansion of the national carbon market, promoting the reform of the national carbon market, and effectively improving the infrastructure and basic system of the national carbon market. Based on this, this paper starts from the three aspects of the spatial structure of the national carbon market regulated enterprises, the nature of the regulated enterprises and the performance of the regulated enterprises. The overall distribution characteristics and dynamic evolution of the national carbon market regulated enterprises, the regional distribution characteristics and dynamic evolution of the national carbon market regulated enterprises, the distribution characteristics of the carbon market in the pilot areas and the national carbon market regulated enterprises, the nature characteristics of the national carbon market regulated enterprises and the performance of the regulated enterprises in the provinces and cities of the national carbon market are deeply explored. Finally, on this basis, some suggestions are put forward, such as adjusting measures to local conditions, perfecting and refining the carbon market supervision system and legal and regulatory system, strengthening capacity building, improving the professionalism of carbon market participation, and promoting the transition from pilot carbon market to national carbon market .

Keywords: National Carbon Market; Regulated Enterprise; Spatial Structure; Enterprise Nature; Performance Status

Abstract: Establishing an effective carbon asset management system has become an important strategy for the sustainable development of enterprises. This report takes excellent enterprises in the carbon asset management system as the research object, deeply analyzes their successful experiences in the carbon asset management system, in order to provide reference and inspiration for more enterprises. Sinopec has taken comprehensive measures to establish a carbon asset management system, including establishing relevant plans and systems, improving the structure of carbon asset management, conducting carbon footprint accounting and evaluation, and actively participating in carbon trading. China National Building Materials Group has established a carbon emission management system to clarify the responsibilities and assessment standards of each enterprise, and taken active measures to improve the ability to manage carbon emission data, utilized modern technical means to build a digital carbon asset management platform, and constantly improved the ability to manage the value of carbon assets. CR Power has made comprehensive plans for the company's carbon asset management based on the latest progress of the construction of the national carbon market, optimized internal management mechanisms, actively participated in carbon markets and green electricity trading, and cooperated with other enterprises and institutions to create a partnership fund to jointly and efficiently manage carbon assets. These measures help to improve the carbon market competitiveness of enterprises, promote the low-carbon transformation of the entire society, and achieve sustainable development.

Keywords: Carbon Asset Management System; Carbon Market; Sinopec; CNBM; CR-Power

Abstract: This report studies the excellent enterprise cases in the national carbon market, deeply analyzes their successful experiences, and provides reference and inspiration for more enterprises. China Datang Corporation Limited takes multiple measures to promote emission reduction and carbon reduction, and constantly improves the professional standards and information level of enterprise carbon asset management. It has established a carbon asset management company, established a carbon trading center, developed professional carbon asset management information systems, and accurately predicted quota profits and losses. China National Petroleum Corporation has vigorously implemented energy conservation projects, improved the energy standardization management system, and promoted special actions to reduce energy consumption and carbon emissions to achieve energy conservation and emission reduction. At the same time, it has increased the degree of chemical utilization of carbon dioxide, improved the utilization rate of carbon, and actively developed related industries. Xinfa Group has adopted advanced equipment and technology to upgrade power plants, reduce coal consumption and improve energy efficiency, achieving results of saving a large amount of standard coal and reducing carbon emissions every year. It is committed to developing a circular economy, achieving efficient resource utilization and waste reuse by connecting production processes, and further reducing carbon emissions. These successful experiences show that enterprises should follow environmental protection trends, attach importance to carbon emission reduction, improve the level of carbon asset management, proactively layout carbon markets, accumulate international carbon emission trading experience, and develop, innovative technologies and circular economy to improve carbon market competitiveness and profitability.

Keywords: National Carbon Market; Carbon Assets; China Datang Corporation Ltd.; CNPC; Xinfa Group

Ⅳ International Experience and Lessons Reports

Abstract: The challenges brought by global climate change make carbon trading market one of the tools to effectively deal with climate change. This report analyzes the typical practices of the EU carbon market, the US carbon market, the Japanese carbon market and the Korean carbon market respectively, and summarizes

report summarizes the main problems of carbon trading market in developing countries, and suggests that the framework of successful carbon trading market construction in the world should be used for reference to enrich the institutional construction of carbon market construction in developing countries. It is recommended to continuously promote and improve the regulatory system to ensure the fair, transparent and stable operation of the market. It is suggested to strengthen cooperation with international organizations and other countries, share experience, technology and resources, and promote the positive interaction of the international carbon trading market.

Keywords: Carbon Trading Market; Russian Carbon Market; South African Carbon Market

Abstract: The excellent experience of foreign excellent carbon asset management enterprises in carbon asset management can provide inspiration for other enterprises, and drawing on these experiences can help enterprises manage carbon assets more effectively, promote sustainable development and enhance competitiveness. Among them, EDF's experience includes establishing an integrated energy management center, increasing investment in clean energy technologies, actively participating in carbon trading markets, and exploring diversified environmental finance products. Second, BP's excellent practices in carbon asset management, including a comprehensive carbon monitoring and reporting (MRV) system, and carbon emission reduction trading and carbon assent management support at the group level. In addition, Toyota motor corporation adopts three key strategies in carbon asset management: implementing the strategy of energy conservation and emission reduction to increase income, accelerating the research and development of electric vehicles to optimize carbon asset management, and issuing green bonds to support new energy projects. Antarctic Carbon adopts comprehensive carbon footprint assessment, works with enterprises to develop personalized emission reduction strategies, provides carbon credit trading services, guides sustainable investment and innovation, and fully supports enterprises' carbon asset management and sustainable development.

Keywords: Carbon Asset Management; Electricity de France; British Petroleum; Toyota Motor Corporation; Antarctic Carbon

Ⅴ Special Reports

Abstract: In China, carbon emission trading serves not only as a market mechanism to address climate change but also as a significant policy tool for achieving the "dual carbon" goals. In July 2021, China launched nationwide online trading in the carbon market, transitioning from regional pilot programs to comprehensive deployment. As to current development status of China's carbon market, three key characteristics can be identified: a single covered industry-the power generation sector, a single trading entity-key emitting units, and a single product-quotas. These "three singularities" have resulted in a lack of vibrancy in the nationwide carbon market. This report aims to explore the impact of expanding the carbon emission trading in four aspects: trading industries, trading entities, trading channels, and types of carbon financial products. It also proposes corresponding organizational recommendations to ensure the market's vitality. Furthermore, the research findings indicate that the expansion strategies will positively affect the maturity, turnover rate, market liquidity, participation, and diversification of China's carbon market, aligning it with the international carbon market. Lastly, to ensure the smooth operation of carbon trading, this report suggests the need to establish robust laws and regulations, enrich market levels, refine micro mechanisms, and optimize regulatory structures.

Keywords: Carbon Emission Trading; National Carbon Market; Impact Assessment; Trading Entity; Carbon Finance

B.12 Future Prospect and Optimized Path of National Voluntary Emission Reduction Trading Market

He Qi, Tian Bocheng, Wang Minran and Zhu Luyao / 262

Abstract: With the deepening of China's participation in global climate governance and international cooperation on emission reduction, higher requirements have been put forward for the construction of China's national voluntary emission trading market, which also faces more challenges. An advice from others may help one's defects. Foreign countries have accumulated a lot of useful experience in the voluntary emission trading market, and have provided mature solutions to various problems. This section expounds the practice status quo and future prospects of China's voluntary emissions trading market, as well as the optimization path to promote the high-quality development of China's voluntary emission trading market, including linking with the international voluntary carbon emission reduction credit standards, improving the construction of carbon emission accounting standards system, applying voluntary emission reduction to promote mandatory compliance with the carbon market, strengthening whole system information disclosure and joint punishment system construction, promoting the construction of green "Belt and Road" and other aspects.

Keywords: Voluntary Emissions Reduction Trading; China Certified Emission Reduction; CCER Restart

B.13 Prospects for Carbon Inclusion Mechanisms and Nationwide Low-Carbon Initiatives

Liu Chunzi, *Zhao Kun* / 283

Abstract: As China's urbanization rapidly advances and the living standards of urban and rural residents continue to improve, the carbon emissions from household consumption and residents' lifestyles are expected to increase continuously, indicating significant emission reduction potential at the consumption end. Achieving the "dual carbon" goals and addressing climate change necessitate a comprehensive approach that considers both the production and consumption sides. Currently, China's overall emission reduction measures predominantly focus on the production side, making it imperative to design carbon reduction policies for the consumption side. Carbon inclusiveness, pioneered in China and initially implemented in Guangdong province, is a public low-carbon behavior incentive mechanism that has rapidly expanded nationwide. This report provides a concise introduction to the concept and operation of carbon inclusiveness, comparing it with carbon emission allowance trading mechanism. Furthermore, it selects five key pilot regions, specifically Guangdong province, Beijing, Shanghai, Hangzhou, and Shandong province, to delineate the current development status of their carbon inclusiveness mechanisms, synthesize pertinent experiences, and expound existing challenges. Ultimately, the report envisions a comprehensive nationwide low-carbon action plan from the perspectives of government, platform operators, and residents. The objective is for the carbon inclusiveness mechanism to effectively stimulate the formation of green production and lifestyle, expediting the transformation to a green and low-carbon development mode.

Keywords: Carbon Inclusiveness Mechanism; Green Production and Lifestyle; Consumption End

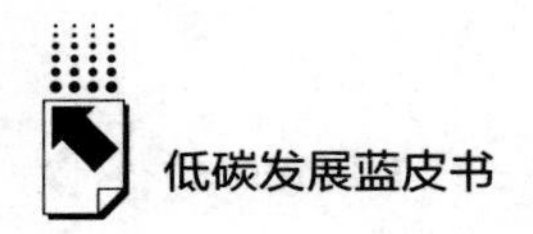

Abstract: Since the establishment of the carbon market in China, it has developed rapidly. As of the end of 2022, the cumulative transaction volume of carbon emission allowances has exceeded 200 million tons, with a transaction volume exceeding 10 billion yuan. The development of China's carbon market provides both opportunities and challenges for the development of China's carbon finance. Firstly, government support and the improvement of regulations provide policy and institutional guarantees for the development of carbon financial markets. Economic development and social progress, as well as the development of global carbon markets, provide market demand and cultural and technological foundations, as well as market design and regulatory framework experience, providing opportunities for the development of carbon financial markets. However, how to solve the problems of insufficient liquidity in the carbon financial market, incomplete infrastructure, scarcity of risk hedging products, low long-term returns on "dual-carbon" projects, and the inertia constraints of high-consumption economic models has become an important challenge for the development of carbon financial markets. Secondly, the growing demand for carbon financial instruments such as carbon futures, carbon options, and carbon forward transactions provides important development opportunities for the innovative practice of carbon financial instruments. Nevertheless, nurturing these instruments in the market, ensuring the functioning of price discovery mechanisms, and establishing a comprehensive regulatory system pose significant challenges for the innovation and practice of carbon financial instruments. Finally, the development of carbon financial markets can help support the low-carbon transformation and sustainable development of the economy by guiding capital flows and diversifying investment opportunities. However, it is essential to be vigilant about the difficulties caused by multiple risks accumulated in the development of carbon financial markets, including low and policy risks, uncertainty and technical risks, funding needs and investment risks, etc., in the low-carbon transformation and sustainable development of the economy.

Keywords: Nation Carbon Market; Carbon Financial Market; Carbon Financial Instruments; Low-Carbon Transformation

Abstract: This report delves into the European Union's Carbon Border Adjustment Mechanism (CBAM) and its potential impact on Chinese export businesses. As a crucial component of the EU's Green Deal, CBAM aims to address carbon leakage, ensuring the effectiveness of emission reduction efforts within the EU, and fostering global climate action. The report thoroughly analyzes the evolution, implementation details, and profound effects of CBAM on global trade and environmental policies. It specifically discusses the direct and indirect impacts on Chinese enterprises, including methodologies for calculating the carbon emissions of exported goods, reporting requirements, and the challenges and opportunities that Chinese companies may encounter in adapting to CBAM. Additionally, the article suggests strategies for businesses to respond to CBAM, highlighting the importance of comprehensively understanding and adapting to international regulations. It also discusses the pivotal role of sustainable development in corporate strategies, underscoring the responsibilities and opportunities that enterprises face in responding to global environmental changes.

Keywords: CBAM; European Green Deal; "Carbon Leakage"; Sustainable Development; Global Climate Governance

皮书

智库成果出版与传播平台

❖ 皮书定义 ❖

皮书是对中国与世界发展状况和热点问题进行年度监测，以专业的角度、专家的视野和实证研究方法，针对某一领域或区域现状与发展态势展开分析和预测，具备前沿性、原创性、实证性、连续性、时效性等特点的公开出版物，由一系列权威研究报告组成。

❖ 皮书作者 ❖

皮书系列报告作者以国内外一流研究机构、知名高校等重点智库的研究人员为主，多为相关领域一流专家学者，他们的观点代表了当下学界对中国与世界的现实和未来最高水平的解读与分析。

❖ 皮书荣誉 ❖

皮书作为中国社会科学院基础理论研究与应用对策研究融合发展的代表性成果，不仅是哲学社会科学工作者服务中国特色社会主义现代化建设的重要成果，更是助力中国特色新型智库建设、构建中国特色哲学社会科学“三大体系”的重要平台。皮书系列先后被列入“十二五”“十三五”“ 十四五”时期国家重点出版物出版专项规划项目；自 2013 年起，重点皮书被列入中国社会科学院国家哲学社会科学创新工程项目。

S 基本子库
UB DATABASE

中国社会发展数据库（下设 12 个专题子库）

紧扣人口、政治、外交、法律、教育、医疗卫生、资源环境等 12 个社会发展领域的前沿和热点，全面整合专业著作、智库报告、学术资讯、调研数据等类型资源，帮助用户追踪中国社会发展动态、研究社会发展战略与政策、了解社会热点问题、分析社会发展趋势。

中国经济发展数据库（下设 12 专题子库）

内容涵盖宏观经济、产业经济、工业经济、农业经济、财政金融、房地产经济、城市经济、商业贸易等12个重点经济领域，为把握经济运行态势、洞察经济发展规律、研判经济发展趋势、进行经济调控决策提供参考和依据。

中国行业发展数据库（下设 17 个专题子库）

以中国国民经济行业分类为依据，覆盖金融业、旅游业、交通运输业、能源矿产业、制造业等 100 多个行业，跟踪分析国民经济相关行业市场运行状况和政策导向，汇集行业发展前沿资讯，为投资、从业及各种经济决策提供理论支撑和实践指导。

中国区域发展数据库（下设 4 个专题子库）

对中国特定区域内的经济、社会、文化等领域现状与发展情况进行深度分析和预测，涉及省级行政区、城市群、城市、农村等不同维度，研究层级至县及县以下行政区，为学者研究地方经济社会宏观态势、经验模式、发展案例提供支撑，为地方政府决策提供参考。

中国文化传媒数据库（下设 18 个专题子库）

内容覆盖文化产业、新闻传播、电影娱乐、文学艺术、群众文化、图书情报等 18 个重点研究领域，聚焦文化传媒领域发展前沿、热点话题、行业实践，服务用户的教学科研、文化投资、企业规划等需要。

世界经济与国际关系数据库（下设 6 个专题子库）

整合世界经济、国际政治、世界文化与科技、全球性问题、国际组织与国际法、区域研究 6 大领域研究成果，对世界经济形势、国际形势进行连续性深度分析，对年度热点问题进行专题解读，为研判全球发展趋势提供事实和数据支持。

法律声明